CRISE AMBIENTAL E EDUCAÇÃO

Por uma nova cultura da Terra, corpos e territórios!

ORGANIZAÇÃO
Marcos Sorrentino
Maria Cecilia de Paula Silva
Charbel N. El-Hani

Quereres

Memórias de infância
Sementes se espalhando pela amplidão

Amargon
Chicória Louca
Tarassaco

Corpos vegetais
Arredondados,
Roliços e leves

Dent-de-lion
Alface de Coco
Salada de Toupeira

Círculos luminosos
Nomes diversos, família única
Plurais possibilidades de aplicação

Pissenlit
Dandelion
Kuhblume

Imaginárias histórias
E significações

Taraxacón
Achicoria Amarga
Amor dos homens
Amargón

Brincadeiras de criança
Vontades espalhadas

Dente de Leão dos Jardins
Memórias infantis
Quereres mil

Frango
Quartilho

Sopro de alegria
Sonhos e voos
Suspiros

Alface de Cão,
Coroa de Monge

Nos desejos e sementes
Longa espera, intensa procura
Encontro de flor que espalha alegria
Sementes ao vento
Voa voa voa ...
Semeaduras de esperança

Aspirações espalhadas
Lógicas de amplidão
Vento, ventania
Inspiração

Desejos de amanhãs

Cecilia de Paula (18/08/2023)

Dente de leão. Nem imaginam como esta planta mexe comigo... meus avós maternos moravam na roça, em Chácara e meu ser criança vive a procurar dentes de leão para que possa soprar e espelhar sonhos... sonhos a realizar. Uma crença ancestral. Minha vó Dulce contava histórias dos feitos do Dente Leão... Ancestrais conhecimentos guardados e espalhados entre sopros e ventos. Corp(oral)idades. Este ensinamento de esperança em um mundo outro me acompanha até hoje, como crença – marca corporal – ao soprarmos desejos. E me inspirou a escrevinhar este pequeno poema...

Sumário

9   **Prefácio**
Pertencer ao planeta Terra
Eda Tassara e Marcello Tassara

17   **Apresentação**
Marcos Sorrentino, Maria Cecilia de Paula Silva
e Charbel N. El-Hani

29   **A perspectiva ocidental de natureza e a crise socioecológica**
João Pedro Mesquita e Renata Pardini

55   **O pensamento contemporâneo e o enfrentamento da crise ambiental: uma análise desde a Psicologia Social**
Eda Terezinha de Oliveira Tassara

71   **Pesquisa Intervenção Educadora Socioambientalista: por uma nova cultura da Terra, terra, corpos e territórios**
Marcos Sorrentino

95   **Mente Corpo Ambiente na educação: os desafios de uma ensinagem aprendiz**
Lela Queiroz

129   **Resistir e (re)existir no antropoceno: caminhos pela educação ambiental revolucionária.**
Rachel Andriollo Trovarelli, Rafael de Araujo Arosa Monteiro e Marcos Sorrentino

145   **Crise Ecológica e Educação para a Cidadania Ambiental**
Severino Soares agra Filho

155   **Crise ambiental global: oportunidade para promover mudanças estruturais na relação entre ciência, política e sociedade**
Margareth Peixoto Maia, Pedro Luís Bernardo da Rocha,
Blandina Felipe Viana, Maria Salete Souza de Amorim,
Renata Pardini, Elizabeth Maria Souto Wagner,
Nayra Rosa Coelho e Ana Carolina Queique

177 Educação por meio da agricultura urbana:
conhecimentos, valores e práticas em um curso
de formação em Dourados (MS)
Amanda de Almeida Parra, Dália Melissa Conrado e
Nei Nunes-Neto

209 Indicações geográficas: potencialidade educadora
da propriedade intelectual como proteção, valorização e
contribuições para o desenvolvimento sustentável
de territórios
Alcides dos Santos Caldas

225 Conflitos socioambientais no território do Extremo-Sul da
Bahia e a Escola Popular de Agroecologia e Agrofloresta
Egídio Brunetto: a luta popular e as estratégias pedagógicas
libertadoras na construção da agroecologia.
Felipe Otávio Campelo e Silva, Fábio Frattini Marchetti,
Meriely Oliveira de Jesus, Dionara Soares Ribeiro,
Valdete Oliveira Santos

247 A falta de densa regulamentação jurídica sobre efluentes
industriais no Polo Industrial de Camaçari (BA): impactos
sobre a Educação Ambiental
Aline Alves Bandeira, Maria Cecília de Paula Silva

259 Corpo brincante em comunidades invisíveis: a cultura das
crianças de Santo Antônio (BA) no tempo presente
Maria Cecilia de Paula Silva

281 Pensando sobre nossas relações com a natureza e
aprendendo com o pensamento ameríndio
Charbel N. El-Hani

292 Posfácio – Cidadãs e cidadãos do povo da terra: vamos criar
nosso próprio poder!
Carlos Rodrigues Brandão

300 Minibiografias dos autores

Prefácio
Pertencer ao planeta Terra

"O futuro lançou raízes no presente"
(da lenda de Excalibur)

No dia 20 de setembro de 2019, milhões de jovens e crianças de todo o mundo saíram às ruas para bradar palavras de ordem em defesa do planeta Terra.

Naquele momento, estavam invertendo-se os papéis no comando político entre as gerações: os jovens apregoavam seus direitos e cobravam deveres dos adultos.

Na mesma data, a Organização das Nações Unidas (ONU) propunha uma nova ordem civilizacional de respeito mútuo entre os habitantes da Terra: direitos e deveres de adultos e de jovens se misturavam na formulação de um Novo Pacto, nele incorporando:

1. O envolvimento de todas as gerações do planeta, presentes e futuras;
2. A aceitação de que existem limites intransponíveis para a exploração dos recursos materiais da terra, do ar e da água;
3. A constatação da impossibilidade de prever, com precisão, as respostas da natureza às nossas ações, exigindo prudência e estratégias de proteção;
4. E a definição de metas de ação, baseadas no conhecimento científico-tecnológico, a serem aplicadas ao sistema-mundo planetário.

Apesar da ampliação do número de atores decisórios no planejamento do presente e do futuro, ainda cabe às gerações maduras a responsabilidade pela transmissão dos elos sociais constitutivos da cultura, do conhecimento e da técnica armazenados na História. Contudo, as exigências do Novo Pacto implicam uma profunda revolução nas práticas educativas a serem propostas desde a mais tenra idade.

A anunciada precipitação de fatos prognosticados como ameaçadores das formas estabelecidas de convívio e usufruto planetário está a exigir urgência, inteligência, poesia e coragem no enfrentamento da crise anunciada por esta revolução. A inclusão desses atributos nas práticas inovadoras, por sua vez, exige humildade e mente aberta na aceitação de diferentes visões e abordagens frente à busca de satisfação desses requisitos nos processos socializadores.

O que pode significar, para indivíduos, grupos, sociedades e até humanidades conviventes no sistema-mundo, pertencer ao planeta Terra?

Em uma sociedade inscrita em um sistema de interpretação mitopoética do mundo, a criança se torna adulta por meio de um processo tranquilo e contínuo no qual o brincar, o lúdico infantil, convive com a aprendizagem dos papéis sociais mediante o exercício espontâneo de imitação dos adultos. A leitura do mundo vai ao encontro da narrativa mitopoética. Para tal, não há necessidade de uma iniciação.

Esse encontro é ilustrado pelo mito dos indígenas Yanomami para explicar a chegada do homem branco, introduzindo-o à sua narrativa mítica sem uma ruptura em sua leitura do mundo. Diz o mito:

Uma vez, no tempo dos nossos ancestrais, uma jovem ficou menstruada pela primeira vez e foi para a reclusão. Mas, o seu marido quebrou o tabu e entrou no lugar onde ela estava. Então, as águas do mundo subterrâneo cresceram muito e arrazaram a maloca. As arariranhas e jacarés-açu comeram seus moradores. As águas ficaram cobertas por uma espuma ensangüentada que foi recolhida em uma folha pela Abelha Ancestral. A Abelha ensinou a cada pedacinho de espuma a sua fala e, depois, os depositou na praia onde eles se transformaram nos primeiros brancos. Os brancos se multiplicaram e ganharam da Abelha panelas, machados, rádios e fuzís. Os Yanomami, que viviam nos confins da Terra, ficaram só com os rios e a floresta. Antes de ir embora, a Abelha pediu aos brancos que vivessem em paz e ajudassem os indígenas, porque os indígenas eram os seus irmãos de origem. Assim falou a Abelha Ancestral...

Neste universo natural, em que cultura, técnica e ambiente não se dissociam, as crianças vivem e crescem, sentindo que pertencem aos confins da Terra, nadando nos rios e caminhando pela floresta entre ariranhas, jacarés-açu e abelhas. Elas pertencem ao mundo no qual existem; vivem na maloca, brincam e aprendem ao se tornarem adultos. Existência, sentido e destino do Homem estão inscritos na sua interpretação do mundo, na sua origem e finitude.

A par disso, a cultura científica se originou no mundo mediterrâneo e, dele, expandiu-se contemporaneamente ao planeta Terra, carreando ideias difusas e transformando-as em conceitos precisos – os conceitos científicos. Logo, desde a antiguidade clássica, a socialização ao mundo erudito requeria iniciação. Contudo, a ciência conjuga razão e experiência para a construção do conhecimento. Assim sendo, a iniciação no campo erudito requer o desenvolvimento dessas capacidades.

O Novo Pacto vem universalizar essa exigência, ampliando-a para outras bases culturais, historicizando-a e tornando-a imprescindível. Disso decorre a necessidade de direcionar o olhar distraído das pessoas – crianças e adultos – para uma leitura do mundo, que, mesmo quando lúdica, é derivada do exercício de abstrações, tais como as requeridas pela cultura científico-tecnológica. Uma Nova Ordem.

Como, então, passar do pequeno mundo cotidiano para o grande sistema-mundo, inscrito na história e na geografia planetária?

Em todas as épocas e lugares, crianças carecem de tutela para se tornarem adultos em sua própria ordem social. Sua natureza, porém, é sempre a mesma. E a do planeta, também.

Mas de onde vem o conhecimento científico? Qual é sua gênesis remota? Olhar para o alto, olhar o céu, o mesmo céu que, desde o despertar da inteligência, provoca curiosidade e temor. Não há quem não tenha provado tais sentimentos ao olhar para o alto. Os cosmos: o cosmo. E, dessa forma, transformam-se estrelas e planetas em deuses, em mitos, em instrumentos de medida para interpretar existências.

Contudo, o céu de outrora é exatamente o mesmo de hoje, o mesmo que insiste em esconder mistérios dos mentores da cosmologia científica moderna. Galáxias, buracos negros e energia escura são apenas alguns espécimes desse carrossel espacial, incitando novas curiosidades e novos temores, novas buscas de respostas.

Se o macrocosmo é cenário compartilhado por todos, o microcosmo é contingência de cada um. Casa, caminhos, sentimentos e paisagens se interpenetram, integrando valores e juízos – bem e mal, bom e ruim, bonito e feio passam a constituir um arcabouço de moralidades. Tal amálgama macromicrocósmico contemporâneo expande o paradigma da existência humana para o planeta mundializado do Ocidente.

Mas não há como conversar sobre pertencimento à Terra sem partir da experiência humana sensível e concreta. Para tal, há que se estimular crianças e adultos a conversarem com formigas e abelhas e maravilharem-se diante da beleza das enormes geleiras polares, com a consciência de que a água no estado líquido é escassa e imprescindível para a vida.

Como integrar diferentes interpretações do mundo em um metassistema com elas compatível? Como alargar a inclusão cultural sem comprometer a precisão conceitual? Passado, presente e futuro articulando-se como uma metáfora de recuperação sintética do uso, do papel e do lugar dos contos de fada na História. Um paradigma para suscitar reflexões – fábulas, mitos e contos que alimentaram as gerações anteriores para alcançar o que almeja o Novo Pacto. A construção do futuro.

Como imagem desse trânsito, a transposição atemporal da fábula do Mágico de Oz pode oferecer inspiração modelar. Narrada em filme, conta a história de Dorothy, entre realidade e sonho, entre fatos, temores e seu enfrentamento. A história de Dorothy pode ser lida como um conjunto de metáforas-guia para orientar caminhos de aprendizagem e descobertas sobre o próprio pertencimento.

A menina Dorothy, em sonho, é acidentalmente levada por um ciclone à Terra de Oz, onde vai parar em um belo jardim. Mas ela deseja voltar para casa, seu *habitat*, seu lugar de aconchego, na fazenda onde mora com seus familiares e brinca com os seus pertences. Para tal, ela precisa evocar o auxílio dos poderes manipulados pelo Mágico de Oz, que reina na Cidade das Esmeraldas. Com seus truques e artimanhas, o mágico precisaria dizer a Dorothy o que fazer para realizar o seu desejo de retorno ao lar. No jardim, duendes e gnomos, pequenos habitantes da Terra de Oz, orientam Dorothy, indicando-lhe um caminho (método?) que começa em uma espiral traçada no chão e se expande, conduzindo-a em uma direção desconhecida – o caminho dos ladrilhos amarelos (*the yellow brick road*). Seu destino é o encontro com o Mágico de Oz, que lhe irá permitir a realização do sonho de alcançar a felicidade, a utopia, o próprio lar. Ao longo do caminho, duas entidades imateriais se manifestam (teorias? ideologias?): uma é a bruxa maligna, que representa o Mal e que procura impedir Dorothy de realizar o seu desejo; outra, representando o Bem, é a fada que vai desfazendo os malfeitos da bruxa. Outros três personagens se juntam à menina durante sua caminhada ao longo dos ladrilhos amarelos, apontando carências a serem superadas: o Espantalho, em busca de um cérebro (pensamento? raciocínio?); o Homem de Lata, em busca de um coração pulsante (amor? solidariedade?); e o Leão Covarde, em busca da coragem (medo? superação?). No final da aventura, cheia de mais outros lances, Dorothy acorda do sonho causado pelo ciclone. Agora, ela está em seu locus social, cultural e ambiental. Em seu cantinho da terra, situado em paisagem da Terra, no qual enraiza o seu pertencimento.

Porém, para alcançar o que almeja o Novo Pacto – a construção do futuro – tem-se que aprender a construir intencionalmente o presente. Eis a verdadeira revolução implícita no êxito de sua realização. Se, em um passado não tão remoto, educar significava socializar apenas as gerações em formação, agora, passa a constituir um processo dialético aberto, abrangendo a totalidade das gerações, presentes e futuras, dos recém-nascidos aos anciãos. Todos são mestres e aprendizes ao mesmo tempo.

A par disso, a diversidade cultural dos grupos humanos exige que tal construção ocorra em articulação e respeito à pluralidade de visões do mundo, pré-requisito ético da compreensão científica do humano, em que ser, conviver e participar são considerados direitos universais inalienáveis.

A amplitude das condições impostas pelo Novo Pacto, para implementá-lo, reitera-se, exige um complexo de qualidades atitudinais a fim de corresponder às suas exigências. Sabedoria, solidariedade, humildade, inteligência e coragem para viabilizar a metamorfose requerida – uma educação ambiental eficaz estruturada sobre o pertencimento, a entronização de uma Política Ambiental.

Fazer da Terra uma morada. Uma ética da natureza.

Eda Tassara e Marcello Tassara
Universidade de São Paulo
Instituto de Estudos Avançados
Grupo de Estudos em Política Ambiental
Outubro de 2019

Apresentação

Os primeiros anos da terceira década do século XXI talvez entrem para a história como aqueles que demarcaram o rompimento com o estado de perplexidade de grandes parcelas da humanidade diante da profundidade da degradação ambiental, social e humana que nos acomete.

Anos da resistência não somente à pandemia da Covid-19, mas também às causas dela e a uma série de outros problemas que colocam em risco a continuidade da vida humana neste pequeno e belo Planeta Terra.

A cooperação internacional pode ser apontada como um grande avanço desse período: na definição de protocolos de prevenção voltados à contenção da pandemia; na rápida produção de vacinas para aumentar a resistência do organismo humano; na ampliação dos cuidados cotidianos com a saúde de si e dos outros; no necessário diálogo e na solidariedade para acordar procedimentos que permitissem a continuidade e a sustentabilidade da vida de aproximadamente oito bilhões de indivíduos da nossa espécie em complexas, diversas e frágeis sociedades; e na maior visibilidade da interdependência da vida humana com as demais espécies e sistemas naturais.

Pode-se mencionar também a percepção generalizada sobre as mudanças climáticas e os seus eventos extremos como objeto de necessárias e urgentes pactuações de interesse de toda a espécie sapiens. No entanto, também são marcantes a desinformação, as *fake news* e a alienação sobre as causas mais profundas da degradação, relacionadas ao modo predatório e degradador de produção e consumo, hegemônico em todo o planeta, e às desigualdades na área de saúde, exemplificadas pelos grandes lucros das empresas produtoras de vacinas e pela enorme discrepância no acesso à vacinação em diferentes regiões do mundo.

No Brasil, esse cenário é ainda mais marcante, em função da ruptura com as normas de uma certa civilidade moderna, que não atendeu às expectativas prometidas, mas constituía um mínimo de pactuação coletiva que permitia a construção de uma sociedade unificada.

O impedimento, em 2016, de uma presidente democraticamente eleita, por meio de um golpe que se materializava dentro das regras constitucionais, resultado de um conluio entre parlamentares, juristas, membros do judiciário, meios de comunicação e grupos da elite econômica, deflagrou uma cascata de consequências nefastas que culminou, de forma catastrófica, em 08 de janeiro de 2023, na invasão e depredação de prédios dos três poderes da República.

Ao mesmo tempo, multiplicam-se as iniciativas de resistência ao obscurantismo de governantes e seus seguidores que diziam e dizem coisas do tipo: "é necessário que a população se arme para garantir a segurança", "quem é contrário ao que estou falando é comunista e precisa ser eliminado", "a Terra é plana", "cura gay", "índio é vagabundo", "nordestino é folgado" etc.

Tais resistências são ações que anunciam outro mundo possível e que destacam a necessidade de um trabalho conjunto – entre organizações capazes de unir ciência e tecnologia a conhecimentos e saberes ancestrais, distintos movimentos sociais e instituições – para formulação e implantação de políticas públicas de desenvolvimento e conservação apropriadas a toda a diversidade social, ambiental e cultural.

Como exemplo dessas iniciativas que reúnem os mais diversos setores da sociedade brasileira, destaca-se a realização, em dezembro de 2021, do Congresso em comemoração aos 75 anos da Universidade Federal da Bahia (UFBA). A programação trouxe, entre outros temas, o Seminário Crise Ambiental e Educação, que motivou a presente coletânea.

Todas as mesas-redondas e palestras que fizeram parte do Seminário podem ser encontradas nas conexões a seguir:

Educação e crise ambiental – Seminário Crise Ambiental e Educação (Hcel/UFBA)
https://www.youtube.com/watch?v=XY0Ob642T-c

Crise socioambiental e dimensões geopolíticas, terrestres, individuais, coletiva, global, local -
https://www.youtube.com/watch?v=K08bJtesBf8

Compromissos da universidade com a sociedade: educação e a complexa problemática da sustentabilidade
https://www.youtube.com/watch?v=PZekKCcCSgI

Cultura, educação e crise socioambiental – direitos humanos e inclusão dialógica radical da diversidade
https://www.youtube.com/watch?v=VYXQm8bvsJY

O Seminário e o Congresso, embebidos pelo espírito da época, promoveram diálogos que expressam a busca por caminhos para superar degradações que se multiplicam no âmbito planetário e local.

O prefácio desta coletânea, escrito por Eda Tassara e Marcello Tassara, bem como o posfácio, escrito por Carlos Rodrigues Brandão, fazem a convocação para o agir. Todos os artigos expressam análises e apresentam experiências que podem potencializar a práxis cidadã comprometida com a construção de sociedades sustentáveis.

A seguir, apresentaremos um pequeno resumo de cada artigo, escrito pelos próprios autores, cujas minibiografias podem ser encontradas ao final deste livro.

Artigo 1 – A perspectiva ocidental de Natureza e a crise socioecológica, de autoria de João Pedro Mesquita e Renata Pardini.

Procuramos apresentar nossa perspectiva sobre a relevância de expandirmos a compreensão da atual crise ambiental como uma crise socioecológica, com raízes na expansão forçada do modo de produção capitalista, e de refletirmos sobre as origens e os enquadramentos ocidentais da abordagem convencional do movimento conservacionista moderno. Argumentamos que ambos — origem e enquadramentos — estão entrelaçados e atuam na manutenção do *status quo* das sociedades ocidentais capitalistas. O entendimento de Natureza nelas hegemônico, em grande parte limitado a um conjunto de componentes desacoplados dos quais o ser humano não faz parte, reflete-se no movimento conservacionista e contribui, paradoxalmente, para a perpetuação das estruturas social e econômica que provocaram a crise socioecológica atual. Por fim, refletimos sobre como as universidades poderiam contribuir para a quebra desse enquadramento e potencializar seu papel transformador.

Artigo 2 – O pensamento contemporâneo e o enfrentamento da crise ambiental: uma análise desde a psicologia social, de autoria de Eda Terezinha de Oliveira Tassara.

Este ensaio propõe que enfrentar a crise ambiental, sob o enfoque crítico da Psicologia Social, significa promover uma forma de pesquisa social, a pesquisa-ação, aplicada de forma incremental e articulada a coletivos educadores, com o objetivo de desenvolver uma teoria da sociedade atual como um todo, utilizando-se das diversas disciplinas das quais e sobre as quais se hibridiza a Psicologia Social – a psicanálise, a antropologia, a psicologia, a sociologia, as chamadas ciências sociais e humanas e para além delas. Tal ecletismo interdisciplinar não redutor é constituído da teoria crítica, como já delineada em Marx, consistindo em abordagem que oferece uma utopia de caminho na promoção de expressão livre, permitindo a cada um ser o que é, sendo.

Artigo 3 – Pesquisa Intervenção Educadora Socioambientalista: por uma nova cultura da Terra, terra, corpos e territórios, de autoria de Marcos Sorrentino.

Pandemia, mudanças climáticas e eventos extremos, erosão da biodiversidade, insegurança alimentar, degradação da natureza e tantos outros riscos que se colocam para as sociedades contemporâneas exigem diálogos aprofundados sobre estratégias de precaução e prevenção, pelo bem viver para humanos e não humanos. As ciências e a educação podem desempenhar importante papel no enfrentamento dos riscos e do medo e na construção de formatos organizacionais voltados ao bem comum. Como a universidade e a pesquisa intervenção educadora podem contribuir para a potência de agir diante da problemática socioambiental?

Artigo 4 – MenteCorpoAmbiente na educação: os desafios de uma ensinagem aprendiz, de autoria de Lela Queiróz.

A partir da crise ambiental, a atual emergência climática se instalou a ponto de já estarmos sobrevivendo às suas graves consequências. Mais e mais apartados de nossa natureza, seguimos colapsando de diversas formas. Tamanha degradação do ambiente em que vivemos coloca a humanidade em profunda contradição com seus tempos naturais. Tanto os ciclos da natureza quanto os biorritmos humanos se desregularam, colocando em risco o conjunto de espécies e planeta – uma situação complexa que requer muita atenção. Teceremos reflexões a partir da ciência, da educação somática, da consciência, do ambiente, da espiritualidade, da mente e da cognição corporalizada, somadas a vertentes freireana, ecologia política e profunda, para trazer à tona alguns debates sobre corpo, natureza e cultura. Trataremos de abordar o corpo não apenas como mero reprodutor de conhecimento no ambiente em que vive, mas também como produtor de conhecimento e autoeducação, para vislumbrar horizontes éticos e íntegros entre direitos da natureza e humanos.

Artigo 5 – Resistir e (re)existir no antropoceno: caminhos pela educação ambiental revolucionária, de autoria de Rachel Andriollo Trovarelli, Rafael de Araujo Arosa Monteiro e Marcos Sorrentino.

Como fomentar processos educadores que sejam capazes de estimular a imaginação política e repensar e descentralizar o papel dos seres humanos no planeta? Neste texto, apresentamos algumas reflexões, a partir de uma perspectiva de educação ambiental que se propõe a promover revoluções culturais, em busca de encontrar caminhos para resistência e (re)existência no antropoceno. Destacamos quatro aspectos que nos parecem essenciais para os processos educadores ambientalistas: a promoção da indignação; a conexão com a Terra, a terra, o território, o comum e o espírito, a partir de uma pedagogia científico-espiritual; o mergulho eu-mundo; e as microrrevoluções educadoras.

Artigo 6 – Crise ecológica e educação para a cidadania ambiental, de autoria de Severino Soares Agra Filho.

A crise ecológica emerge, em face dos constrangimentos e dos conflitos impostos à sociedade e das restrições às condições de vida, e consolida a percepção da sociedade e das instituições que a questão ambiental possui uma ligação intrínseca com as relações de apropriação dos recursos naturais e suas implicações nos ecossistemas biofísicos e, sobretudo, da inadequação dos sistemas de produção para prover as demandas sociais. Nesses termos, torna-se premente uma educação ambiental que promova o exercício da cidadania como condição determinante na discussão da problemática ambiental e sua inserção nas instâncias de decisões políticas como direito fundamental, a cidadania ecológica. A educação ambiental para a cidadania ambiental tem como propósito primordial a construção e compreensão coletiva de uma nova racionalidade nas formas de interação e intervenção ambiental, visando uma produção social comprometida com a melhoria da qualidade de vida em todas as suas formas.

Artigo 7 – Crise ambiental: oportunidade para promover mudanças estruturais na relação ciência-política e sociedade, de autoria de Margareth P. Maia, Blandina F. Viana, Maria Salete S. Amorim e Pedro Luís B. da Rocha.

A crise ambiental pode constituir-se uma oportunidade para promoção de mudanças na relação ciência-política e sociedade, com benefícios sociais para todos os setores envolvidos, bem como para a democracia. Nesse sentido, abordamos no presente artigo alguns aspectos teóricos relacionados às atividades e aos produtos desenvolvidos pelos autores, decorrentes de parcerias envolvendo diferentes instituições e coletivos ambientais que atuam na interface ciência-política e sociedade no estado da Bahia.

Artigo 8 – Educação por meio da agricultura urbana: conhecimentos, valores e práticas em um curso de formação em Dourados (MS), de autoria de Amanda de Almeida Parra, Dália Melissa Conrado e Nei Nunes-Neto.

A agricultura urbana tem sinalizado diversos benefícios, uma atividade que deve ser mais considerada na educação. Entretanto, há importantes lacunas, tanto teóricas (na literatura acadêmica) quanto práticas (isto é, nas práticas sociais) sobre como atividades educativas, envolvendo agricultura urbana, podem contribuir para a educação. Em vista disso, essa pesquisa analisou conhecimentos, valores e práticas (KVP) dos participantes de um curso sobre a temática, possibilitando discutir os KVP encontrados e perceber as contribuições do curso para a consideração dessa temática em contextos educacionais, seja no âmbito formal ou não formal. Por fim, sugerimos o aumento de iniciativas envolvendo agricultura urbana, visando integrar educadores em torno de ações para a promoção de maior sustentabilidade socioambiental.

Artigo 9 – Indicações geográficas: potencialidade educadora da propriedade intelectual como proteção, valorização e contribuições para o desenvolvimento sustentável de territórios, de autoria de Alcides dos Santos Caldas.

A singularidade dos territórios, lugares e paisagens, por meio dos registros de propriedade intelectual, está na ordem do dia, na agregação de valor à mercadoria. As Indicações Geográficas a partir do Agreement on Trade-Related Aspects of Intellectual Property Rights (TRIPS), assinado por 180 países na Organização Mundial do Comércio (OMC), em 1994, são incluídas como modalidade de propriedade intelectual, assim como marcas, patentes e outros instrumentos, para evitar a concorrência desleal, o que abre janelas de oportunidades para a circulação de produtos com registro de propriedade intelectual vinculados à origem. O objetivo desse artigo é contribuir para a compreensão sobre a potencialidade educadora das indicações geográficas como instrumento de proteção da propriedade intelectual para um desenvolvimento territorial sustentável.

Artigo 10 – Conflitos socioambientais no território do Extremo-Sul da Bahia e a Escola Popular de Agroecologia e Agrofloresta Egídio Brunetto: a luta popular e as estratégias pedagógicas libertadoras na

construção da agroecologia, de autoria de Felipe Otávio Campelo e Silva, Fábio Frattini Marchetti, Meriely Oliveira de Jesus, Dionara Soares Ribeiro e Valdete Oliveira Santos.

O presente artigo sobre a luta popular e as estratégias pedagógicas libertadoras da Escola Popular de Agroecologia e Agrofloresta Egídio Brunetto (EPAAEB) apresenta uma análise da história dos conflitos socioambientais no território do Extremo-Sul da Bahia e de como o Movimento dos Trabalhadores Rurais Sem Terra (MST) construiu, na última década, as bases para a configuração de um dos maiores movimentos massivos de agroecologia no Brasil. Sua capacidade de articulação social permitiu estabelecer uma ação popular suficientemente forte para a conquista de mais de 30.000 hectares de terra e a consolidação do Projeto de Assentamentos Agroecológicos (PAA), em parceria com a Escola Superior de Agricultura Luiz de Queiroz (ESALQ/USP), por meio do Núcleo de Apoio à Cultura e Extensão em Educação e Conservação Ambiental (NACE-PTECA). Resgatamos, aqui, algumas ações educativas desenvolvidas pela EPAAEB que desembocaram em diversas atividades para reverter o atual quadro regional de destruição do bioma Mata Atlântica, buscando romper a histórica e persistente dicotomia entre desenvolvimento social e preservação ambiental. Identificamos também o potencial de ferramentas pedagógicas, cujos resultados apontam para novas possibilidades na construção popular da agroecologia e na elaboração de parâmetros para a formulação de políticas públicas no campo do desenvolvimento rural sustentável.

Artigo 11 – A falta de densa regulamentação jurídica sobre efluentes industriais no Polo Industrial de Camaçari (BA): impactos sobre a Educação Ambiental, de autoria de Aline Alves Bandeira e Maria Cecília de Paula Silva.

A lacuna legal quanto ao tratamento e à destinação final de efluentes industriais no Brasil promove insegurança jurídica, tendo como estudo de caso o Polo Industrial de Camaçari (BA). O governo não se estruturou para garantir a proteção ambiental. O atual ordenamento jurídico e as políticas públicas devem garantir a proteção dos corpos hídricos e o tratamento eficaz dos efluentes industriais. Inclusive, a educação ambiental da população brasileira é uma importante ferramenta para que os atores sociais possam defender o ecossistema contra abusos perpetrados pelas autoridades e por populares. Isso porque a proteção do meio ambiente e a educação ambiental são indissociáveis.

Artigo 12 – Corpo brincante em comunidades invisíveis: a cultura das crianças de Santo Antônio (BA) no tempo presente, de autoria de Maria Cecília de Paula Silva.

Este estudo exploratório, de caráter qualitativo, apresenta algumas reflexões derivadas da análise entre as categorias corpo, cultura, ambiente e brincadeiras, consideradas no tempo presente – o corpo brincante de crianças da comunidade de Santo Antônio, município de Mata de São João, litoral norte da Bahia, Brasil. Enfatizou-se o diálogo entre território ambiental, corporal e cultural das crianças, com destaque para o repertório de brincadeiras e jogos delas e pelo lugar e formas de vida da comunidade de Santo Antônio. Isso significa que, por princípio, tomamos partido, o de que o conhecimento é situado e derivado das relações entre os seres humanos, com os elementos do ambiente natural e cultural presentes no seu tempo histórico – uma vida plena de sentido.

Artigo 13 – Pensando sobre nossas relações com a natureza e aprendendo com o pensamento ameríndio, de autoria de Charbel N. El--Hani.

Valores relacionais são elementos centrais em nossa relação com a natureza. Eles têm sido entendidos a partir de tipologias de modos de relação humano-natureza, uma das quais abordo neste artigo, fazendo um contraponto entre modos de relação característicos do mundo moderno e contemporâneo, como os modelos de dominação e de isolamento, e outras visões que diluem a distinção entre mundo social e natural, em especial o modelo de troca ritualizada, característico do pensamento ameríndio. Ao fazê-lo, questiono como e o que podemos aprender ao nos defrontarmos com essa forma de entender a natureza tão distinta da nossa.

Para finalizar, destacamos dessa coletânea o desafio que se coloca para os próximos anos desta década, para que os aprendizados adquiridos em seu início não se percam: a necessidade de uma educação ambiental e sociopolítica permanente, continuada, articulada e com a totalidade da sociedade. Uma educação socioambiental comprometida com profundas transformações culturais, em direção a uma humanidade revigorada em sua capacidade de acolher humanos, não humanos e terráqueos em geral e que, por décadas e décadas, séculos e séculos, continue a construir uma vida digna e plena para todos os seres que habitam este pequeno e belo planeta.

Marcos Sorrentino,
Maria Cecilia de Paula Silva,
Charbel N. El-Hani

Salvador, junho de 2023

A perspectiva ocidental de Natureza e a crise socioecológica

João Pedro Mesquita e Renata Pardini*,**,
*Grupo de Pesquisa em Ciência da Conservação,
Instituto de Biociências, Universidade de São Paulo*

* Os autores declaram que tiveram participação equitativa na construção das ideias e do texto aqui apresentados.

** Os autores declaram, ao final do texto, suas posicionalidades e refletem sobre suas crenças e seus valores subjacentes às ideias apresentadas.

Resumo

Procuramos apresentar nossa perspectiva sobre a relevância de expandirmos a compreensão da atual "crise ambiental" como uma crise socioecológica, com raízes na expansão forçada do modo de produção capitalista, e de refletirmos sobre as origens e os enquadramentos ocidentais da abordagem convencional do movimento conservacionista moderno. Argumentamos que ambos — origem e enquadramentos — estão entrelaçados e atuam na manutenção do *status quo* das sociedades ocidentais capitalistas. O entendimento de Natureza nelas hegemônico, em grande parte limitado a um conjunto de componentes desacoplados dos quais o ser humano não faz parte, reflete-se no movimento conservacionista e contribui, paradoxalmente, para a perpetuação das estruturas social e econômica que provocaram a crise socioecológica atual. Por fim, refletimos sobre como as universidades poderiam contribuir para a quebra desse enquadramento e potencializar seu papel transformador.

1 – A crise que nos atravessa: a exaustão da Natureza e da humanidade

"Em virtude de um sublime paradoxo, aquilo que comumente entendemos como progresso acarreta um formidável exercício de destruição do mundo natural." (TAIBO, 2019, p. 14)

O mundo em que vivemos se encontra diante de uma crise múltipla. O modo como a sociedade moderna ocupou o planeta causou fraturas profundas nas relações sociais e nos seus intercâmbios com a Natureza, vista como fonte inesgotável de recursos sujeitos à manipulação humana. O resultado, que se apresenta de forma cada vez mais dramática, é a iminência simultânea de um colapso social e de um colapso ecológico, intrincados entre si e gestados pela mesma (ir)racionalidade das sociedades ocidentais que, iluminadas pelos faróis do progresso, expandiram seu modo de vida predatório pelo mundo. Essa expansão, como nos conta a experiência histórica, deu-se com uma farta dose de violência colonial e imperialista, que, ao aniquilar povos, aniquilou também modos alternativos – e, sem dúvida, mais "sustentáveis" – de estar no mundo.

Do ponto de vista das transformações no Sistema Terra, a drástica alteração da composição da atmosfera do planeta, impulsionada pela queima de combustíveis fósseis e pela conversão de habitats acumuladas nos últimos séculos, tornou-se o ponto crítico de preocupação. A elevação da concentração de CO_2 na atmosfera para níveis superiores a 415 ppm, inéditos em pelo menos 800 mil anos[1], levou muitos cientistas a anunciarem um quadro de emergência climática (RIPPLE *et al.*, 2020). Mas a crise ecológica não se restringe ao desequilíbrio da dinâmica do clima; ela passa também pela drástica alteração e destruição dos ecossistemas terrestres, marinhos e de água doce, cujos impactos já podem ter colocado em curso a sexta extinção em massa da vida na Terra (BARNOSKY *et al.* 2011). As atividades humanas já alteraram significativamente 75% da superfície terrestre (IPBES, 2019), produzindo uma paisagem plane-

---

1   800 mil anos é o limite até o qual se conseguiu fazer análises paleoclimáticas diretas. Durante esse período, os picos de concentração de CO_2 atmosférico nunca ultrapassaram 300 ppm (LÜTHI et al. 2008). Outros estudos, utilizando *proxies*, já apontam que a concentração atual de CO_2 atmosférico pode ser inédita em 23 milhões de anos (CUI et al. 2020).

tária na qual há, em massa, mais plástico do que animais e mais construções do que plantas[2].

O impacto humano, portanto, é generalizado: estende-se por todos os subsistemas da Terra — da atmosfera à biosfera, da hidrosfera à litosfera — e desarranja os fluxos de matéria e energia que mantinham suas condições estáveis. Tal escala de perturbação antrópica, que exaure os recursos do planeta e despeja sobre ele volumes sufocantes de resíduos, já nos levou a atravessar o limiar seguro de quatro dos nove limites planetários, estabelecidos como fronteiras que não deveriam ser cruzadas a fim de preservar a capacidade regenerativa do sistema terrestre (STEFFEN *et al.* 2015). Isso tem movido o sistema como um todo em direção a um novo estado, cujas consequências são, em grande medida, imprevisíveis (GAFFNEY e STEFFEN, 2017). Há algo, ainda assim, presumível: ao alterarmos de forma tão profunda o funcionamento do Sistema Terra, colocamos em risco a nossa própria sobrevivência. Conforme apontado por Eduardo Viveiros de Castro (2015), nossa estupidez etnocida e ecocida é, em última instância, suicida. Uma potência suicidada que, conforme o ressoar dos alarmes do Antropoceno, fazem de nós uma força geológica.

No terreno das relações sociais, a situação não é menos grave. A despeito do aclamado progresso atribuído à modernidade[3], temos testemunhado a emergência de contradições cada vez mais profundas. Basta um olhar crítico para perceber que nosso tempo histórico é marcado pela degradação do trabalho humano, pela negação do prometido bem-estar material à maioria da humanidade, pela privação de direitos humanos básicos, pelo desperdício generalizado, por crises econômicas que insistem em se repetir e, ainda, pela ameaça crescente de uma aniquilação

---

2 De acordo com o estudo de Elhacham et al. (2020), a massa antropogênica na Terra ultrapassaria, em 2020, a soma de toda a biomassa seca existente. A projeção é, ainda, que em 2035 ultrapasse também a biomassa úmida.

3 Supostamente perceptível, por exemplo, na redução da mortalidade infantil, do analfabetismo, da pobreza extrema e da fome observadas em séries históricas longas. Ver, por exemplo, estatísticas no portal Our World in Data. Mortalidade infantil: <**https://ourworldindata.org/child-mortality**>. Analfabetismo: <**https://ourworldindata.org/literacy**>. Pobreza extrema: <**https://ourworldindata.org/extreme-poverty**>. Fome: <**https://ourworldindata.org/famines**>.

nuclear (MÉSZÁROS, 2007). E, como o aspecto mais evidente de um fracasso histórico, por uma visceral desigualdade, que ganhou novo impulso com a expansão irrestrita das relações de mercado vinculada à globalização neoliberal (LEITE, 2019). Vivemos, afinal, no mundo em que dois mil bilionários concentram mais riqueza que 60% da população mundial (OXFAM INTERNACIONAL, 2020), 800 milhões de pessoas ainda passam fome (FAO, 2021) e dois bilhões se encontram abaixo da linha da pobreza social (BANCO MUNDIAL, 2020). Trata-se, em síntese, de um (des)arranjo social cuja principal marca é a massificação da miséria em meio à abundância, negando às pessoas a justiça e, essencialmente, inviabilizando a própria democracia (WRIGHT, 2019).

Lado a lado da aniquilação da biodiversidade, há no caminho percorrido pela modernidade um rastro de destruição da diversidade cultural humana. Só no Brasil, estima-se que cerca de 800 povos indígenas tenham sido exterminados desde a invasão portuguesa (PAPPIANI, 2009). O resultado é uma série de monoculturas: da forma de cultivar a terra, de gerar conhecimento sobre o mundo, de relacionar-se com a Natureza e, por fim, do modo de vida deletério generalizado para a maior parte da humanidade globalizada. Desde já, é importante ressaltar que a ciência, ainda que envolta em sua tradicional aura de neutralidade e objetividade, é cúmplice desse projeto modernizador e deve sua própria origem a ele. Como destacado por Boaventura de Sousa Santos, "a monocultura do conhecimento rigoroso é a mais poderosa porque participa na sustentação de todas as outras" (2021, p. 287).

Essa crise múltipla, social e ecológica, é uma só. Na medida em que é o modo como as sociedades organizam seus aparelhos produtivos que determina o caráter dos intercâmbios materiais estabelecidos com a Natureza, o aspecto ecológico da crise é inseparável do seu aspecto social (ANGUS, 2016). E, sendo especificamente capitalista o modo de produção que se globalizou a ferro e fogo pelo mundo, a relação da humanidade com a Natureza é mediada por uma estrutura produtiva obediente apenas à máxima do crescimento ilimitado (MAGDOFF e FOSTER, 2011; BARRETO, 2018). A acumulação de capital é o único critério que orienta a produção; sua ampliação quantitativa é estruturalmente colocada acima de qualquer critério qualitativo que se possa julgar importante para estabelecer uma relação sustentável (e, de fato, racional) com a Natureza (LÖWY, 2013). Não importa, por exemplo, que a finitude do próprio planeta imponha um limite óbvio ao imperativo da produção infinita; mantidas intactas as engrenagens dos ciclos de reprodução do capital, ele necessariamente engolirá o planeta[4]. A relação corrompida com a Natureza, caracterizada pelo impulso de utilizá-la inconsequentemente em benefício humano (frequentemente qualificada como "antropocêntrica"), é, portanto, indissociável das estruturas produtivas capitalistas que premiam essa relação exploratória, com o agravante de que, no fim das contas, a maioria da humanidade sequer encontra os benefícios esperados: os danos é que são socialmente compartilhados, enquanto os ganhos são privadamente apropriados (SCHÖNFELD, 2021). As relações de produção capitalistas terminam, portanto, contraditórias tanto em relação à satisfação das necessidades humanas quanto em relação à manutenção do equilíbrio ecológico planetário, impossibilitando a realização de todas as três dimensões comumente articuladas à noção de sustentabilidade (LIODAKIS, 2010).

A crise socioecológica contemporânea se deve, assim, a defeitos estruturais do modo de produção e reprodução social especificamente capitalista – assim como à racionalidade dominante que o acompanha – relegado a nós pela história como se fosse o único modo possível e viável de organizar as relações sociais e a relação com a Natureza[5]. Por isso, no sentido de fazer um ajuste de diagnóstico, tem sido proposto que, em vez do Antropoceno, talvez nosso impacto no Sistema Terra seja melhor descrito pelo conceito de Capitaloceno, que vai além da avaliação puramente estratigráfica das nossas pegadas geológicas para incorporar os fatores históricos profundos por trás desse impacto, antes indistintos sob uma causa atribuída vagamente à humanidade (MOORE, 2017).

---

4   É importante ressaltar que isso é uma "necessidade", exatamente no sentido de não tratar-se de uma escolha imoral. É a dinâmica concorrencial do capitalismo que impõe um produtivismo irrefreável.

5   Para um contraponto à ideologia de que "não há alternativa", ver, por exemplo, Mészáros (2007) e Fisher (2009).

2 – A Natureza na abordagem convencional do movimento conservacionista moderno

"Jardins botânicos, zoológicos, parques urbanos e aquários satisfazem, até certo ponto, meu desejo de estar com outras espécies, mas não minha necessidade de ver criaturas livres e selvagens ou minha ânsia por solitude ou por uma variedade de paisagens e panoramas"
(SOULÉ, 1985, p. 731, tradução nossa)

Ainda que os impactos humanos ao Sistema Terra tenham se agravado e ganhado maior atenção pública apenas na segunda metade do século XX, a percepção de perturbações ao mundo natural, embora focadas em questões mais pontuais, já gerava reações no interior da própria cultura ocidental desde o século anterior. Iniciativas e organizações preocupadas com a regulação da caça de animais selvagens e com o estabelecimento de santuários e áreas protegidas — no caso do Império Britânico e de outras potências europeias, principalmente em seus territórios coloniais — começaram a se propagar no século XIX, movidas por uma espécie de sensibilidade ambiental desfrutada por parcelas da aristocracia da época (ADAMS, 2004). Esta sensibilidade foi alimentada tanto por uma visão arcadiana da Natureza quanto por uma curiosidade científica e, claro, por uma preocupação com o esgotamento de recursos que lhes eram caros, como a caça na qual encontravam uma prática hedônica (ADAMS, 2004; VAN DYKE, 2008).

Essas foram as raízes, claramente ocidentais e elitistas, que nutriram os ideais do que chamaremos aqui de vertente convencional do movimento conservacionista moderno[6], cujas preocupações e abordagens foram sendo reelaboradas com base na ciência moderna e, desde a institucionalização da biologia da conservação (por volta dos anos 1980), especialmente lastreadas nesta disciplina (PASCUAL *et al.* 2021). Compartilhadas com o mundo por meio de uma agenda ambiental global protagonizada por grandes organizações internacionais e órgãos multilaterais, com prescrições que se refletem nas políticas ambientais domésticas de inúmeros países, as perspectivas do movimento conservacionis-

---

6   Para um panorama histórico desse desenvolvimento, ver Adams (2004).

ta convencional formam o discurso, hoje hegemônico, sobre por que a Natureza importa e como deve ser governada. Sua história é dominada por homens europeus e norte-americanos e, embora ao longo do tempo o movimento tenha convertido motivações "emocionais"[7] em argumentos "racionais" e tenha se complexificado, permaneceu unificado em torno de uma preocupação comum: a extinção de espécies (ADAMS, 2004). Essa preocupação deixa clara a manutenção do foco histórico nos componentes bióticos da Natureza — o que chamamos hoje de biodiversidade e que, desde aquela época, presume-se ser encontrada em sua forma pura em ambientes prístinos (i.e. sem interferência humana), revelando uma visão que, conscientemente ou não, separa rigidamente o domínio humano do domínio natural.

Concebida a partir de uma síntese intelectual baseada em algumas das múltiplas perspectivas conservacionistas que já coexistiam na segunda metade do século XX e em recentes desenvolvimentos em biologia de populações e ecologia de comunidades (MEINE *et al.*, 2006), a biologia da conservação foi inicialmente articulada pelo biólogo estadunidense Michael Soulé. No que é hoje considerado o artigo fundador da disciplina, Soulé definiu como o postulado normativo "mais fundamental" da biologia da conservação que "a diversidade biótica tem valor intrínseco, independentemente do seu valor instrumental ou utilitário" (SOULÉ, 1985, p. 731), estabelecendo a obrigação moral de prevenir a extinção de espécies. O objetivo da nova disciplina foi definido como o de "prover princípios e ferramentas para a preservação da diversidade biológica" (SOULÉ, 1985, p. 727), e a principal estratégia como a de isolar da ação humana áreas consideradas "prístinas", vistas como estado desejável,

---

7   No início do século XX, o conservacionismo norte-americano foi bastante marcado, por exemplo, pela perspectiva da conservação como uma missão moral — disseminada por John Muir, que, por sua vez, era influenciado pelo transcendentalismo-romântico de R. W. Emerson e H. D. Thoreau. Nessa perspectiva, predominava um ideal segundo o qual o melhor uso que se podia fazer da Natureza era apreciá-la, o que elevava o espírito humano, sendo movida, portanto, por uma valoração estética e espiritual da Natureza (VAN DYKE, 2008). A Natureza deveria ser preservada em seu estado prístino, dessa maneira, para que as pessoas pudessem fazer tal uso elevado dela (VAN DYKE, 2008). Esse ideal foi muito influente sobre Theodore Roosevelt, ainda que ele também tenha incorporado parte da perspectiva utilitarista de Gifford Pinchot, que se preocupava mais com o uso justo e sustentável dos recursos naturais do que com poupá-los em termos de uma superioridade moral (VAN DYKE, 2008).

mas frágil, da Natureza (SOULÉ, 1985). Essas formulações foram alvo de disputas ao longo das décadas seguintes e chegariam a dividir o campo da conservação em duas frações: uma que se manteve comprometida com o valor intrínseco da Natureza e outra que advogou por um novo enfoque na conservação, em que a prioridade é dada aos valores instrumentais atribuídos à Natureza, que deveria ser conservada em razão dos benefícios que provê aos seres humanos (MILLER *et al.*, 2011).

No entanto, como destacado por Pascual *et al.* (2021), seja sob a bandeira do valor intrínseco ou dos valores instrumentais da Natureza, os clamores do movimento conservacionista convencional para a proteção da biodiversidade apagam e até mesmo excluem outros significados e compreensões sobre o que é, afinal, a Natureza, reduzindo-a ao conceito de "biodiversidade". Esses autores nos lembram que a biodiversidade é um conceito científico para descrever o mundo natural ao qual se atracam conteúdos normativos, não sendo neutro ou objetivo, mas um criador de narrativas poderosas atreladas à visão ocidental de Natureza e a uma determinada compreensão acerca das causas e soluções da crise socioecológica contemporânea.

Assim, uma posição mais reflexiva na ciência que dá base para a conservação da Natureza – argumento que vem ganhando algum espaço na área (BOYCE *et al.*, 2022) – parece ser um movimento necessário e oportuno. Um caminho possível nesse sentido envolve a reflexão sobre como o foco histórico do movimento conservacionista convencional, centrado na caracterização da Natureza a partir do conceito de biodiversidade, em ideais de Natureza prístina e na separação do humano da Natureza, delimita (limitando e enquadrando) o entendimento de Natureza. Essa reflexão permitiria que começássemos a vislumbrar as implicações desse enquadramento e de suas raízes normativas para a crise socioecológica que vivemos.

Uma das limitações impostas por este enquadramento se relaciona à redução da Natureza ao conjunto de seus componentes: a biodiversidade como diversidade (em geral número) de espécies, de genes e de ecossistemas (ONU, 1992). Essa definição, hoje clássica, é, sem dúvida, instrumental e operacionalizável, permitindo, entre outras coisas, monitorar o efeito de estratégias para atingir metas internacionais, como os "*2010 biodiversity targets*" (WALPOLE *et al.*, 2009). No entanto, como principal conceito científico usado para caracterizar a Natureza (PASCUAL *et al.* 2021), suprime o entendimento dela como um sistema complexo e dinâmico, com componentes e processos bióticos e abióticos que interagem, gerando fluxos, intercâmbios e *feedbacks* em/entre múltiplas escalas, incluindo a planetária. Em suma, deixa de fora ou implícitas as interdependências entre componentes que fazem emergir nos sistemas complexos, como os ecológicos, algo que é maior que a soma das partes.

Uma segunda forma de enquadramento do entendimento de Natureza no movimento conservacionista convencional resulta do afastamento do ser humano, visto como entidade externa à Natureza, uma vez que, usualmente, não faz parte da biodiversidade e é tido como a força da qual a Natureza frágil e prístina deve ser protegida. Além de externo, o ser humano, nessa visão, é frequentemente o centro; é o fim ao qual a Natureza serve. Mesmo a vertente da biologia da conservação, cuja base normativa é centrada no valor intrínseco (e não nos instrumentais), frequentemente confunde este valor – que se atribui a algo que tem fim em si próprio (e, assim, não é um meio ou instrumento para o ser humano – (HIMES e MURACA, 2018), com valores que envolvem a relação com os humanos ou são meios para um fim, como aqueles que se expressam no desejo de preservar (e a satisfação de observar) a beleza ou a pureza da Natureza pristina (e.g. SOULÉ, 1985). Dessa maneira, a Natureza ou se transforma em mercadoria – recursos e serviços, em teoria substituíveis – ou é vista como algo externo que não incorpora a cultura e os modos de vida das sociedades humanas.

Por fim, o enquadramento convencional da Natureza no movimento conservacionista moderno, ao focar nos componentes bióticos e tratar o ser humano como externo a esse conjunto de componentes, frequentemente dá ênfase a causas imediatas da crise socioecológica que vivemos. Essa questão é crítica e, talvez, a que mais amplamente toca o movimento como um todo, dada sua posição paradoxal — o movimento nasceu no interior da mesma cultura que causou a crise. Büscher e Fletcher (2019), por exemplo, sustentam que as duas principais vertentes que hoje embasam a ciência da conservação (conservação tradicional e "nova conservação") deixam de fora de suas motivações e estratégias a necessidade de mudanças estruturais nas sociedades modernas e nas suas formas de perceber e se relacionar com a Natureza.

Embora o movimento conservacionista convencional abarque, hoje, múltiplas abordagens, muitas das quais extrapolam, de alguma forma, o enquadramento restrito de Natureza descrito acima (e.g. COLLOFF *et al.*, 2017), há exemplos que indicam que esse entendimento limitado ainda é hegemônico nas sociedades ocidentais, atravessando a educação, a mídia, a prática e as políticas de conservação. Um exemplo dessa transversalidade é a posição de relevância das listas de espécies ameaçadas. As chamadas listas vermelhas envolvem, no seu desenvolvimento, cientistas e técnicos, organizações não governamentais e universidades de vários países (CAMPBELL, 2012); são replicadas globalmente, nacionalmente e regionalmente (IUCN, 2012); são incluídas no ordenamento jurídico e, assim, têm grande impacto nas políticas públicas ambientais da maioria dos estados (BETTS, 2016); e têm grande repercussão na mídia e em materiais didáticos e de divulgação[8]. São certamente úteis, mas a dominância e o grande espaço que a ferramenta ocupa nessas múltiplas esferas ajudam a manter uma cultura centrada nos componentes individuais da Natureza e na separação do humano da Natureza e podem exacerbar a desconexão entre políticas, afastando as políticas de conservação das políticas sociais, educacionais e econômicas.

Outro exemplo marcante da hegemonia do enquadramento restrito de Natureza nas sociedades ocidentais é o apagamento, em múltiplas arenas (educação, mídia, políticas e também ciência), das fortes evidências de que várias características — desde os solos até a composição da vegetação — dos chamados "ambientes prístinos ou selvagens", como a Amazônia, são resultado das atividades das populações humanas originárias ao longo de milhares de anos (LEVIS *et al.*, 2018; FLETCHER

---

8   Uma busca no Google, em 01 de março de 2022, com os termos "Lista Vermelha" e "Folha de São Paulo" (um dos principais jornais do país) retornou 10.500 resultados, enquanto que "Lista Vermelha" e "escola" retornou 35.700 resultados.

et al., 2021). Esse apagamento já foi explicitamente utilizado durante a ditadura militar brasileira, quando o governo frequentemente publicizava a Amazônia como um deserto verde desprovido de populações humanas para justificar o desmatamento e a conquista do território e a perseguição e extermínio de povos indígenas (MARQUES, 2007). Mesmo após a Constituição Federal de 1988, quando o direito dos indígenas a seus territórios foi reconhecido, a Amazônia ainda é frequentemente vista e reportada como floresta majestosa, livre de influências humanas e que assim deve permanecer.

Não menos amplo e relevante (em termos do impacto sobre as estratégias internacionais para lidar com a crise socioecológica atual) é o resultado deste enquadramento da Natureza sobre o modo como os vetores da perda de biodiversidade são comumente reportados em acordos multilaterais que visam fazer frente ao declínio da biodiversidade. Via de regra, o enfoque é dado aos chamados "vetores diretos de perda de biodiversidade", como no caso da Convenção sobre Diversidade Biológica, que os identifica em quatro principais fatores: mudanças de uso da terra, superexploração (como caça e pesca predatória), poluição e invasões biológicas (CDB, 2000). O mesmo se observa em formulações de grandes ONGs, como no Índice do Planeta Vivo da WWF, que distingue, por trás das perdas de biodiversidade registradas, basicamente os mesmos vetores diretos (WWF, 2020). Dessa forma, as estratégias propostas, por exemplo, para atingir as Metas de Aichi envolviam "reduzir as pressões diretas à biodiversidade e promover o uso sustentável" (metas 5 a 10), enquanto mudanças estruturais foram deixadas em segundo plano ou definidas em termos bastante vagos[9] (CDB, 2000). Não por acaso, embora algumas estratégias, como a expansão das áreas protegidas, tenham sido implementadas, as taxas de declínio da biodiversidade não diminuíram (JOHNSON *et al.*, 2017).

---

9 As primeiras quatro das Metas de Aichi, por exemplo, diziam respeito às "causas subjacentes" da perda de biodiversidade, a serem contornadas através da "integração da biodiversidade nos governos e sociedades", relacionados ao aumento da preocupação com a biodiversidade e com políticas de "produção e consumo sustentáveis" (CDB, 2000).

Os exemplos acima sugerem que o enquadramento restrito da Natureza, ainda que atualmente não seja o único no movimento conservacionista moderno, pode ser entendido como hegemônico nas sociedades ocidentais, dando base e perpassando práticas e políticas nacionais e internacionais. As consequências dessa hegemonia são inúmeras, mas podem ser organizadas em três aspectos principais.

Em primeiro lugar, o enquadramento restrito de Natureza expulsa da educação, da ciência e das práticas da conservação convencional as formas de se relacionar, entender e valorizar a Natureza de uma diversidade enorme de povos e culturas, que, ao contrário de nós, entendem-se Natureza e têm modos de vida intrincados a ela. Isso representa a desconsideração das visões, vivências e conhecimentos de mais de 300 povos originários, que há milênios vivem nas florestas, savanas e campos do que hoje chamamos de Brasil e de muitas comunidades tradicionais, como quilombolas, caiçaras, beiradeiros, seringueiros, geraizeiros, quebradeiras de coco, entre outras (ISA, 2021). Essa exclusão não é um detalhe; é a extirpação de noções de reciprocidade entre o humano e o mundo a sua volta, que está no cerne dos modos de se relacionar com a Natureza dos povos ameríndios (MURADIAN e PASCUAL, 2018). Além de invisibilizar a diversidade de vozes e saberes, impede que possamos dialogar, aprender e criar alternativas sobre como alterar o curso da tragédia anunciada da crise socioecológica atual com quem tem muito mais experiência. Não só porque vivem como Natureza, mas porque — como Natureza — vivem a sua destruição há séculos.

Em segundo lugar, o enquadramento restrito e hegemônico de Natureza leva à perda de legitimidade e de efetividade das ações de conservação (PASCUAL *et al.* 2021). Perda de legitimidade porque as ações frequentemente desconsideram os conhecimentos, os valores, os modos de vida e a autonomia das pessoas, incluindo aqui as ocidentais, que habitam os locais atingidos pelas ações. E, portanto, perda de efetividade, que nasce da desconfiança, da falta de apoio e engajamento nessas ações pouco legítimas e da ausência de contribuições que o conhecimento experiencial dessas pessoas poderia aportar.

Por último, mas mais grave, o enquadramento restrito de Natureza contribui, no longo prazo, para manter intactas as estruturas social e econômica que nos trouxeram até aqui, com suas desigualdades e suas injustiças (PASCUAL *et al.* 2021). Ainda perpetua, na sociedade em geral, uma cultura de distanciamento e apatia em relação à Natureza (e.g. JUNEMAN e PANE, 2013; SOGA e GASTON, 2016).

Um exemplo eloquente desse conjunto de consequências, que têm como base um entendimento limitado de Natureza e que se tornou hegemônico nas sociedades ocidentais, é ricamente retratado no livro "Banzeiro Ókotò – uma viagem à Amazônia centro do mundo", da premiada jornalista Eliane Brum (BRUM, 2021), que, em 2017, mudou-se para uma das regiões mais conflituosas da Amazônia. Sem fazer jus à riqueza das experiências retratadas na publicação e à beleza da narrativa documental e pessoal, é possível resumir, assim, a situação descrita no livro: em nome de uma energia limpa de carbono e dita barata, a construção da hidrelétrica de Belo Monte expulsou comunidades indígenas, quilombolas e beiradeiras, que tiveram suas casas queimadas e afogadas, perderam seus territórios e tiveram seus modos de vida destruídos. Foram transformados em pobres na periferia de Altamira, cidade que passou a ser a mais violenta do país, onde jovens se suicidam em série e lideranças camponesas vivem sob ameaça constante. Depois de pronta, a hidrelétrica trabalha muito abaixo da capacidade e gera muito menos energia do que o anunciado. Decidiu-se diminuir a vazão do rio, secando a região da Volta Grande do Xingu, um trecho de 140 quilômetros de corredeiras, canais e pedrais do Rio Xingu, que abriga duas terras indígenas e centenas de famílias ribeirinhas, matando seus modos de vida. A obra é cercada de denúncias de corrupção. Serve às elites, que ganham com a corrupção e com a grilagem das terras, que são públicas. Tudo isso se passa distante dos olhos e dos corações da maioria, sendo pouco representado na grande imprensa.

3 – A responsabilidade e os desafios das universidades públicas

"A ciência não está se autocorrigindo, está se autodestruindo. Para salvá-la, cientistas devem sair do laboratório para dentro do mundo real." (SAREWITZ, 2016, p. 5, tradução nossa)

As universidades públicas brasileiras, como centros de produção intelectual e de formação em sociedades ocidentais como a nossa, têm a responsabilidade de confrontar, de forma organizada e estratégica, o ciclo vicioso de perpetuação de uma visão hegemônica limitada da Natureza. São nessas universidades que se formam os cientistas e profissionais que atuam nas múltiplas arenas ligadas à conservação da Natureza — da educação e imprensa a órgãos do governo, ONGs e a própria academia. Embora sejam, assim, centros com grande potencial para estimular a reflexão sobre as bases e as consequências do enquadramento ocidental de Natureza, para dar visibilidade e espaço a outras visões de Natureza, fundamentar uma compreensão sistêmica das causas da crise socioecológica que vivemos e propor meios para a construção de soluções para revertê-la, há vários pontos de reflexão e inflexão necessários para que possam atingir esse potencial.

Um dos desafios mais básicos e gerais se refere a incorporar, ampliar e aprofundar o estudo e a reflexão sobre temas ligados à epistemologia e à filosofia da ciência na educação superior. Embora esse seja um desafio geral para todas as carreiras e cursos — pois é central para a compreensão da Natureza da ciência, do que distingue o conhecimento científico de outros conhecimentos e para o enfrentamento de mitos sobre as características da ciência (e.g. ser livre de valores) e seu potencial para a tomada de decisão (e.g. um árbitro imparcial) —, é especialmente importante nos institutos ligados às ciências naturais, básicas ou aplicadas. Nessas áreas, estudos têm apontado que pesquisadores e professores universitários têm comumente uma visão ingênua sobre o fazer científico, especialmente no que concerne à ideia de que a ciência é neutra ou livre de valores (SCHWARTZ, 2012; AYDENIZ e BILICAN, 2014). Não raro, essa visão leva tais pesquisadores a confundirem posições normativas com descrições (MILLER *et al.*, 2011) e a assumir que suas perspectivas são mais válidas por serem neutras ou que, como cientistas, são os seus valores que devem prevalecer (e.g. CASSEY *et al.*, 2005). A inclusão de um processo formal de reflexividade no ensino, nas pesquisas e nas publicações destas áreas também é essencial para fomentar maior clareza sobre os valores que transpassam a ciência (BOYCE *et al.*, 2022). Como proposto nas ciências sociais, a reflexividade é uma busca por trazer à tona as crenças e os valores normativos subjacentes às nossas práticas e pesquisas – a partir da autocrítica, da troca e da transparência sobre os valores, as premissas e os paradigmas que trazemos a priori e como eles afetam nossas interpretações e conclusões. Essa prática é fundamental para que não se assuma erroneamente que a perspectiva do cientista é superior por ser baseada apenas em evidência e para que o cientista não se imponha em vez de colaborar.

Um segundo desafio das universidades, também essencial para uma formação intelectual mais plural, aprofundada e ampla, concerne ao estímulo e ao suporte constante para a colaboração e a coprodução entre as ciências naturais e sociais e as humanidades, de modo a aproximar e a articular as múltiplas perspectivas e valores que as diferentes disciplinas acadêmicas trazem (PARDINI *et al.*, 2021). A colaboração e a coprodução entre disciplinas (i.e. a interdisciplinaridade) são essenciais para expandir a concepção científica de Natureza, articulando as proposições de áreas diversas. Como apontam Pascual *et al.* (2021), a ciência, no seu conjunto amplo, inclui uma multiplicidade de abordagens que vão além do entendimento da Natureza pelo conceito de biodiversidade. Por exemplo, o entendimento da biodiversidade como um seguro parte da ideia de que a diversidade e a redundância das funções das espécies conferem resiliência aos sistemas socioecológicos frente às incertezas ou surpresas, como as causadas pelo aumento da frequência de eventos climáticos extremos (FOLKE *et al.*, 2004). Na antropologia ambiental, a Natureza é entendida como coprodução entre o social, o cultural e o ecológico (DESCOLA, 2013 *apud* PASCUAL *et al.*, 2021). A colaboração entre disciplinas é essencial também para expandir a reflexão e a compreensão sobre as relações entre ciência e sociedade, em particular entre ciência, política e políticas, e sobre o papel da ciência e dos cientistas na tomada de decisão política (PARDINI et al. 2021). A aproximação das ciências básicas com áreas como a ciência política e estudos de ciência, tecnologia e sociedade é essencial para a formação de profissionais e cidadãos que reconheçam que a tomada de decisão requer, além da informação científica, a mediação política e democrática de valores e interesses na sociedade; e que, nessa arena democrática, a ciência deveria ser um bem comum (SCHOLTZ e STEINER, 2015) que dá suporte — em termos de ferramentas e alternativas — para que o objetivo acordado seja atingido (PIELKE, 2007).

Um terceiro desafio das universidades — este estrutural — refere-se à necessidade de alterar, na base e radicalmente, as políticas científicas atuais, que podem ser compreendidas como uma não política. A ênfase das políticas atuais — não em diretrizes que estimulem a formação profissional e a geração de conhecimentos em áreas que a sociedade identifique como chaves para o país/estados/municípios, mas na avaliação de pesquisadores, projetos, cursos e universidades, por meio de métricas quantitativas de produção e citação — transfere o poder de decisão sobre o que e como se pesquisar para as mãos das revistas científicas de impacto (NEFF, 2018) e das grandes corporações editoriais privadas que as publicam (NEFF, 2020). Porém, a ciência necessária, útil e usável varia de contexto para contexto, entre países e regiões. Para além dos trabalhos observacionais em escala global, do valor de experimentos controlados para inferência de causalidade ou dos trabalhos conceituais com foco na generalização e universalidade, as questões socioecológicas requerem trabalhos localizados e contextualizados e engajamento inter e transdisciplinar de longo prazo (e.g. KURLE *et al.*, 2022). Embora desafiadores e críticos para uma ciência transformadora, não são, em geral, o tipo de trabalho que as revistas científicas de alto impacto procuram e publicam e, consequentemente, não são estimulados pela política científica atual (ROCHA *et al.*, 2020).

Associado ao desafio imposto pelas políticas científicas atuais (ou a ausência delas), um quarto desafio das universidades está na importância de fomentar e dar os subsídios necessários para trazer a inter e a transdisciplinaridade para as práticas cotidianas da universidade, conectando ensino, extensão e pesquisa nos mesmos projetos contextualizados e de longo prazo (ROCHA *et al.*, 2020). Essa articulação das três atividades fins da universidade – comumente realizadas de forma isolada, ainda que pelos mesmos indivíduos –, talvez seja a melhor maneira para buscar simultaneamente: formar cidadãos e profissionais cientes da complexidade e da gravidade da crise socioecológica atual, que reconheçam e respeitem outros saberes; aprender e criar através da ampliação dos conhecimentos, valores e vivências; e ajudar a tecer formas de ação coletivas e colaborativas, construindo assim caminhos alternativos e legítimos, centrados nas realidades dos territórios locais e na precedência e autonomia das vozes de suas comunidades.

Por último, talvez o maior desafio entre todos os enfrentados pelas universidades para que sejam capazes de assumir sua responsabilidade e potencial de transformação – ajudando a quebrar o ciclo vicioso de perpetuação de uma visão hegemônica limitada da Natureza – seja o de fomentar a experimentação criativa de diálogos entre a ciência e outras formas de interpretar o mundo, como as artes e as cosmovisões indígenas. Há bons exemplos do potencial de aproximações entre ciência e artes para a criação de resiliência em sistemas socioecológicos, que partem da ideia de que ambas procuram capturar a essência do mundo à nossa volta e são profundamente complementares — o que indica o enorme potencial para sinergias, em especial para o entendimento de processos criativos e para a descoberta de "*unknown unknowns*" (WESTLEY *et al.* 2020). Já o enorme potencial transformador de aproximações entre ciência e cosmovisões indígenas, especialmente para a expansão e aprofundamento de entendimentos sobre a Natureza e as relações humano-natureza, pode ser aprendido pelo belíssimo movimento "Selvagem – Ciclo de Estudos sobre a Vida" (http://selvagemciclo.com.br/). Nas palavras de seus idealizadores, o movimento é

> "[...] uma experiência de articular conhecimentos a partir de perspectivas indígenas, acadêmicas, científicas, tradicionais e de outras espécies" ... [para confrontar] "a cultura ocidental, da qual somos filhos e filhas bastardas" ... [e que]

"mantém-se soberana frente ao pluriversalismo do conhecimento originário e tradicional" … "com o propósito de abrir espaço para a multiculturalidade. Delineia um lugar para que sejam criadas outras perguntas e, principalmente, para a escuta das narrativas pluriversais de diversas tradições." (SELVAGEM, 2021a).

4 – Conclusões

"A vida é transformação. O futuro é ancestral."
(SELVAGEM, 2021b)

A crise que enfrentamos é social e ecológica e tem, em sua base, um enquadramento ocidental de Natureza que a restringe a componentes isolados e exclui o ser humano, transformando-a em mercadoria ou em ente frágil que deve ser mantido "prístino". As origens ocidentais e elitistas da vertente convencional do movimento conservacionista moderno estão enraizadas nesse enquadramento. Assim, o movimento ajudou a tornar hegemônica (atravessando educação, ciência, mídia e políticas) essa visão limitada de Natureza, com sérias decorrências – como o apagamento das formas de se relacionar, entender e valorizar a matureza de uma diversidade enorme de povos e culturas e o foco quase exclusivo no enfrentamento das causas proximais da crise atual, mantendo intactas as estruturas social e econômica que nos trouxeram até aqui. As universidades têm o potencial e o dever de confrontar a perpetuação dessa visão limitada da Natureza, oferecendo uma formação intelectual mais plural, aprofundada e ampla, alterando a lógica das políticas científicas atuais, trazendo a inter e transdisciplinaridade para todas as suas atividades e, principalmente, fomentando a experimentação criativa de diálogos entre a ciência e outras formas de interpretar o mundo, como as artes e as cosmovisões indígenas.

5 – Posicionalidade

Somos uma mulher e um homem brancos, brasileiros e paulistas, biólogos; uma professora universitária com 20 anos de experiência em pesquisas acadêmicas em Ecologia de Comunidades e Ecologia de Paisagens e 10 anos de experiência em pesquisas acadêmicas sobre a aproximação entre ciência e prática na conservação e transdisciplinaridade e sobre as relações humano-natureza; e um mestrando em Ecologia no início de sua trajetória acadêmica, interessado pelas diferentes maneiras de conceber a relação humanidade-natureza e seu estado de crise atual.

6 – Reflexividade

Nossa forma de pensar a crise socioecológica e o movimento conservacionista convencional moderno tem forte influência de vivermos no Brasil, o país que abriga a maior quantidade de florestas tropicais do mundo e uma enorme diversidade biocultural, onde as consequências ecológicas, sociais e culturais da crise socioecológica global são estridentes há décadas, mas foram, em muito, aprofundadas e ampliadas devido à pandemia de COVID-19 e ao governo de extrema-direita que recentemente se encerrou. Acompanhamos cotidianamente, nos locais que moramos, frequentamos e fazemos nossas pesquisas, essas consequências e estamos envolvidos em discuti-las em sala de aula para tecer caminhos alternativos de forma colaborativa com órgãos ambientais e comunidades locais. Acreditamos na importância de transformações na formação filosófica e política dos cientistas naturais para que essas colaborações sejam mais profícuas. A aproximação com as ideias de pensadores indígenas, como Ailton Krenak, tem nos feito perceber que não há saída para a crise sem que recuperemos os nossos sentidos, atordoados pela tecnologia, pela ansiedade e pelo individualismo, e, com isso, que recuperemos uma relação mais íntima e recíproca com a Natureza, transformando nossos modos de vida e de produção. É influenciada também pelo longo esforço ecossocialista de apontar a contradição insolúvel entre o capital e a Natureza e pela consequente percepção de que, se o problema é sistêmico, sua solução só poderá ser antissistema.

Referências

ADAMS, W. M. **Against extinction: the story of conservation**. Londres: Earthscan, 2004, 311 p.

ANGUS, I. **Facing the Anthropocene: fossil capitalism and the crisis of the Earth System**. Nova York: Monthly Review Press, 2016, 277 p.

AYDENIZ, M.; BILICAN, K. What do scientists know about the nature of science? A case study of novice scientists' views of NOS. **International Journal of Science and Mathematics Education**, v. 12, n. 5, p. 1083-1115, 2014.

BANCO MUNDIAL. **Poverty and Shared Prosperity 2020:** Reversals of fortune. Washington: Banco Mundial, 2020, 178 p. Disponível em: https://www.worldbank.org/en/publication/poverty-and-shared-prosperity. Acesso em: 1 mar. 2022.

BARRETO, E. S. **O capital na estufa: para a crítica da economia das mudanças climáticas**. Rio de Janeiro: Consequência, 2018, 226 p.

BARNOSKY, A. D.; MATZKE, N.; TOMIYA, S.; WOGAN, G. O.; SWARTZ, B.; QUENTAL, T. B.; MARSHALL, C.; MCGUIRE, J. L.; LINDSEY, E. L.; MAGUIRE, K. C.; MERSEY, B.; FERRER, E. A. Has the Earth's sixth mass extinction already arrived? **Nature**, v. 471, n. 7336, p. 51-57, 2011.

BETTS, J. **A framework for evaluating the impact of the IUCN Red List**. 2016, 47 p. Dissertação (Mestrado em Conservation Science) – Imperial College London. Londres, 2016.

BOYCE, P.; BHATTACHARYYA, J.; LINKLATER, W. The need for formal reflexivity in conservation science. **Conservation Biology**, v. 36, n. 2, p. e13840, 2022.

BRENNAN, A.; LO, N. Y. S. Environmental Ethics. *In* ZALTA, E. N. (ed.). **The Stanford Encyclopedia of Philosophy**. Fall 2015 Edition. Stanford University, 2015. Disponível em: <https://plato.stanford.edu/archives/fall2015/entries/ethics-environmental/>. Acesso em: 05 de set. de 2021.

BRUM, E. **Banzeiro Òkòtó: uma viagem à Amazônia Centro do Mundo**. São Paulo: Companhia das Letras, 2021, 448 p.

BÜSCHER, B.; FLETCHER, R. Towards convivial conservation. **Conservation & Society**, v. 17, n. 3, p. 283-296, 2019.

CAMPBELL, L. M. Seeing red: inside the science and politics of the IUCN Red List. **Conservation & Society**, v. 10, n. 4, p. 367-380, 2012.

CASSEY, P.; BLACKBURN, T. M.; DUNCAN, R. P.; CHOWN, S. L. Concerning invasive species: reply to Brown and Sax. **Austral Ecology**, v. 30, n. 4, p. 475-480, 2005.

CDB – Secretariado da Convenção sobre Diversidade Biológica. **Global Biodiversity Outlook 5**. Montreal: CDB, 2020, 210 p. Disponível em: https://www.cbd.int/gbo5. Acesso em: 7 mar. 2022.

COLLOFF, M.; LAVOREL, S.; KERKHOFF, L. E.; WYBORN, C. A.; FAZEY, I.; GORDDARD, R.; MACE, G. M.; FODEN, W. B.; DUNLOP, M.; PRENTICE, I. C.; CROWLEY, J.; LEADLEY, P.; DEGEORGES, P. Transforming conservation science and practice for a postnormal world. **Conservation Biology**, v. 31, n. 5, p. 1008-1017, 2017.

CUI, Y.; SCHUBERT, B. A.; JAHREN, A. H. A 23 my record of low atmospheric CO2. **Geology**, v. 48, n. 9, p. 888-892, 2020.

DESCOLA, P. **The ecology of others**. Chicago: Prickly Paradigm, 2013, 90 p.

ELHACHAM, E.; BEN-URI, L.; GROZOVSKI, J.; BAR-ON, Y. M.; MILO, R. Global human-made mass exceeds all living biomass. **Nature**, v. 588, n. 7838, p. 442-444, 2020.

FAO – Organização das Nações Unidas para a Alimentação e a Agricultura. **The State of Food Security and Nutrition in the World 2021**: Transforming food systems for food security, improved nutrition and affordable healthy diets for all. Roma: FAO, 2021, 240 p. Disponível em: https://www.fao.org/documents/card/en/c/cb4474en. Acesso em: 1 mar. 2022.

FISHER, M. **Realismo capitalista: é mais fácil imaginar o fim do mundo do que o fim do capitalismo?**. São Paulo: Autonomia Literária, 2020, 218 p.

FLETCHER, M.; HAMILTON, R.; DRESSLER, W.; PALMER, L..Indigenous knowledge and the shackles of wilderness. **Proceedings of the National Academy of Sciences**, v. 118, n. 40, 2021.

FOLKE, C.; CARPENTER, S.; WALKER, B.; SCHEFFER, M.; ELMQVIST, T.; GUNDERSON, L.; HOLLING, C. S. Regime shifts, resilience, and biodiversity in ecosystem management. **Annual Review of Ecology, Evolution, and Systematics**, v. 35, p. 557-581, 2004.

GAFFNEY, O.; STEFFEN, W. The anthropocene equation. **The Anthropocene Review**, v. 4, n. 1, p. 53-61, 2017.

HIMES, A.; MURACA, B. Relational values: the key to pluralistic valuation of ecosystem services. **CurrentOpinion in Environmental Sustainability**, v. 35, p. 1-7, 2018.

IPBES – Plataforma Intergovernamental sobre Biodiversidade e Serviços Ecossistêmicos. **Summary for policymakers of the global assessment report on biodiversity and ecosystem services of the Intergovernmental Science Policy Platform on Biodiversity and Ecosystem Services**. Bonn: IPBES, 2019, 56 p. Disponível em: https://www.ipbes.net/global-assessment. Acesso em: 1 mar. 2022.

ISA – Instituto Socioambiental. Povos Indígenas no Brasil, 2021. Povos Indígenas no Brasil: quem são? Disponível em: https://pib.socioambiental.org/pt/Quem_s%C3%A3o. Acesso em: 7 mar. 2022.

IUCN – União Internacional para a Conservação da Natureza. **Guidelines for application of IUCN red list criteria at regional and national levels**: version 4.0. Gland: IUCN, 2012, 44 p. Disponível em: https://www.iucn.org/content/guidelines-application-iucn-red-list-criteria-regional-and-national-levels-version-40. Acesso em: 2 mar. 2022.

JOHNSON, C. N.; BALMFORD, A.; BROOK, B. W.; BUETTEL, J. C.; GALETTI, M.; GUANGCHUN, L.; WILMSHURST, J. M. Biodiversity losses and conservation responses in the Anthropocene. **Science**, v. 356, n. 6335, p. 270-275, 2017.

JUNEMAN; PANE, M. M. Apathy towards environmental issues, narcissism, and competitive view of the world. **Procedia-Social and Behavioral Sciences**, v. 101, p. 44-52, 2013.

KURLE, C. M.; CADOTTE, M. W.; JONES, H. P.; SEMINOFF, J. A.; NEWTON, E. L.; SEO, M. Co-designed ecological research for more effective management and conservation. **EcologicalSolutionsandEvidence**, v. 3, n. 1, p. e12130, 2022.

LEITE, J. C. Prefácio à edição brasileira. *In* SOLÓN, O. (org.). **Alternativas sistêmicas: Bem Viver, decrescimento, comuns, ecofeminismo, direitos da Mãe Terra e desglobalização**. São Paulo: Elefante, 2019, p. 7-11.

LEVIS, C.; FLORES, B. M.; MOREIRA, P. A.; LUIZE, B. G.; ALVES, R. P.; FRANCO-MORAES, J.; LINS, J.; KONINGS, E.; PEÑA-CARLOS, M.; BONGERS, F.; COSTA, F. R. C.; CLEMENT, R. C. HowpeopledomesticatedAmazonianforests.**Frontiers in Ecology and Evolution**, v. 5, p. 171, 2018.

LIODAKIS, G. Political economy, capitalism and sustainable development. **Sustainability**, v. 2, n. 8, p. 2601-2616, 2010.

LÖWY, M. Crise ecológica, crise capitalista, crise de civilização: a alternativa ecossocialista. **Caderno CRH**, v. 26, n. 67, p. 79-86, 2013.

LÜTHI, D.; FLOCH, M. L.; BEREITER, B.; BLUNIER, T.; BARNOLA, J. M.; SIEGENTHALER, U.; RAYNAUD, D.; JOUZEL, J.; FISCHER, H.; KAWAMURA, K.; STOCKER, T. F. High-resolution carbon dioxide concentration record 650,000–800,000 years before present. **Nature**, v. 453, n. 7193, p. 379-382, 2008.

MAGDOFF, F.; FOSTER, J. B. The growth imperative of capitalism. *In* _____. **What every environmentalist needs to know about capitalism: a citizen's guide to capitalism and the environment**. Nova York: Monthly Review Press, 2011, p. 37-60.

MARQUES, A. A. **Amazônia: pensamento e presença militar**. 2007, 233 p. Tese (Doutorado em Ciência Política) – Universidade de São Paulo. São Paulo, 2007.

MEINE, C.; SOULÉ, M.; NOSS, R. F. "A mission-driven discipline": the growth of conservation biology. **ConservationBiology**, v. 20, n. 3, p. 631-651, 2006.

MÉSZÁROS, I. **O desafio e o fardo do tempo histórico**. São Paulo: Boitempo, 2007, 396 p.

MILLER, T. R.; MINTEER, B. A.; MALAN, L. The new conservation debate: the view from practical ethics. **Biological Conservation**, v. 144, n. 3, p. 948-957, 2011.

MOORE, J. W. The Capitalocene, Part I: on the nature and origins of our ecological crisis. **The Journal of Peasant Studies**, v. 44, n. 3, p. 594-630, 2017.

NEFF, M. W. How academic science gave its soul to the publishing industry. **Issues in Science and Technology**, v. 36, n. 2, p. 35-43, 2020.

NEFF, M. W. Publication incentives undermine the utility of science: Ecological research in Mexico. **Science andPublicPolicy**, v. 45, n. 2, p. 191-201, 2018.

ONU – Organização das Nações Unidas. **Convention on Biological Diversity**. Rio de Janeiro: ONU, 1992, 28 p. Disponível em: https://www.cbd.int/convention/text/. Acesso em: 1 de mar. 2022.

OXFAM INTERNACIONAL. **Tempo de cuidar:** o trabalho de cuidado não remunerado e mal pago e a crise global da desigualdade. Oxford: Oxfam, 2020, 20 p. Disponível em: https://www.oxfam.org.br/justica-social-e-economica/forum-economico-de-davos/tempo-de-cuidar/. Acesso em: 1 mar. 2022.

PAPPIANI, A. **Povo verdadeiro: os povos indígenas no Brasil**. São Paulo: IKORÊ, 2009, 72 p.

PARDINI, R.; BERTUOL-GARCIA, D.; ARAÚJO, B. D.; MESQUITA, J. P.; MURER, B. M.; PÔNZIO, M. C.; RIBEIRO, F. S.; ROSSI, M. L.; PRADO, P. I. COVID-19 pandemic as a learning path for groundingconservation policies in science. **Perspectives in Ecology and Conservation**, v. 19, n. 2, p. 109-114, 2021.

PASCUAL, U.; ADAMS, W. M.; DÍAZ, S.; LELE, S.; MACE, G. M.; TURNHOUT, E. Biodiversity and the challenge of pluralism. **Nature Sustainability**, v. 4, n. 7, p. 567-572, 2021.

PIELKE, R. A. **The honest broker: making sense of science in policy and politics**. Nova York: Cambridge University Press, 2007, 188 p.

RIPPLE, W. J.; WOLF, C.; NEWSOME, T.; BARNARD, P.; MOOMAW, W.; GRANDCOLAS, P. World scientists' warning of a climate emergency 2021. **BioScience**, v. 71, n. 9, p. 894-898, 2021.

ROCHA, P. L. B.; PARDINI, R.; VIANA, F. V.; EL-HANI, C. N. Fostering inter-and transdisciplinarity in discipline-oriented universities to improve sustainability science and practice. **Sustainability Science**, v. 15, n. 3, p. 717-728, 2020.

SANTOS, B. S. **O futuro começa agora: da pandemia à utopia**. São Paulo: Boitempo, 2021, 426 p.

SAREWITZ, D. Saving science. **The New Atlantis**, v. 49, n. Spring/Summer, p. 4-40, 2016.

SCHOLZ, R. W.; STEINER, G. The real type and ideal type of transdisciplinary processes: part I—theoretical foundations. **Sustainability Science**, v. 10, n. 4, p. 527-544, 2015.

SCHÖNFELD, A. Apresentação. *In* BRAND, U.; WISSEN, M. **Modo de vida imperial: sobre a exploração dos seres humanos e da natureza no capitalismo global.**São Paulo: Elefante, 2021, p. 9-12.

SCHWARTZ, R. The nature of scientists' nature of science views. *In* _____. **Advances in nature of science research**. Dordrecht: Springer, 2012, p. 153-188.

SELVAGEM ciclo de estudos sobre a vida. **Nota Conceitual**. Brasil: Selvagem, 2021a. Disponível em: http://selvagemciclo.com.br/sobre/. Acesso em: 3 mar. 2022.

SELVAGEM ciclo de estudos sobre a vida. **Flecha 1 – A serpente e a canoa**. Brasil: Selvagem, 2021b. 1 vídeo (16 min). Disponível em: https://www.youtube.com/watch?v=Cfroy5JTcy4. Acessoem: 2 mar. 2022.

STEFFEN, W.; RICHARDSON, K.; ROCKSTRÖM, J.; CORNELL, S. E.; FETZER, I.; BENNETT, E. M.; BIGGS, R.; CARPENTER, S. R.; DE VRIES, W.; DE WIT, C. A.; FOLKE, C.; GERTEN, D.; HEINKE, J.; MACE, G. M.; PERSSON, L. M.; RAMANATHAN, V.; REYERS B.; SÖRLIN. S. Planetary boundaries: Guiding human development on a changing planet. **Science**, v. 347, n. 6223, p. 1259855, 2015.

SOGA, M.; GASTON, K. J. Extinction of experience: the loss of human–nature interactions. **Frontiers in Ecology and the Environment**, v. 14, n. 2, p. 94-101, 2016.

SOULÉ, M. E. What is conservation biology?. **BioScience**, v. 35, n. 11, p. 727-734, 1985.

TAIBO, C. **Colapso: capitalismo terminal, transição ecossocial, ecofascismo**. Curitiba: Ed. UFPR, 2019, 189 p.

VAN DYKE, F. The history and distinctions of conservation biology. *In* _____. **Conservation biology: foundations, concepts, aplications**. 2 ed. Dordrecht: Springer, 2008, p. 1-27.

VIVEIROS DE CASTRO, E. O recado da mata (prefácio). *In* KOPENAWA, D.; ALBERT, B. **A queda do céu: palavras de um xamã yanomami**. São Paulo: Companhia das Letras, 2015, p. 11-41.

WALPOLE, M.; ALMOND, R. E. A.; BESANÇON, C.; BUTCHART, S. H. M.; CAMPBELL-LENDRUM, D.; CARR, G. M.; COLLEN, B.; COLLETTE, L.; DAVIDSON, N. C.; DULLOO, E.; FAZEL, A. M.; GALLOWAY, J. N.; GILL, M.; GOVERSE, T.; HOCKINGS, M.; LEAMAN, D. J.; MORGAN, D. H. W.; REVENGA, C.; RICKWOOD, C. J.; SCHUTYSER, F.; SIMONS, S.; STATTERSFIELD, A. J.; TYRRELL, T. D.; VIÉ, J.; ZIMSKY, M. Tracking progress toward the 2010 biodiversity target and beyond. **Science**, v. 325, n. 5947, p. 1503-1504, 2009.

WESTLEY, F.; SCHEFFER, M.; FOLKE, C. Reconciling art and science for sustainability. **Ecology and Society**, special feature, 2020. Disponível em: https://www.ecologyandsociety.org/issues/view.php/feature/112. Acesso em: 2 mar. 2022.

WRIGHT, E. O. **Como ser anticapitalista no século XXI?**. São Paulo: Boitempo, 2019, 195 p.

WWF. **Living Planet Report 2020**: Bending the curve of biodiversity loss. Gland: WWF, 2020, 82 p. Disponível em: https://livingplanet.panda.org/pt-br/about-the-living-planet-report. Acesso em: 7 mar. 2022.

O pensamento contemporâneo e o enfrentamento da criseambiental: uma análise desde a Psicologia Social*

*Eda Terezinha de Oliveira Tassara**

Em seu livro *Par-delà: nature et culture*, Philippe Descola[1] lança as bases de uma teoria antropológica que relativiza o próprio conhecimento e põe em questão um certo número de certezas sobre o modo como concebemos o mundo no Ocidente. Nessa obra, Descola, discorrendo sobre as formas como os homens pensam, organizam o mundo e se relacionam com o que não é humano (plantas, animais e objetos), identifica a existência de quatro cosmologias, determinando desdobramentos possíveis: o animismo, o totemismo, o naturalismo e o analogismo. Afirma ser apenas no Ocidente que, há cerca de 400 anos, impera o naturalismo, concebendo-se a autonomia da cultura, triunfando a ideia de natureza por oposição à cultura.

No naturalismo, a relação entre o humano e o não humano passa a ser de sujeito e objeto, o que permite estudar a natureza como "alter", com as plantas e os animais destituídos de espírito. Tal cisão marca uma diferença de interioridade entre o humano e o não humano, que a universalidade física da matéria não permite superar. Quais são suas fronteiras?

---

* Baseado em texto apresentado em Prova de Erudição para a obtenção de título de Professora Titular de Psicologia Ambiental junto ao Departamento de Psicologia Social e do Trabalho do Instituto de Psicologia da Universidade de São Paulo, em 05/05/2006. Foi publicado originalmente em I. C. M. Carvalho, M. Grün, & R. Trajber (Orgs.), Pensar o ambiente: bases filosóficas para a educação ambiental (pp. 221-233). Brasília: Ministério da Educação, Secretaria de Educação Continuada, Alfabetização e Diversidade, UNESCO, 2006

** Professora Emérita da Universidade de São Paulo.

---

1   DESCOLA, Philippe. Par–delà: nature et culture. Paris: Gallimard, 2005.

Configura, também, um paradigma metodológico de conhecimento que, conforme caracteriza Guba, na obra "The Paradigm Dialog"[2], consiste em um conjunto de crenças e valores que orientam a ação. Segundo esse autor, os paradigmas científicos podem ser definidos conforme as respostas que oferecem às questões ontológicas, epistemológicas e de método de investigação e aceitação de verdades. A primeira se refere à concepção da natureza do conhecimento; a segunda, à concepção da relação entre sujeito e objeto do conhecimento; e a terceira, ao método de acesso ao conhecimento decorrente, de forma coerente e consistente, das duas primeiras respostas às referidas questões.

Dessa forma, ao se materializar o naturalismo com a fundação da física dinâmica, constituía-se uma forma de conhecimento comprometida com uma ontologia realista-materialista, uma epistemologia objetivista e dualista, por meio da qual, pela suposta não interação entre o sujeito e o objeto do conhecimento, pressuposto do paradigma eleito, excluíam-se do conhecimento os valores e as crenças redutores desse mesmo conhecimento. Decorria, então, uma metodologia experimentalista-empirista, isolando o conhecimento dela derivado dos valores e das crenças do sujeito e os eventos observados de fatores externos de interferência sobre eles.

Dessa metodologia, surgiu a consolidação da física dinâmica, que, segundo Einstein, consistiria em um sistema de mundo que desenvolveu um conhecimento matemático do movimento.

Assim, a epistemologia clássica se constituiu sob esta forma do conhecimento científico que primeiro nasceu no pensamento moderno: a física dinâmica e sua matematização. Uma forma precisa de *racionalidade* que se refere a um objeto atemporal, a uma lógica atemporal.[3]

Esse ideal científico preciso, devido à axiomatização oferecida pela lógica matemática de local (física), tornou-se global (ciência), permitindo à epistemologia moderna fundar critérios de demarcação entre ciências[4] e pseudociências, saberes empíricos, conhecimentos exatos, em função

---

2   GUBA, E. G. The Paradigm dialog. California: Sage Publications, 1990.
3   GAGLIASSO, E. Tempo della misurazione. Tempo della trasformazione: problemi epistemologici. Em VV.AA. Percorsi della ricerca filosofica. Filosofie tra storia, linguaggio e polittica. Roma: Gangemi, 1990. p. 129-139.
4   POPPER, K. The logic of scientific discovery. Londres: Hutchinson, 1959.

da distância metodológica das várias disciplinas, com relação à metodologia da física teórica.

No entanto, no século XIX, ao lado desta articulação mensurativa espaço-tempo, o tempo que transforma os objetos começa a consolidar uma dimensão científica. Trata-se de uma lenta transição de pensamento, que gera verdadeiras e específicas teorias científicas em setores de estudo diferentes (termodinâmica, evolucionismo, psicanálise, marxismo e outros) e que coloca no centro das reflexões uma pluralidade de tempos que, no transcorrer, modifica o objeto. Essa é uma transição de perspectiva que se constitui em uma verdadeira e nova forma de pensar a realidade – não é mais o espaço a dar razão de ser ao tempo, mas delineia-se uma realidade natural, ou social, que é modificada pela ação do tempo histórico processual. Introduz-se a dimensão construtiva do futuro, de uma realidade de referência temporal precedente àquela que a suceder.

Esse estilo de pensamento, contemporaneamente, validou as competências metodológicas restritas às disciplinas de partida para tornar-se problema de método – os critérios de conhecimento implicados das teorias começam a incidir sobre regras normativas da epistemologia clássica, tornando problemática a demarcação neopositivista entre ciências e saberes. Radicalizando, pode-se até chegar a rediscutir a antinomia fundamental entre demonstração e narração, por meio da qual se separou a noção de verdade histórico-literária da verdade científica.

Em decorrência, o quadro que se apresenta mostra como inevitável o entrelaçamento da forma de inquerir do historiador com a do cientista. Uma situação que, do ponto de vista filosófico, significa rever, sobre outras bases, uma clássica vocação metodológica do pensamento moderno: a mútua exclusão entre ciências da natureza e ciências do espírito ou do social.

Trata-se, portanto, de ideais científicos que colocam o sujeito em uma outra relação com o mundo natural e consigo mesmo como sujeito observador – não mais o lugar isolado da invariância, contrapondo à capacidade de transformação humana, mas, sim, obrigando-o a circunscrever-se, de tempos em tempos, em qualquer discurso do método, para evitar que se envolva o autor do discurso, parte integrante do sistema observado, em improváveis abstrações universalizantes.

Tais evoluções, intestinas ao desenvolvimento da ciência moderna, evidenciaram o papel do sujeito na produção do conhecimento e, embora não tenham sido suficientes para romper o dualismo objetivista e o materialismo realista no interior das ciências que constituíram um corpo de conhecimento, ou seja, da física e da genética, espraiaram-se para os outros domínios do conhecimento, notadamente para o campo das ciências sociais e humanas. Dessa forma, em decorrência da apontada crise metodológica, resultaram em cisões no interior da própria produção científica, configurando hoje, ainda segundo Guba, que, no campo científico, convivam legitimamente quatro diferentes paradigmas: o do positivismo, o do pós-positivismo, o do construtivismo (ou dialética hermenêutica) e o da teoria crítica.

Como um parêntese, diríamos, sobre a filologia das palavras crise e crítica, e, nas palavras de Koselleck:

> A palavra "crítica" surge como um tópico do debate filosófico ao longo do séc. XVIII. Inúmeros livros e escritos introduzem, em títulos pedantes, característicos da época, a palavra 'crítica' ou 'crítico'. [...] Em compensação, a expressão "crise" era empregada muito raramente no séc. XVIII e, de maneira alguma, constituía um conceito central para a época. Este fato está longe de ser uma casualidade estatística, pois guarda uma relação específica com a primazia da crítica. (...) A palavra kritik, crítica (em francês critique; em inglês criticks, hoje apenas criticism), tem em comum com krise (em francês, crise; em inglês, crisis) a origem grega, de verbo significando: separar, eleger, julgar, decidir, medir, lutar e combater. O emprego grego de krisis, crise em português, significa, em primeiro lugar, separação, luta, mas também decisão, no sentido de uma recusa definitiva, de um veredicto ou juízo em geral, que hoje pertence ao âmbito da crítica.[5]

---

5 KOSELLECK, R. Crítica e crise. Uma contribuição à patogênese do mundo burguês. Rio de Janeiro: EDUERJ / Contraponto,1999, p. 201-2.

Por outro lado, os referidos desenvolvimentos intrínsecos das transformações científicas cotejaram-se com movimentos extrínsecos, relacionados à interface comunicativa entre o conhecimento científico e a técnica e/ou entre a ciência e a sociedade, vindo gradativamente a incidir sobre a cosmologia naturalista, embaralhando a distinção entre natureza e cultura.

Assim é que os efeitos das transformações nas organizações de pesquisa, efetuadas a partir de uma gradativa aliança que estabeleceu uma sinergia entre cientistas, industriais, militares e sistemas de informação, culminaram na produção da chamada "*big science*", nos Estados Unidos, com suas repercussões sobre o sistema científico internacional, deslizando-se, sutilmente, do campo do poder político-econômico para o campo da ortodoxia-heterodoxia científica, instalando-se na práxis epistemológica sob a nomenclatura de sistema científico-tecnológico. Sob tal perspectiva, anunciam-se a globalização e a ciência da reprodução, entre outras, como produções que sugerem que se caminhe para a ruptura do naturalismo.

Em outra ordem de considerações, tais resultados se propagaram para a sociedade ocidental mundializada por meio da formação gradativa de uma consciência, no ocidente, de uma crise que se avulta, consolida e expande como uma forma de percepção de ruptura na tradição da ordem cultural estabelecida, de visualização de desequilíbrios naturais e de constatação de riscos difusos ameaçadores.

Em sua história, essa consciência se produz a partir de uma latente crítica ao processo de desenvolvimento mundial. A sua expansão, sob forma de representação social, no entanto, pode ser descrita sucintamente da forma que segue.

O significado do termo "progresso" vinha referindo-se, em seu sentido radical e quando não acompanhado de especificação adjetiva, à história universal do gênero humano e indicava um processo presumido de avanço contínuo e unilinear, no qual as aquisições se acumulariam, concorrendo para um aperfeiçoamento das condições materiais e morais do gênero humano, supostamente ilimitado.

Tal significado, ao longo do século XIX, consolidou-se como uma ideia rígida referente a uma história unilinear, principalmente a partir do pensamento de Saint-Simon e Comte, inscrevendo-se paulatinamente, a partir do século XX, em um quadro intelectual de crítica. Essa crítica pode ser representada como tendo ponto de partida nas análises desenvolvidas em 1918 por Thomas Mann[6], as quais fazem apelo aos conceitos de *kultur* e *zivilization*, distinguindo-os: o primeiro significando os valores espirituais permanentes de um povo; e o segundo, as estruturas técnico-científico-jurídicas da sociedade. Sucedendo-se a essas distinções semânticas, ponderava Mann que não seria dito, portanto, que, ao avanço dessas estruturas técnico-científico-jurídicas, correspondesse, também e automaticamente, um efetivo progresso dos valores culturais profundos.

Já no século XIX, Nietzsche se declarava radicalmente contra a mentalidade "progressista" moderna, do iluminismo ao positivismo, tendo suas teses influenciado profundamente o pensamento contemporâneo, a partir dos teóricos da Escola de Frankfurt, em particular Adorno e Horkheimer.

Além dessas posições filosóficas e sociológicas em contraposição às ideias de progresso, torna-se também necessário recordar o desenvolvimento dos estudos antropológicos e etnográficos que conduziram à negação do etnocentrismo cultural e a uma revisão profunda do conceito de progresso defendido pelos evolucionistas e outras escolas congêneres.

Os resultados dos referidos estudos demonstravam que não existe uma evolução única e monodirecional do caminho humano e que, sobretudo, não é justificável, conforme se evidencia na obra de Lévi-Strauss, aplicar a qualquer outra civilização, passada ou presente, os critérios técnicos e cumulativos que caracterizam os êxitos da civilização industrial europeia, êxitos esses discutíveis se cotejados aos valores ou às diferentes maneiras de entender os conhecimentos e seus usos sociais.

---

6   MANN, T. (1918). Considerazioni di un impolitico. Milano: Adelphi, 1997.

Por outro lado, conforme identificou Descola[7], no naturalismo, a relação entre o homem e a natureza passa a ser de sujeito e objeto, o que permite estudá-la como "alter", fundamentando, nesses estudos, intervenções técnicas sobre ela, com suas implicações sobre orientações de progresso e seus resultantes nas relações sociopolíticas com os indivíduos, grupos e sociedades envolvidas. Tais intervenções obnubilam a distinção entre cultura e natureza, de forma acrítica e ameaçadora.

A percepção macro dessa problemática, associada às ameaças de destruição da natureza e das tensões produzidas por essas ameaças sobre as diversas formas de vida social e natural, transforma-se em tema da agenda internacional e do sistema internacional de nações, evoluindo em um crescendo que passa, a partir da *I Conferência Internacional do Meio Ambiente* (Estocolmo, 1972), a constituir-se em dimensão temática global, representada pela ONU e outras organizações internacionais.

Tal consciência alimenta a construção do conceito de ambiente visto como socioambiente, que pode ser representado pela definição oferecida por Milton Santos, em 2001, e referida por Aziz Ab'Saber[8]: *ambiente é a organização humana no espaço total que compreende os fragmentos territoriais em sua totalidade.*

Coerentemente com essa conceituação de ambiente, visto como socioambiente, Lina Bo Bardi[9], já em 1983, definia a política ambiental como a construção intencional e compartilhada do futuro. Do sistema de conceitos assim apresentado, decorre, logicamente, a indissociabilidade da relação cultura-técnica-ambiente.

Dessa forma, há que se encontrar soluções que enfrentem tais ponderações críticas, assentando-as sobre forças utópicas e distópicas nelas implícitas. As primeiras, relacionadas ao combate a visões referidas a um rígido modelo central de sociedade e vida social desejável, orientando e legitimando intervenções subsequentes. As segundas, relacionadas ao

---

7   DESCOLA, P. Op. Cit.
8   AB'SABER, Aziz. Entrevista concedida a Marcello G. Tassara para o documentário USP Recicla. São Paulo: USP-CECAE, 2001.
9   BARDI, L. B. Política Ambiental. Simpósio Internacional. XXXV Reunião Anual da SBPC. Belém, 1983.

impedimento de catástrofes advindas da disrupção abrupta da cosmologia naturalista no trato das relações individuais, regionais, nacionais, internacionais e globais.

Se, conforme caracterizou Lina Bardi, a política ambiental consiste em construção intencional e compartilhada do futuro, necessariamente assentada sobre uma crítica do processo histórico de desenvolvimento, sob a forma de considerações a respeito de caminhos de desejabilidade nele perdidos, então tal crítica implica envolvimento participativo crescente das populações não técnicas para se tornar consistente com ilações democráticas. Além disso, como as relações cultura-técnica-ambiente consistem em referência para as avaliações, sustentando ou não mudanças políticas ou de gestão, há que se introduzir, no planejamento de intervenções, a análise dialética da interação cultura-natureza, englobando a informação técnica para se sintetizarem decisões. Para tal, torna-se necessário introduzir, nos processos de planejamento, estratégias participativas que venham a se apoiar nas forças utópicas da democracia radical e nas forças distópicas de destruição não pacifista, provocadas pelos inconciliáveis antagonismos, sócio-político-culturais, entre indivíduos, grupos e sociedades.

Ou seja, a participação passa a ser vistacomo uma forma estratégica de interrelacionar, a partir da crítica, técnico-política e das ações de planejamento, as palavras "kultur" e "zivilization", harmonizando-as na direção de um bem comum, como um futuro compartilhado possível.

Sob tal perspectiva, o impacto mundializado da crise ambiental se origina em conflitos racionais advindos da aplicação de referências da realidade baseadas em teorias científicas da natureza, mas se propaga mobilizando-se sobre provocações de cunho ético e humanístico, sobre uma crítica latente do ocidente como civilização, abrindo-se como ponto de cisão entre alternativas de futuro no confronto cultura-natureza e suas interações.

A crise ambiental é, portanto, uma crise política da razão, que não encontra significações dentro do esquema de representações científicas existentes para o reconhecimento da natureza social do mundo e que foi histórica, técnica e civilizatoriamente produzida. Uma crise política da razão diante da não explicação da natureza social da natureza e de suas implicações sobre o conhecimento e suas relações com a sociedade e o futuro.[10]

Assim conceituada a crise ambiental, qual poderia ser o papel da Psicologia Social no seu enfrentamento?

A Psicologia Social é uma disciplina autônoma (se bem que conexa à Psicologia Geral) que tem por objeto os aspectos sociais do comportamento humano, a chamada *interação humana*. As origens remotas da Psicologia Social se situam na filosofia social da antiguidade, dividida entre orientações psicologistas, segundo as quais as instituições sociais são expressão das características e das exigências psíquicas individuais (como na República, de Platão; na Política, de Aristóteles; e em época moderna no pensamento de Hobbes), e orientações sociologistas, que destacam o comportamento individual como sendo determinado pelas condições sociais (teses que têm suas raízes no pensamento de Hipócrates e, em idade moderna,em Rousseau).

Mesmo no século XX, a Psicologia Social permaneceu caracterizada por essas duas orientações. Nascida como disciplina independente nos fins dos anos oitocentos, quando a cultura europeia era dominada pelo evolucionismo, ela assumiu, em primeiro lugar, um endereço prevalentemente psicologístico. No início do século XX, surgiu a "psicologia dos povos", de Wundt, obra colossal, mas destinada a ser rapidamente superada, principalmente nas suas teses acerca da inaplicabilidade do método experimental em Psicologia Social.

No início do século XX, o filósofo e sociólogo Simmel inaugurou, com a sua Sociologia (1908), um gênero de reflexão formalista que logo encontraria seguidores na Alemanha. No mesmo ano, apareceram, no mundo anglo-saxão, as duas primeiras introduções sistemáticas à nova disciplina: a Psicologia Social, de Ross, e a Introdução à Psicologia Social, de McDougall, apresentando ecos da interpretação instintualística do comportamento social.

---

10 TASSARA, E. T. de O. A propagação do discurso ambientalista e a produção estratégica da dominação. ESPAÇO & DEBATES. São Paulo, 1992, v. 35, n. XII, p. 11-15.

O panorama muda completamente nos fins dos anos 1920 do século XX, quando a Psicologia Social passou a assumir gradativamente conotações de modernidade e cientificidade.

Em primeiro lugar, as doutrinas instintualísticas entraram em crise irreversível pelas teses ambientalistas propugnadas, de modos diferentes, tanto pelo comportamentalismo watsoniano quanto pela nascente antropologia cultural. Em particular, as teses segundo as quais a agressividade não constituiria uma tendência inata na espécie humana e nas espécies animais, mas, sim, em uma tendência adquirida mediante a aprendizagem, foram demonstradas experimentalmente pelo comportamentalista Kuo. A favor dessas teses, falavam as pesquisas da antropóloga Ruth Benedict e, de forma mais genérica, as pesquisas dos pioneiros da antropologia cultural (sobretudo Malinowski, Benedict e Margaret Mead), realizadas entre 1925 e 1935, além dos autores que percorriam o contemporâneo interdisciplinarismo nas ciências humanas (como Bateson, Sapir e Linton), os quais concorreram, decisivamente, para relativizar o objeto da Psicologia Social, em cujo âmbito conceitual o critério interpretativo de cultura tomou o lugar daquele tradicional de natureza fixa e imutável, contribuindo para o crescente emprego anti-ideológico da Psicologia Social.

Em segundo lugar, por volta dos anos 1930 do século passado, a tendência psicologista foi, notavelmente, redimensionada e corrigida pela influência da Sociologia. Nesse período, iniciaram-se tentativas, muitas vezes não convincentes, de diferenciação entre o objeto da Psicologia Social em relação ao da Sociologia. Um certo consenso se estabeleceu na formulação que, de um lado, o contexto coletivo se constituía em objeto de estudo de ambas, mas, de outro, a Sociologia se interessaria exclusivamente pelo significado social e pelas determinações sociais dos comportamentos, enquanto a Psicologia Social os examinaria como expressões vividas pelos indivíduos singulares. Essa diferenciação foi, depois, perdendo incisividade, já que a Psicologia Social passou a assumir cada vez mais objetos de estudo tradicionais da Sociologia (como a comunicação de massas) e, de outra parte, pela emergência da microssociologia, a qual passou a enfrentar temáticas ligadas às relações interpessoais (por exemplo na obra de Goffman).

Em terceiro lugar, na segunda metade dos anos 1930, a Psicologia Social rompeu definitivamente com as especulações evolucionistas das próprias origens, dando um estatuto de ciência empírica tanto no plano dos métodos quanto das conceituações.

Tais influências se refletem na conceituação oferecida, no fim da década de 1960, por Florestan Fernandes, definindo o papel da Sociologia e delimitando a Psicologia Social em relação ao campo daquela ciência. Afirma esse autor:

> A Sociologia não estuda a interação considerada em si e por si mesma; observa-a, descreve-a e interpreta-a como parte e expressão do modo pelo qual se organizam e se transformam os vários tipos de unidades sociais no seio das quais ela transcorre. Essas unidades apresentam magnitudes diversas pois aparecem: a) como instituições e grupos sociais que incorporam os indivíduos a papéis e posições sociais nucleares, b) como camadas sociais que absorvem e coordenam tais instituições e grupos sociais e c) como sistemas sociais globais que integram tais camadas e condicionam o seu funcionamento, pertinência ou transformação. [Nota de rodapé a este trecho]: A psicologia social constitui uma matéria híbrida situada num ponto de con- fluência da psicologia, da sociologia e da antropologia. Embora ela seja fundamental para cada uma destas ciências, a problemática específica da sociologia se define além e acima desse campo híbrido, marginal e necessariamente interdisciplinar.[11]

Como referido, isso quer dizer que uma verdadeira demarcação das fronteiras com a Sociologia ocorreu apenas na segunda metade da década de 1930, quando a Psicologia Social se tornou ciência experimental, no sentido estrito do termo (que se utiliza de temas e procedimentos em condições de laboratório rigidamente controladas), seguindo-se às pesquisas

---

11 FERNANDES, F. (1969) Nota prévia. In: Comunidade e sociedade no Brasil. Leituras básicas de introdução ao estudo macrossociológico do Brasil. São Paulo: Ed. Nacional, 2 ed., 1975, p. XI.

inauguradas nos Estados Unidos por Sherif e prosseguidas por Asch e Boward. Tais pesquisas tinham como um de seus ramos a nova psicologia experimental dos pequenos grupos, que passou a sofrer, nesse período, forte influência das teses e pesquisas gestaltistas da Escola de Massachusetts, liderada por Kurt Lewin. Lewin foi o primeiro a evidenciar, sistematicamente, as propriedades do grupo, compreendido como uma totalidade não redutível das propriedades dos seus membros, considerados, por sua vez, como partes. As pesquisas lewinianas, ao proporem a *action-research*, prenunciam uma Psicologia Social aplicada comprometida com o aprimoramento das relações interpessoais no interior dos grupos específicos e legitimadas pela busca da democracia radical.

Enfim, as sucessivas pesquisas de Lewin[12] acerca dos diversos efeitos do clima social autoritário, democrático e anárquico sobre o rendimento e as atitudes agressivas de um grupo abriam, de um lado, um campo de investigação relevante no plano mundial e, de outro, definiam uma orientação sociopolítica para a Psicologia Social.

Por essas razões, Kurt Lewin é considerado, por muitos, o pai da Psicologia Social, que é entendida por nós como uma psicologia ambiental crítica ou uma psicologia socioambiental, escola a que julgamos pertencer. Consideramos que ela oferece uma alternativa, via pesquisa-ação, de conhecimento politicamente engajado para o enfrentamento da crise ambiental, tal como a definimos: uma crise política da razão diante do não entendimento da natureza social da natureza, a qual, refletindo o embaralhar da cisão cultura-natureza, constitui-se em panorama para intervenções intencionalmente produtoras de novas relações cultura-técnica- ambiente, devido à crítica de sua emergência espontânea.

Guba[13], na obra anteriormente referida, considera o paradigma da teoria crítica como um dos quatro paradigmas conviventes na produção científica hodierna nas ciências humanas e sociais. Para ele, na teoria crítica, a pesquisa é uma ação política: sua ontologia é a de um realismo crítico

---

12 LEWIN, K. (1948). Problemas de dinâmica de grupo. [Trad. Miriam M. Leite]. São Paulo: EPU, 2 ed., 1973. ------. (1950). Psychologie dynamique: les relations humaines. Paris: P.U.F. 13 GUBA, E. G. Op. Cit.

13 GUBA, E. G. Op. Cit.

e sua epistemologia, subjetivista, uma vez que as ações de pesquisa estão nela consideradas como intimamente relacionadas aos valores de investigador, requerendo um método dialógico e transformador, a partir de desvelamentos e desvendamentos dos objetos e sujeitos, visando chegar à consciência verdadeira e facilitando a transformação da realidade. Como uma teoria crítica, deve ser capaz de autorreflexão em torno dos próprios fundamentos, ou seja, de explicitar e discutir seus próprios pressupostos práticos e conceituais. Isso comporta cautela crítica, em confronto com as metodologias pré-constituídas, e, ao mesmo tempo, a ideia de uma sociedade emancipada como referência. Assim, enfrentar a crise ambiental, sob o enfoque crítico da Psicologia Social, significa promover uma forma de pesquisa social, a pesquisa-ação, aplicada de forma incremental e articulada a coletivos educadores, com o objetivo de desenvolver uma teoria da sociedade atual como um todo, utilizando-se das diversas disciplinas das quais e sobre as quais se hibridiza a Psicologia Social – a psicanálise, a antropologia, a psicologia, a sociologia, as chamadas ciências sociais e humanas e para além delas. Mas de que forma e em qual contexto?

Pode-se afirmar que, assim caracterizada, a psicologia ambiental crítica, ou *Psicologia Socioambiental*, como ação política configurada na metodologia da pesquisa-ação, sua prática não poderá vir a constituir uma mera aplicação de conhecimentos monodisciplinares de origem, derivados da história da pesquisa e da construção teórica pregressa. Por outro lado, como necessária, a afirmação da metodologia da pesquisa-ação vincula essa forma de conhecer a uma empiria baseada em uma contínua, sistemática e articulada intervenção que, como tal, também não poderá se dar de forma multidisciplinar, implicando atuação de múltiplas, mas isoladas, lógicas disciplinares. Ainda na mesma linha, tal prática não poderá, também, conter-se em um âmbito multidisciplinar de atuação, trazendo apenas a confrontação e/ou a colaboração das monodisciplinas de partida para a implementação de caminhos e estratégias democratizadores da teia da vida nos territórios da ação.

Em síntese, essa assunção para a *Psicologia Socioambiental* significaria, do ponto de vista lógico, a necessária vinculação da pesquisa-ação a uma abordagem condutora de uma identificação participativa de problemas e problemáticas, de uma realização participativa de análises integradas deles e de uma formulação participativa de respostas compartilhadas, construídas em fóruns temáticos compostos e geradores de elos sociais, baseadas e informadas pelas diferentes linhas históricas de conhecimento, nas diferentes normas de produção cultural. Aquilo que, no dizer de Moser[14], caracterizaria uma abordagem transdisciplinar, mas que, segundo a posição de Barthes, deveria caracterizar uma abordagem interdisciplinar.

Escreve Barthes:

> A interdisciplinaridade de que tanto se fala não está em confrontar disciplinas já constituídas (das quais, na realidade, nenhuma consente em abandonar-se). Para se fazer interdisciplinaridade, não basta tomar um 'assunto' (um tema) e convocar em torno duas ou três ciências. A interdisciplinaridade consiste em criar um objeto novo que não pertença a ninguém[15].

Nesse sentido, interrelacionar crítica e método, para um enfrentamento da crise ambiental, requer, necessariamente, a aplicação de um enfoque interdisciplinar tal como o conceitua Barthes, em que, segundo Tassara e Ardans, "o conhecimento novo produzido não é uma verdade estabelecida de uma vez e para sempre, mas apenas pré-requisito para se ir além, para se atravessar a fronteira do já sabido, em direção ao que se almeja conhecer"[16].

O centro desse ecletismo interdisciplinar não redutor é constituído da teoria crítica, como já delineada em Marx, uma abordagem que oferece uma estratégia utópica, ou uma utopia de caminho, mobilizada pelas forças utópicas da democracia radical, uma utopia de fim, espaço social promotor de expressão livre, permitindo a cada um ser o que é, sendo.

---

14   MOSER, G. Psicologia Ambiental e Estudos Pessoas-ambiente: que tipo de colaboração multidisciplinar. Psicologia USP. São Paulo, 2005, v. 16, n. 1/2, p. 131-140.

15   BARTHES, R. (1984). Jovens Pesquisadores. In: O rumor da língua. [Trad. Mário Laranjeira]. São Paulo: Martins Fontes, 2 ed., 2004. P. 102.

16   TASSARA, E. T. de O.; ARDANS, O. A relação entre ideologia e crítica nas políticas públicas: reflexões a partir da psicologia social. São Paulo: Universidade de São Paulo, Laboratório de Psicologia Socioambiental e Intervenção, 2006. P. 7

Referências

AB'SABER, A. Entrevista concedida a Marcello G. Tassara para o documentário USP *Recicla*. São Paulo: USP-Cecae, 2001.

BARDI, L. B. **Política Ambiental**. Simpósio Internacional. XXXV Reunião Anual da SBPC. Belém (PA), 1983.

BARTHES, R. (1984). Jovens pesquisadores. In: **O rumor da língua**. [Trad. Mário Laranjeira]. 2 ed. São Paulo: Martins Fontes, 2004.

DESCOLA, P. **Par–delà: nature et culture**. Paris: Gallimard, 2005.

FERNANDES, F. (1969) Nota prévia. In: **Comunidade e sociedade no Brasil.** Leituras básicas de introdução ao estudo macrossociológico do Brasil. 2 ed. São Paulo: Ed. Nacional, 1975.

GAGLIASSO, E. Tempo della misurazione. Tempo della trasformazione: problemiepistemologici. In: VV.AA. **Percorsi della ricerca filosofica**. Filosofie tra storia, lingua- ggio e polittica. Roma: Gangemi, 1990. p.129-139.

GUBA, E.G. **The paradigm dialog**. California: Sage Publications, 1990.

KOSELLECK, R. **Crítica e crise**. Uma contribuição à patogênese do mundo bur- guês. Rio de Janeiro: Eduerj /Contraponto, 1999.

LEWIN, K. (1948). **Problemas de dinâmica de grupo**. [Trad. Miriam M. Leite]. 2 ed.São Paulo: EPU, 1973.

___. **Psychologie dynamique:** les relations humaines. Paris: P.U.F., 1950. MANN, T. (1918) **Considerazioni di un impolitico**. Milano: Adelphi, 1997.

MOSER, G. **Psicologia Ambiental e estudos pessoas-ambiente: Que tipo de colaboração multidisciplinar**. Psicologia USP. São Paulo, 2005, v.16, n.1/2, p.131-140.

POPPER, K. **The logic of scientific discovery**. Londres: Hutchinson, 1959.

TASSARA, E.T. de O. e ARDANS, O. **A relação entre ideologia e crítica nas políticas públicas: reflexões a partir da psicologia social**. São Paulo: Universidade de São Paulo, Laboratório de Psicologia Socioambiental e Intervenção, 2006.

___. **A propagação do discurso ambientalista e a produção estratégica da domi- nação**. *Espaço & Debates*. São Paulo, 1992, v.35, n.XII, p.11-15.

Pesquisa Intervenção Educadora Socioambientalista: por uma nova cultura da Terra, terra, corpos e territórios

Marcos Sorrentino

Resumo

Pandemia, mudanças climáticas e eventos extremos, erosão da biodiversidade, insegurança alimentar, degradação da natureza e tantos outros riscos que se colocam para as sociedades contemporâneas exigem diálogos aprofundados sobre estratégias de **precaução e prevenção,** pelo bem viver para humanos e não humanos. As ciências e a educação podem desempenhar importante papel no **enfrentamento dos riscos** e do medo e na construção de **formatos organizacionais** voltados ao **bem comum**. Como a universidade e a pesquisa intervenção educadora podem contribuir para a **potência de agir** diante da problemática socioambiental?

Apresentação[1]

> *Utopia Ecológica, Realista e Democrática. É realista, porque se assenta em um princípio de realidade que é crescentemente compartilhado (...). Por outro lado, a utopia ecológica é utópica, porque, para sua realização, pressupõe a transformação global não só dos modos de produção, mas também do conhecimento científico, dos quadros de vida, das formas de sociabilidade e dos universos simbólicos e pressupõe, acima de tudo, uma nova relação paradigmática com a natureza, que substitua a relação paradigmática moderna. É uma utopia democrática, porque a transformação a que aspira pressupõe a repolitização da realidade e o exercício radical da cidadania individual e coletiva, incluindo nela a carta dos direitos humanos da natureza. É uma utopia caótica, porque não tem um sujeito histórico privilegiado (...). Boaventura de Sousa Santos*

O título do presente artigo, "Pesquisa Intervenção Educadora Socioambientalista: por uma nova cultura da Terra, terra, corpos e territórios", indica alguns pontos para alimentar diálogos que pretende suscitar nas páginas a seguir:

1. **Aprendizado socioambientalista praxiológico**, no qual damos o testemunho daquilo que propomos. Depoimentos sobre nossas histórias de vida, relatos sobre caminhos percorridos. Mergulho em si, na busca de propósitos existenciais. Diálogo com o outro, em busca de conhecer. Arqueologia virtual do presente, anamnese que ajude

---

1   O presente artigo é uma adaptação do escrito para a aula inaugural que ministrei no Programa de Pós-Graduação em Educação da Faculdade de Educação da Universidade Federal da Bahia (PPGE/Faced/UFBA), no segundo semestre letivo de 2021. Agradeço a Maria Cecília de Paula Silva e Luis Cláudio Silva Lima, em nome dos quais expresso gratidão a toda a equipe de profissionais da instituição. Expresso também minha alegria por poder ouvir, na abertura do evento, as palavras de João Carlos Salles Pires, então reitor da UFBA e do diretor da Faculdade de Educação (FACED), Roberto Sidnei Macedo, bem como das coordenadoras dos Programas de Pós-Graduação na Educação, Verônica Domingues (PGEDU-P) e Rosiléia Oliveira (PPGEFHC). Por fim, agradeço ao músico e estudante Ian Paiva as músicas e a suavidade de suas palavras.

na cura. Cura de si e das relações, sociais e com as coisas. Voltaremos a isso mais adiante, pois a busca enunciada é a de uma **educação comprometida com uma nova cultura da Terra**, na Terra, com a terra e em nossos corpos, nos seus distintos territórios existenciais. Como as práticas educadoras podem se constituir em exercícios de ensino e aprendizagem, ensinagem de uma cultura de procedimentos democráticos que dialogam com a nossa ancestralidade e com o futuro, comprometendo-se com a transformação do presente?

2. **Diálogo Eu-Tu,** na perspectiva de Martin Buber (1974), para além do Eu-Isso, é aquele que busca o outro – outras pessoas, outros seres e elementos da natureza, você mesmo e a sua voz interior, o transcendente. Diálogo que apresenta os próprios pensamentos e a história de vida, abrindo-se para ouvir atentamente as diversas narrativas ali presentes, de forma explicita ou silenciada, por motivos diversos. Diálogo que busca e se dispõe a servir aos propósitos do coletivo, procurando saber o que se pode esperar de cada um que veio para o encontro, criando condições para ser um bom encontro[2], no qual todas as pessoas participantes se sintam pertencentes, envolvidas e comprometidas, como companheiras, nos encaminhamentos definidos para se enfrentarem os desafios priorizados pelo coletivo. Como ensinar e aprender a dialogar[3]? Como ser dialógico e promover a dialogia? Como colocar em suspensão os pressupostos e abrir-se ao outro?

3. **Ecologia e a problemática ambiental ou socioambiental.** A necessária busca por transformações culturais e de valores, explicitada no título, aponta para perguntas como: o que é natureza? O que é a problemática socioambiental? O que é ecologia? Ecologismo ou ambientalismo? Desenvolvimento sustentável ou sociedades sustentáveis? O que pode ser uma nova cultura da Terra, da humanidade na Terra e com a Terra? Uma nova cultura da terra simboliza todos os espaços

---

2 Bom encontro, na perspectiva do filósofo Baruch Espinosa, conforme sobre ele escreveu a professora da UFSB Alessandra Buonavoglia Costa Pinto (2021).

3 Ver artigos de Monteiro e Sorrentino (2019), Sorrentino (2018), Andrade e Sorrentino (2016) e Sorrentino e Nascimento (2010).

físicos (águas e distintas formações vegetais, nuvens e cavernas, cidades e escolas, plantações e demais paisagens)? Seria também necessário enfatizar os territórios existenciais? Quais são as conexões e interconexões entre todo um conjunto de emergências e urgências que atingem as sociedades humanas e de forma desproporcional, com enorme violência às populações em situação de maior vulnerabilidade e às demais espécies com as quais compartilhamos este planeta? É possível realizar processos educadores (quais?) que trabalhem, com efetividade, essa problemática? Como dialogar com nossos próprios corpos, em todas as suas dimensões – física, psicológica, anímica, espiritual e relacional, em todas as suas particularidades?

4. **Pesquisa intervenção educadora.** Educação pesquisante da ação socioambientalista! Como contribuir para a realização de processos educadores voltados aos grandes desafios da contemporaneidade e à enorme complexidade socioambiental do momento atual, nomeado por alguns como "antropoceno"[4]? Como propiciar sua compreensão crítica e contextualizada e potencializar para o agir, individual e coletivo? Como transformar em oportunidades de aprendizado as distintas crises que se sucedem na contemporaneidade – as sociais, entre as quais a da pandemia do coronavírus, as ambientais, como a da mudança climática, ou a crise civilizatória global -, colocando em questionamento a viabilidade do atual modo de ser e estar da humanidade no planeta ou, pelo menos, apontando a necessidade de revisão profunda do hegemônico modo atual de produção e consumo?

Introdução

Incentivar e apoiar o aprendizado do diálogo e da participação dialógica – o bom encontro, a ação comunicativa e a potência de ação -, seriam boas diretrizes ou objetivos educacionais potentes para pessoas que buscam compreender e transformar o quadro atual de degradações e iniquidades humanas, sociais e ambientais?

---

4   Luiz Marques (2018; 2019; 2020a; 2020b) e outros atores têm apresentado o conceito de antropoceno relacionado à delicada complexidade socioambiental do mundo contemporâneo.

Diálogos entre natureza, ciência e política e sobre cada um desses campos conceituais e de práticas. Diálogos entre ciências, métodos e saberes. Diálogos Eu-Tu, diálogos entre imanência e transcendência, inter e transdisciplinares. Diálogo entre distintas dimensões da natureza e da nossa natureza. Diálogo que sai da caverna de Platão (ou das cavernas cotidianas que a modernidade nos colocou e a contemporaneidade informatizada acentuou) e não se realiza apenas entre hermeneutas e, desses, com a plebe ignara – diálogo entre todos, humanos e não humanos.

O que fazer? Como o fazer educador pode contribuir para o enfrentamento dos males (socioambientais, existenciais, conjunturais e estruturais) que nos afligem como sociedades humanas, como espécie e como pessoas?

Algumas pinceladas neste imenso quadro em branco sobre o futuro da humanidade talvez auxiliem a definição de uma proposta educadora que trabalhe a problemática desde a sua dimensão **filosófica até a pedagógica**, dos **conteúdos específicos** diversos até os que possibilitem a formulação e implantação de **políticas públicas** voltadas a dar escala para processos de transformação social profunda –**transição** ecológica em direção à sustentabilidade socioambiental.

Pinceladas em azul "céu de Brasília", para expressar a necessidade de aprofundar o diálogo, ouvindo e compreendendo o que o outro quer dizer, aprendendo a utilizar os registros da razão, da intuição e da paixão e a promover a aproximação entre eles. Pinceladas com verdes diversos, como os descritos por Guimarães Rosa, para caracterizar cores e sabores sutis de uma floresta e dos sentimentos humanos, que se manifestam em cada um de seus inúmeros tons.

Depois, pinceladas com todas as cores que os incas utilizavam para simbolizar TAWANTINSUYO, uma cooperação política, forjada na diversidade, entre povos, de norte a sul, leste a oeste da América Latina. Multicolorido também presente nas bandeiras que ostentam o orgulho de sermos diversos e a busca de formas organizacionais pautadas pela simplicidade de enunciações poéticas, como a que diz "gente é prá brilhar".

Essa composição do nosso quadro, com os cenários de futuro comum desejado, vai exigir de nós pelo menos duas capacidades. Primeiro a de captar declarações que vêm sendo explicitadas, de forma mais ou menos nítidas, por humanos e não humanos, pelo mundo das coisas e pelas sociedades atuais, pelas palavras e pelos sentimentos. No livro "Declaração, isto não é um Manifesto", Michael Hardt e Antonio Negri (2014) escrevem sobre quatro figuras de subjetividade presentes nas insurreições e no clima social deste início de século XXI, simbolizando o mal-estar coletivo – declaram não à condição de: midiatizados, representados, securitizados e endividados. Aprofundar-se nas análises de conjuntura, procurando compreensão sobre a declaração das urnas que elegeram, por exemplo, Trump e Bolsonaro, legitimando discursos favoráveis à violência, à discriminação, ao ódio e à negação dos conhecimentos advindos da ciência.

A segunda capacidade que precisaremos recuperar ou construir com/em todos os humanos é a de fazer política. Política, na compreensão de Hannah Arendt (2010), como a nossa capacidade de pactuar e de perdoar coletivamente.

As pinturas nos quadros em branco, que vão se delineando a várias mãos, não são bolas de cristais que revelam o futuro. Talvez sejam declarações que podem ajudar a desvelar e a desvendar, em busca de um manifesto capaz de expressar propostas para a grande assembleia planetária sobre projetos de futuro.

Para tanto, a urgência histórica exige mais do que paciência – é preciso ganhar tempo, fazendo acordos provisórios que contenham as degradações de todos os tipos e possibilitem novos acordos capazes de acolher todos os humanos e não humanos.

Acordos de **precaução e prevenção** em relação à degradação da capacidade de suporte dos sistemas naturais e à extinção de espécies, comprometendo as condições de bem viver para os que aqui virão e para os que aqui estão.

Acordos que possibilitem a vontade de continuar, sem medo e sem vontade de devolver o bilhete de ingresso (BERMAN, 1986) "pra esta festa pobre que os homens armaram pra me convencer, a pagar sem ver toda essa droga que já vem malhada antes de eu nascer...", como cantava Cazuza na música "Brasil".

Precaução, prevenção e medo: desafios e oportunidades para o campo "educação e direito ambiental".

Como promover aproximações dialógicas sucessivas e de aprendizados entre cultura, natureza, política e ciência? Quais ações no campo da Educação e do Direito Ambiental (MORIMOTO e SORRENTINO, 2016) podem contribuir para processos de transição educadora para sociedades sustentáveis?

Os dias atuais dão cada vez maior relevância aos princípios da precaução e da prevenção, presentes na literatura sobre o direito ambiental, como essenciais para políticas públicas comprometidas com processos de transição em direção a sociedades sustentáveis. Mas uma pergunta que não se cala entre ambientalistas e educadores que dialogam com o Direito Ambiental é sobre como a educação poderia contribuir para desenvolver comportamentos de precaução e de prevenção, sem fomentar o medo e, dele, tornar-se refém?

Precaução e prevenção são princípios e desafios que se colocam para toda a cidadania, mas, especialmente, para os campos do Direito e da Educação. Como incorporar o aprendizado do prevenir e do precaver em nossa cultura por meio de procedimentos democráticos?

Exemplos de uma sociedade de risco, que nos obriga a buscar alternativas que nos tornem menos vulneráveis, não faltam. O caso do Amianto (LATOUR, 2004),

> pode-nos servir de modelo, porque aqui se trata, provavelmente, de um dos últimos objetos que se pode chamar de modernistas. Material perfeito (chamavam-no Magic material), ao mesmo tempo inerte, eficaz e rentável; foram preciso dezenas de anos para que as consequências de sua difusão sobre a saúde acabassem por recair sobre ele próprio, colocando-o em discussão, ele e seus

inventores, fabricantes, apologistas e inspetores; dezenas de alertas e de ações para que as doenças profissionais, os cânceres, as dificuldades de descontaminação, acabassem por buscar sua causa e fazer parte das propriedades do amianto, que passou lentamente da condição de material inerte e ideal a um *imbroglio obsessivo de direito, de higiene e de risco...*" (p.50)

ou o do Teflon (veja o filme "O Preço da Verdade" – Dark Waters, 2020), ou o dos transgênicos e dos agrotóxicos, da talidomina e do mercúrio, das usinas nucleares de Chernobil a Fukuchima, dos testes no Atol de Mururoa e das bombas nucleares lançadas em Hisroshima e Nagasaki e seus efeitos sentidos até hoje.

Os recentes crimes da Vale e outras empresas de mineração em Mariana e Brumadinho, as informações sobre as "inocentes" cadeias produtivas dos celulares (documentário "Celular Manchado de Sangue", 2010) ou da Perca do Nilo (o filme "O Pesadelo de Darwin", 2004) são apenas alguns exemplos que vão se perdendo na memória e sendo naturalizados como meras disfunções de uma sociedade que promove o bem-estar pretensamente para todos – os números alarmantes sobre a miséria e a pobreza e sobre as desigualdades e os impactos sociais, ambientais e humanos não podem ser ignorados.

Adotando a compreensão de **Precaução** expressa por Morimoto e Sorrentino (2016) – "trata-se da necessidade de agir, ainda que não existam certezas científicas sobre determinado risco ou danos" (p. 23) -, Figueiredo (2009, p.87, apud MORIMOTO e SORRENTINO, 2016, p. 23) traz o exemplo dos alimentos geneticamente modificados: "a adoção de novos padrões de consumo alimentar nem sempre traz consequências nefastas a curto ou médio prazo", mas justifica-se, mesmo que os impactos na saúde e no meio ambiente ainda não tenham sido comprovados cientificamente, a adoção de medidas de precaução quanto à sua produção e comercialização.

A precaução "visa gerir a espera da informação para que se avaliem os prós e contras de determinada situação, e permita a participação democrática nas deliberações" (MACHADO, 2011, p.91, apud MORIMOTO e SORRENTINO, 2016, p. 24).

Utilizando o trabalho de doutorado de Morimoto (2014) como referência, os autores ajudam a esclarecer o conceito de **Prevenção** como o dever jurídico de evitar a consumação de danos ao meio ambiente e citam Machado (2011, p.99), que afirma que "o princípio da prevenção deve levar à criação e à prática de política pública ambiental, através de planos obrigatórios", destacando a necessidade de políticas públicas de caráter efetivamente preventivo, de ações antecipadas "quando já existem conhecimentos sobre impactos ou danos ao ambiente que determinada atividade pode causar, visando, assim, evitar os prejuízos ambientais e financeiros gerados pelas degradações, que muitas vezes podem ser irreparáveis" (MORIMOTO e SORRENTINO, 2016, p. 23).

Precaução e prevenção que auxiliem a não sentir-se solitário e isolado quando uma cultura individualista, hedonista e competitiva joga sobre cada pessoa a responsabilidade de resolver seus problemas e, a todo o momento, fornece-lhe informações sobre falhas do sistema, minando a sua confiança, tão essencial para se viver em sociedades complexas.

Informações que escancaram a sua impotência para agir, por exemplo, sobre as causas das mudanças climáticas, da erosão da biodiversidade, da pandemia do coronavírus, de diversas doenças e dos impactos socioambientais decorrentes do modo de produção e consumo hegemônicos, reforçando uma cultura do medo, na qual se fundamenta a mentira e muitas das dificuldades para o desenvolvimento humano integral.

Como não ter medo, se as nefastas consequências dos problemas apresentados estão presentes nas telas de televisão, nas redes sociais e em todas as esquinas das chamadas sociedades de risco, alicerçadas em saberes peritos (GUIDDENS, 2001), na complexidade socioambiental, no silenciamento da diversidade de vozes e em compreensões sobre os caminhos a serem seguidos (FLORIANI, 2007)?

São sociedades que promovem a alienação e o distanciamento do conhecimento sobre as causas de cada problema e suas interconexões, que caracterizam problemáticas e exigem posicionamentos políticos de todos, humanos e não humanos, para tornar possível "a construção progressiva do bom mundo comum" (LATOUR, 2004 p. 411). Ou seja, para fazer-se possível uma política do diálogo e do aprendizado compartilhado, com as ciências contribuindo para possibilitar a todos o pactuar, avaliar, refletir e repactuar caminhos que nos aproximem de novas e mais apropriadas formas de governabilidade e governança do comum.

Jiddu Krishnamurti (1980), no primeiro texto de uma coletânea de suas palestras sobre educação, pode nos ajudar a compreender o papel central do medo no distanciamento do dizer a verdade e do desenvolver-se integralmente. O medo de ser repreendido pelos pais, professores ou outros adultos poderia estar na origem do mentir, em uma lógica que funciona mais ou menos assim: serei punido se eles souberem que tirei nota baixa ou por ter quebrado o brinquedo; se eles não souberem, não serei punido, portanto, uma mentira bem contada é positiva, pois não gera punição. E o processo educador, ao invés de propiciar o aprendizado de enfrentar os problemas e buscar soluções, nos prepara para mentir melhor.

A naturalização das *fakenews* e das distintas formas de opressão, com a aceitação submissa dos oprimidos, é sintoma de uma sociedade que não dialoga e não enfrenta os seus medos e receios numa perspectiva educadora. Não se ignora, aqui, o peso determinante de interesses econômicos, políticos e de acúmulo de capital que determinam a rede de mentiras, de ódio e opressões, mas busca-se ressaltar que encontram campo fértil em processos educadores com eles sintonizados e por eles fomentados.

Mudanças culturais

Como a educação poderia promover mudanças culturais na direção do diálogo e do enfrentamento dos problemas socioambientais, sem esconder os conflitos? Sem literalmente varrê-los para debaixo do tapete, fingindo que não é problema nosso ou que a solução não está também em nossas mãos?

A escravidão e seus desdobramentos até a atualidade, a opressão das mulheres e dos povos nativos, a marginalização dos pobres e mais fracos são problemas que afetam todos nós, assim como a degradação ambiental, as vulnerabilidades sociais diversas, a erosão da biodiversidade e as mudanças climáticas.

Exigem mudanças culturais que nos habilitem a sermos amigos da compreensão racional, contextualizada, histórica e crítica da verdade e de uma identidade que se constrói reconhecendo o outro como alteridade – "eu sou eu, você é você e vejo flores em você", como cantou o conjunto musical Ira!

Mudanças culturais que nos habilitem a termos uma nova compreensão de natureza ou a resgatarmos compreensões esquecidas ou silenciadas por uma cultura, hoje hegemônica no Planeta Terra, um processo civilizatório (HARARI, 2014) que teve na modernidade globalizada o protagonismo da humanidade branca europeia.

Questionar as necessidades materiais simbólicas difundidas pela modernidade líquida (BAUMAN, 2001), fundamentada no consumismo e no descartável, exige uma revolução cultural – profundas mudanças que nos coloquem em contato com outros valores e possibilidades de sermos felizes.

André Guerra (GZH, 2020), mestre em Psicologia Social pela UFRGS, oferece, em entrevista dada para William Mansque, a sua compreensão sobre o livro "A Peste", na qual um inimigo invisível está sempre à espreita de todos nós: o hábito – a facilidade com que nos habituamos a viver como vivemos, a raciocinar como raciocinamos, a desejar como desejamos.

O hábito que naturaliza a nossa concepção e percepção de natureza. Percepções e conceituações que se embaralham no mar de informações da contemporaneidade e nos deixam atônitos diante do simples questionamento sobre o que é natureza e qual é o papel dela no futuro desejável.

Por que falar em natureza?

O Fórum Popular da Natureza (FPN), por meio de sua Escola Popular da Natureza (EPN), organizou, recentemente, o curso **Cosmovisões de Natureza: Perspectivas para a Construção de Outros Mundos** e sugeriu para os diálogos da primeira aula o tema "**Por que falar em Natureza?**"

Diante dos cenários cotidianos de degradações vividos na contemporaneidade, talvez não restem dúvidas, como escreveram Simone Weil[5] (2008) e Albert Camus (2017)[6], em contextos diversos, sobre devermos e precisarmos questionar tudo – as causas e consequências das decisões e seus possíveis nexos relacionados à complexidade ambiental e nossos modos de vida, bem como nossos sentidos e propósitos existenciais.

Questionar as causas das mudanças climáticas e das pandemias ou sindemias na contemporaneidade, nomeada por alguns como "antropoceno" e, por outros, como "capitaloceno" (MARQUES, 2020a, 2020b).

Buscar saber o que dizem as projeções sobre os limites dos recursos naturais e os números sobre a fome, o desemprego e as multidões de refugiados. Quais relações existem entre o desenraizamento territorial e as guerras e diferentes formas de violências e discriminações?

Dialogar sobre as causas e consequências dos eventos extremos do clima, da erosão da biodiversidade e do comprometimento da capacidade de suporte dos sistemas naturais e tantos outros eventos correlacionados pode remeter a perguntas ainda mais essenciais: sobreviveremos como espécie na Terra? O que estamos fazendo com a natureza? Com nós mesmos? Com a vida aqui na Terra?

---

5   No período entre as duas grandes guerras nomeadas como mundiais, na primeira metade do século passado, Simone Weil escreveu, em seu "A Condição Operária e Outros Estudos sobre a Opressão", uma profunda reflexão a respeito do momento atual ser daqueles nos quais tudo o que parece constituir uma razão de viver se desvanece e ser preciso questionar tudo, sob pena de afundarmos na inconsistência.

6   Oportuna a leitura de textos que têm se multiplicado, estabelecendo relações entre "A Peste", escrito por Albert Camus e levado a público em 1947, com a pandemia do coronavírus no início da segunda década do século XXI. No site GZH, pode-se encontrar referência a alguns deles – **https://gauchazh.clicrbs.com.br/cultura-e-lazer/livros/noticia/2020/04/como-o-livro--a-peste-de-1947-dialoga-com-a-era-do-coronavirus-ck8onj5pr009701qwp8meh4rr.html**

Falar em natureza é falar sobre nós mesmos, como espécie e como seres históricos, como indivíduos e como expectativas de vida. Talvez essa seja uma primeira trilha para responder à questão colocada pela Escola Popular da Natureza.

Outra resposta a essa pergunta poderia remeter aos direitos da natureza ou à natureza como ser de direito. Falar em natureza porque ela tem direitos. Natureza no singular e no plural, ou seja, cada ser e cada parte da natureza é um ser de direito – as águas, os ventos, as nuvens, a terra, as árvores, os animais, cada indivíduo de cada espécie é um ser que merece ter seus direitos enunciados e respeitados, inclusive a Terra como uma entidade viva, que precisa ter seus limites e possibilidades reconhecidos, para que possa continuar a bem acolher a vida em toda a sua diversidade.

Assim como em tempos e espaços não muito distantes (ou, lamentavelmente, ainda atuais) não se reconheciam (e não se reconhecem) os direitos de povos nativos, de mulheres, de negros, de homossexuais, de pobres, de analfabetos, de surdos e cegos e, de forma ainda mais sutil, de pessoas feias, gordas, magras, baixas ou altas, para os padrões de normalidade dominantes, terem acesso equânime ao bem comum, à coisa pública, ao voto, à moradia, à terra, ao trabalho remunerado e com direitos trabalhistas, ou mesmo ao amor e a uma vida sexual ativa, também ainda não se reconhecem diversos direitos à vida digna ou ao desenvolvimento pleno e integral de seres das demais espécies com as quais compartilhamos o planeta e, muito menos ainda, os direitos dos demais elementos que possibilitam a vida.

Se, em tempos passados ou em outras culturas, distintas da hoje hegemônica no planeta, acreditava-se e respeitavam-se seres elementais, como gnomos, fadas, gigantes, elfos e sílfides, protetores das flores, das árvores, das rochas, dos ventos, do solo, atribuindo amor, valores e reverências à natureza não visível para o olhar materialista, imediatista e pragmático, , hoje descarta-se, na lógica hegemônica, não só esses seres que ficaram restritos à mitologia e ao pensamento mágico e crenças populares ou religiosas, mas também todos aqueles que não tenham uma função econômica comprometida com a concentração de poder nas mãos dos que controlam o sistema.

Naturaliza-se e se aceita, sem dilemas éticos, a exploração de um humano por outro humano, de um ser vivo ou de um rio por uma população ou por um poder econômico – exemplos não faltam na cadeia produtiva dos alimentos ou nas indústrias que utilizam as águas dos rios e, neles, lançam seus dejetos. Falar em natureza é colocar essas questões em pauta.

Mas falar em natureza também é questionar se somos natureza ou se ela é externa a nós. Natureza são as plantas e os animais, as nuvens e as montanhas – delas somos distintos? Temos alma e espírito como essência e eles têm outro tipo de alma? Há uma essência única a animar a vida em todas as suas formas de manifestação? Tudo é natureza em distintas formas de materialidade?

Tudo é natureza, expressões diversas de uma essência divina, sejam quais forem os nomes que as diferentes culturas deram e dão a essa essência? Questões como essas acompanham os seres humanos ao longo de toda a sua história e emergem, com maior ênfase, nos escritos da ecologia profunda (NEPOMUCENO, 2015).

Propiciam o questionamento das necessidades materiais simbólicas e ajudam a recuperar as concepções de povos nativos latinos americanos sobre o **Bem Viver** e sobre outras cosmovisões (ACOSTA, 2016; KRENAK, 2019; SARMET, 2021).

Por fim, outras pistas para responder a essas perguntas estão nos escritos sobre ecologia política e políticas da natureza de Serge Moscovici e na produção intelectual, artística e militante de Enrique Leff, Chico Mendes, Edgar Morin, Moema Viezzer, Isabelle Stengers, Ilya Prigogine, Nancy Mangabeira Unger, Joseph Beyus, Franz Krajberg, entre outros.

Moscovici (2007) foi um precursor engajado no movimento ecologista, por meio de associações como os Amigos da Terra, na França. Com seu trabalho intelectual de psicossociólogo, publicou o "Ensaio sobre a história humana da natureza", em 1968, e "Sociedade contra a natureza", em 1972. Propiciou a compreensão sobre o equívoco de dilemas/oposições entre sociedade e natureza e natureza e cultura.

"Nossa natureza é histórica e a cada período da história nós constituímos um estado de natureza" (MOSCOVICI, 2007, p. 250). Ser histórica significa que ela não é independente das escolhas das sociedades humanas. "Se não podemos nem escolher nem definir o estado de natureza no qual pretendemos viver, ou a forma de sociedade adequada, então não há ecologia política nem movimento ecológico de porte histórico" (ibidem):

> Trata-se de instituir uma sociedade capaz de manter repetidamente o elo com a natureza – capaz de avaliar o sentido das ciências e das técnicas, de lhes impor um destino, uma orientação. Dizendo de outra forma, o que queríamos era promover outras relações sociais entre os sexos e as gerações, o que permitiria habitar e utilizar as energias do mundo de outra forma. "Convivialidade", "reencantar o mundo" são expressões simbólicas dessa vontade de achar uma nova posição para o homem na sociedade e para a sociedade na natureza. Simplesmente, não nos tínhamos dado conta de que a sociedade tinha sido lançada contra a natureza e que era preciso inverter o movimento. (...) Nós somos uma das forças materiais que, interagindo com outras, formamos a natureza. A natureza não está fora de nós e nós não estamos fora dela. (ibidem, p. 248 e 249).

Já na última década do século passado e neste início século XXI a produção de importantes pesquisadores e militantes do campo da filosofia, da política e das ciências, como Vandana Shiva, Vangari Matai, Manuel Castells, Boaventura de Sousa Santos, John McCormick, Anthony Giddens, Eda Tassara, Mia Couto, Chimamanda Ngozi Adichie, Roger Garaudy, Carlos Rodrigues Brandão, Moema Viezzer e Bruno Latour, avolumam-se e transbordam das pesquisas acadêmicas e das lutas dos movimentos sociais para toda a sociedade.

Tomando apenas um exemplo, cito Latour (2004), nas páginas finais de sua obra sobre natureza, ciência e política, que veio a público originalmente em 1999, escrevendo que "a política foi sempre feita sob os auspícios da natureza", mas um novo sentido e vitalidade à ecologia política precisa ser trabalhado, substituindo a "Ciência pelas ciências, concebidas como socialização dos não humanos" e abandonando a "política da Caverna pela política definida para composição progressiva do bom mundo comum" (p.411).

Educação e pesquisa intervenção

As ciências e a educação podem desempenhar importante papel no **enfrentamento dos riscos** e do medo e na construção de **formatos organizacionais** voltados ao **bem comum**? Como a universidade e a pesquisa podem contribuir para a **potência de agir** diante da problemática socioambiental?

Quais princípios e objetivos, fundamentos e conceitos, métodos e técnicas, conteúdos e materiais são ou serão apropriados para processos educadores comprometidos com as mudanças culturais aqui abordadas, focadas na sustentabilidade e no bem viver? Quais são ou serão os sujeitos responsáveis por fomentar **processos educadores** no sentido de ganharem permanência e continuidade, capilaridade e enraizamento? Quais atores e equipamentos sociais se responsabilizam ou devem por eles se responsabilizar?

A professora emérita da USP Eda Tassara, na chamada de convocação para uma mesa redonda organizada em 2021 pelo Instituto de Estudos Avançados da Universidade de São Paulo (IEA/USP), com apoio do Fundo Brasileiro de Educação Ambiental (FunBEA) e do Fórum Popular da Natureza (FPN), com o tema "Política ambiental, crise climática e a construção social do futuro – fazer da TERRA/terra uma morada", expressa a expectativa em relação à busca de respostas para os graves sintomas que indicam a fragilidade da existência humana nesta terra e a necessária reconciliação com a natureza:

> *O relatório do IPCC 2021, com base em leituras críticas de um sistema de indicadores científico-tecnológicos, apresenta uma imagem sincrônica da denominada crise climática, possibilitando a antevisão de sua eclosão sob forma de desiquilíbrios irreversíveis intra e Inter sistemas de ambiências distribuídos no planeta. Como documento, conclui enfaticamente com o vaticínio da necessidade de ações imediatas para seu enfrentamento. A complexidade imposta a tal enfrentamento expande o campo de domínio das intervenções necessárias as quais deverão abranger interações entre di-*

mensões científicas, tecnológicas, geopolíticas, econômicas, políticas, culturais, estruturando-as na direção de projetos voltados para a construção de um futuro comprometido com o bem-comum. Por outro lado, os compromissos éticos frente a diversidade dos repertórios técnico-sócio-político- -culturais de indivíduos, grupos, sociedades e humanidades envolvidos nas visadas transformações impõem um desafio inédito às mentes lúcidas neles engajadas. Se as macro estratégias tecnológicas podem situar-se nas fronteiras da invenção no campo do conhecimento científico sobre o planeta Terra com sucesso, o mesmo não se pode dizer sobre o preparo da totalidade dos agentes humanos que deverão ser capazes de responder a esses desafios compreendendo-os em profundidade, como o requerido. Para a micro ação cotidiana na terra da sobrevivência das populações da Terra, sem essa compreensão, rompe-se o compromisso democrático esclarecedor necessário para propiciar leituras críticas do indesejável no presente fomentando a transformação futura. Isto posto, configura-se a urgência de geração de conhecimento sobre os fundamentos para uma nova e requerida educação dos terrestres, que seja científica, política, geopolítica e, dessa forma, ambiental. Conhecimento capaz de fomentar a criação de condições para uma construção intencional de ambiências planetárias futuras colimadas pelo aforismo de Fazer da Terra/terra uma morada. (Tassara, 2021).

Expectativas que deságuam, invariavelmente, na educação como caminho do possível pactuado e não violento para as transformações socioculturais e de valores que permitirão construir cenários de sustentabilidade socioambiental e de desenvolvimento humano integral.

Uma educação que promova valores apropriados ao enfrentamento da crise civilizatória e das opressões conjunturais diversas. Uma educação não prescritiva, reprodutora e domesticadora, mas, pelo contrário, comprometida com a inovação e a criatividade, com o sonhar e o materializar futuros possíveis ou distantes. Educação que enuncie utopias, ainda que, preliminarmente delineadas, funcionem como luzes no final dos túneis, que possam ser construídas ao caminhar.

Uma educação que ensine a pensar, a intuir e a se apaixonar pela, com e para a vida – observar, questionar, dialogar, silenciar, contemplar e ouvir com todos os sentidos. Registrar e problematizar, pesquisar e agir, planejar o intervir pesquisante direcionado a projetos de futuro pactuados e avaliados, propiciando novos diálogos, planejamentos compartilhados e acordos para as caminhadas individuais e coletivas.

Educação pesquisante por meio do agir reflexivo, pesquisa intervenção educadora comprometida com aprendizados que nos potencializem diante da problemática socioambiental.

Pesquisas e aprendizados que "empoderem", incentivando deles nos apoderarmos, em todas as suas manifestações pontuais, locais ou globais – da "cruel pedagogia do vírus" (SANTOS, 2020) **às mudanças climáticas**, com seus eventos extremos igualmente impactantes (MARGULIS, 2020), do sofrimento de um animal, sensivelmente presente no olhar de Rosa Luxemburgo (Loureiro, 2005)[7], aos desafios educadores

---

7   Rosa Luxemburgo, em uma de suas cartas escritas na prisão, em Breslau, em 24/12/1917, para Sonia Liebknecht, expressa a sensibilidade de uma alma revolucionária, profundamente comprometida com a vida, em toda a sua diversidade, quando descreve a sua dor violenta ao presenciar pela janela de sua cela um soldado chicoteando um búfalo: "Sonitchka, apesar da proverbial espessura e resistência da pele do búfalo, ela foi dilacerada. Durante o descarregamento, os animais permaneciam imóveis, esgotados, e um deles, o que sangrava, olhava em frente com uma expressão no rosto negro e nos meigos olhos negros de criança em prantos. Era exatamente a expressão de uma criança que foi severamente punida e que não sabe por qual motivo nem porque, que não sabe como escapar ao sofrimento e a essa força brutal... Eu estava diante dele, o animal me olhava, as lágrimas saltaram-me dos olhos, eram as suas lágrimas. Ninguém pode ficar mais dolorosamente amargurado com a dor de um irmão querido do que eu, na minha impotência, com esse sofrimento mudo (...) oh! Meu pobre búfalo, meu pobre irmão querido, aqui estamos os dois impotentes e mudos, unidos na dor, na impotência, na saudade (...)". Rosa inicia a carta descrevendo a prisão e as contradições entre um exterior opressivo e a sua alegria interior: "E aqui estou eu deitada, quieta, sozinha, enrolada nos véus negros das trevas, do tédio, da falta de liberdade, do inverno – e, apesar disso, meu coração bate com uma alegria interior desconhecida, incompreensível, como debaixo de um Sol radiante eu estivesse atravessando um prado em flor. No escuro sorrio à vida, como se conhecesse algum segredo mágico que pune todo mal e as tristes mentiras, transformando-as em luz intensa e em felicidade (...)". E termina a carta recuperando o tom inicial da correspondência: "(...) Soniuscha, querida, fique calma e alegre apesar de tudo. Assim é a vida. É preciso tomá-la corajosamente, sem medo, sorrindo – apesar de tudo. Feliz Natal!"

presentes em uma escola municipal de educação infantil ou mesmo em uma de suas salas e atividades[8].

Termino esta breve reflexão questionadora sem apontar caminhos e soluções, mas com um convite ao livre pensar, autônomo e compartilhado – socializar sonhos, agir de forma solidária e materializar utopias – pesquisar educador e educação pesquisante que se debruçam sobre a problemática socioambiental, desenvolvendo métodos e técnicas compatíveis com uma perspectiva emancipatória, democrática e libertária.

O momento é agora! Não haverá futuro possível para a espécie humana se ela (e cada um/uma de nós) não se dedicar, desde agora e certamente nos próximos anos, à busca e à construção de caminhos de transição educadora para sociedades sustentáveis. Espero ter conseguido enunciar a convicção de que tais caminhos passam por uma nova cultura da Terra, terra, corpos e territórios, alicerçada em e alicerçando (enraizada e enraizando, capilarizada e capilarizando) uma educação comprometida com essa revolução cultural.

---

8   Recebi, recentemente, um texto, em fase de acabamento, elaborado por uma ex-estudante, Vanessa Di Giaimo, de um curso de especialização que coordenei no Laboratório de Educação e Política Ambiental da Esalq /USP. Tomo a liberdade de reproduzir um pequeno trecho, para ilustrar desafios que se colocam para todas as esferas de atuação. Na apresentação, a autora escreve: "Em 2002, o CEI passou a ser de responsabilidade da Secretaria Municipal de Educação. Atualmente, atende 178 crianças de 0 a 03 anos em tempo integral, das 08 às 18 horas. Nossos princípios estão fundamentados no fortalecimento da equidade, da democracia e da inclusão, garantindo os direitos às aprendizagens de todos os bebês crianças, respeitando suas especificidades e interesses. Nosso CEI propõe desenvolver ações pedagógicas que valorizem a autonomia dos bebês e crianças, a ludicidade e suas culturas, em parceria com as famílias. Acreditamos que nosso CEI deve ser território de descobertas, coletividade, formação integral e afetiva, visando à melhoria da qualidade da educação pública. As práticas propostas para nossos bebês e crianças fundamentam-se no protagonismo, na cultura do encontro, no princípio pertencimento ao território, sendo o espaço do CEI um território privilegiado e imprescindível na implementação de contextos e cultura ambiental em busca de uma sociedade mais participativa, feliz e sustentável. Na educação básica, a educação ambiental deve ser desenvolvida como uma prática educativa integrada, contínua e permanente sem que constitua um componente curricular específico. A educação ambiental deve ser um processo de caráter participativo e cooperativo iniciando desde a formação de nossos pequenos no CEI, pois acreditamos na potencialidade dos bebês e crianças e na importância da continuidade das aprendizagens em educação ambiental nos outros segmentos".

Bibliografia

ACOSTA, A. **O bem viver: uma oportunidade para imaginar outros mundos**. São Paulo: Autonomia Literária, Elefante, 2016.

ANDRADE, D.F. E SORRENTINO, M. **O lugar e o difícil papel do diálogo nas políticas públicas de educação ambiental**. Cuiabá: Periódicos Científicos Ufmt – REVISTA DE EDUCAÇÃO PÚBLICA, V. 25, n. 58, 2016.

ARENDT, H. **A condição humana**. 11.ed. Rio de Janeiro: Forense Universitária, 2010.

BARTHES, R. **Aula**. São Paulo: Editora Cultrix, 11.a edição, 2004.

BARTOLO Jr., R. **Você e Eu: Martin Buber, presença palavra**. Rio de Janeiro: Garamond, 2001.

BAUMAN, Z. **Modernidade Líquida**. São Paulo: Zahar, 2001.

BERMAN, M. **Tudo que é sólido desmancha no ar – a aventura da modernidade**. São Paulo: Companhia das letras, 1986.

BUBER, M. **Eu e Tu**. São Paulo: Centauro Editora, 1974.

CAMUS, A. **A Peste**. Rio de Janeiro: Record, 2017.

Costa-Pinto, A. B. Potência de agir e educação ambiental: aprendendo com as lentes de Espinosa – Curitiba: Appris, 2021

FLORIANI, D. Diálogo de Saberes. In:**Encontros e Caminhos 2: formação de educadoras (es) ambientais e coletivos educadores**. Organização: Luiz Antônio Ferraro Junior. Brasília: MMA, Departamento de Educação Ambiental, 2007.

GIDDENS, A. **As conseqüências da modernidade**. São Paulo: Editora UNESP, 1991.

GZH – site consultado em 07/04/2020 – https://gauchazh.clicrbs.com.br/cultura-e-lazer/livros/noticia/2020/04/como-o-livro-a-peste-de-1947-dialoga-com-a-era-do-coronavirus-ck8onj5pr009701qwp8meh4rr.html

HARARI, Y. N. **De animales a Dioses – breve historia de la humanidad**. Barcelona: Penguin Random House Grupo Editorial, 2014.

Hardt, M. e Negri, A. **Declaração – Isto não é um Manifesto**. São Paulo: n-1 edições, 2014.

KRENAK, A. **Ideias para adiar o fim do mundo**. São Paulo: Companhia das Letras, 2019.

KRISHNAMURTI, J. **Novos roteiros em educação.** Conferências, com perguntas e respostas, realizadas em Rajghat-Banaras, Índia, ano de 1952. 2ª. edição, São Paulo Editora Cultrix, 1980.

LATOUR, B. **Políticas da Natureza: como fazer ciência na democracia**. Bauru/SP: EDUSC, 2004.

LOUREIRO, I.M. **Rosa Luxemburgo: vida e obra.** 5ª. edição, São Paulo: Expressão Popular, 2005.

MARGULIS, S. **Mudanças do clima – tudo o que você queria e não queria saber.** Rio de Janeiro: Konrad Adenauer Stiftung, 2020.

MARQUES, L. **Capitalismo e Colapso Ambiental.** Campinas, 3ª ed., 2018.

MARQUES, L. **Abandonar a carne ou a esperança.** Jornal da Unicamp, 10/VII/2019.

MARQUES, L. **O colapso ambiental não é um evento, é o processo em curso.** Revista Rosa. Número1, 1º Semestre de 2020 <http://revistarosa.com/1/o--colapso-socioambiental-nao-e-um-evento>

MARQUES, L. **A pandemia incide no ano mais importante da história da humanidade.** Serão as próximas zoonoses gestadas na Amazônia? Jornal da Unicamp. 5/V/2020.

<https://www.unicamp.br/unicamp//index.php/noticias/2020/05/05/pandemia-incide-no-ano-mais-importante-da-historia-da-humanidade-serao--proximas>.

MONTEIRO, R. A.A. e SORRENTINO, M. **O diálogo na educação ambiental: uma síntese a partir de Martin Buber,** David Bohm, William Isaacs e Paulo Freire. Revista Pesquisa em Educação Ambiental. Sistema Eletrônico de Editoração de Revistas – SEER / Open Journal Systems – OJS: vol 14. N1, 2019.

MORIMOTO, I. A. e SORRENTINO, M. **Popularização do Direito Ambiental – uma proposta de política pública voltada à prevenção de danos e ilícitos ambientais.** São Paulo, 2016.

MORIMOTO, I. A.**Direito e Educação Ambiental: Estímulo à Participação Crítica e à Efetiva Aplicação de Normas Voltadas à Proteção Ambiental no Brasil.** Tese (Doutorado – Programa de Pós Graduação em Ciência Ambiental) Universidade de São Paulo. São Paulo, 2014.

MOSCOVICI, S. **Natureza: para pensar a ecologia.** Rio de Janeiro: Mauad X, Instituto Gaia, 2007.

NEPOMUCENO, T. C. **Educação ambiental & espiritualidade laica: horizontes de um diálogo iniciático.** Tese de doutorado, Faculdade de Educação/USP, 2015.

SANTOS, B. de S. **Pela Mão de Alice: o social e o político na pós-modernidade.** São Paulo: Cortez Editora, 3.a edição, 1997.

_____. **A cruel pedagogia do vírus.** Coimbra: EDIÇÕES ALMEDINA, S.A., 2020.

SARMET, G. **A cosmopolítica pela confluência: uma proposição decolonial para a transformação de conflitos causados por mineração nas Terras Indígenas Yanomami brasileiras.** Trabalho final de mestrado em Violência, conflito e desenvolvimento junto a *School of Oriental and African Studies (SOAS), University of London, 2021.*

SORRENTINO, M. Diálogos sobre educação ambiental. In: ANA – Agência Nacional de Águas (Brasil) – **Encontros formativos: educação ambiental, capacitação e gestão das águas.** Brasília: ANA, 2018.

SORRENTINO, M. e NASCIMENTO, E. P. Universidade e Políticas Públicas de Educação Ambiental. In: **Educação em Foco: revista de educação.** Juiz de Fora: UFJF, vol. 14, n. 2, 2010.

TASSARA, E. T, de O. **Política ambiental, crise climática e a construção social do futuro,** publicado em 07/10/2021, por Sergio R V Bernado – Instituto de Estudos Avançados da Universidade de São Paulo, em http://www.iea. usp.br/midiateca/video/videos-2021/politica-ambiental-crise-climatica-e- -a-construcao-social-do-futuro 2021

WEIL, S. **Sobre a condição operária e outros estudos sobre a opressão.** Organização Ecléa Bosi. São Paulo, Paz e Terra, 2008.

Mente Corpo Ambiente na educação: os desafios de uma *ensinagem aprendiz*

Lela Queiroz – PPGDC UFBA

Resumo

A partir da crise ambiental, a atual emergência climática se instalou a ponto de já estarmos sobrevivendo às suas graves consequências. Mais e mais apartados de nossa natureza, seguimos colapsando de diversas formas. Tamanha degradação do ambiente em que vivemos coloca a humanidade em profunda contradição com seus tempos naturais. Tanto os ciclos da natureza quanto os biorritmos humanos se desregularam, colocando em risco o conjunto de espécies e planeta — uma situação complexa que requer muita atenção. Teceremos reflexões a partir da ciência, da educação somática, da consciência, do ambiente, da espiritualidade, da mente e da cognição corporalizada[1], somadas a vertentes freireana, ecologia política e profunda, para trazer à tona alguns debates sobre corpo, natureza e cultura. Trataremos de abordar o corpo não apenas como mero reprodutor de conhecimento no ambiente em que vive, mas também como produtor de conhecimento e autoeducação, para vislumbrar horizontes éticos e íntegros entre direitos da natureza e humanos.

Insustentável

Desde o início da industrialização, populações humanas cada vez mais se concentram como formigueiros, empilhadas em grandes cidades, vivendo longe da natureza. Um mundo de mobilidade intensa, conturbado, tumultuado, atravancado, confinado, alisado em tela, dito pós-humano e pós-verdade, cyber-cultural por excesso de cérebro e polegarização, com

---

1   Da perspectiva de Francisco Varela e Humberto Maturana de enacionismo, mente corporalizada e autopoiesis; entre mais filósofos da terceira geração de cientistas cognitivos.

um sem número de atividades frenéticas, incessantes e simultâneas para o cérebro, que, como órgão controlado por movimento, não encontra espaço no ambiente. Mais e mais apartados de nossa natureza, seguimos colapsando de diversas formas. Vimos o aumento de precarização na vida das pessoas – falta de espaço, de estar ao ar livre, de respirar ar puro incidindo sobre nossa saúde, bem como a alimentação desnaturada, adulterada, modificada por transgenia, aliada ao superprocessamento advindo da escala industrial da produção de alimentos, e o crescimento da desigualdade social e de insegurança alimentar leve, média ou grave a quase 60% da população, sendo 55% negros e 54% mulheres. Vimos a passagem da automedicação dar lugar à medicalização generalizada na sociedade brasileira – ocupamos o primeiro lugar no ranking da OMS de país ansiolítico, com mais de 87 milhões de pessoas consumidoras de drogas antidepressivas e benzodiazepínicas (de maior risco de morte); e, na educação, diagnósticos excessivos de TDAH e prescrições de ritalina. Pouco a pouco, naturaliza-se o modo vivente, com desnaturalização galopante. Com a crescente falta de contato com a natureza e a falta de uma educação transcendente, que permeie natureza e cultura, respeite o bem comum e contemple os direitos da natureza, a crise sanitária tornou mais evidente do que nunca, com a pandemia, os fatores que nos adoeceram ainda mais física, mental e socialmente. Tamanha degradação do ambiente em que vivemos coloca a humanidade em profunda contradição com os seus tempos naturais. Tanto os ciclos da natureza quanto os biorritmos humanos se desregularam, colocando em risco o conjunto de espécies e de planeta — uma situação complexa que requer muita atenção. A nossa atual era do capitolosceno, dada à cultura narcísica e altamente treinada para a servidão voluntária, em que a megadata se impõe, redimensionando nossa humanidade para a mera reprodução ou reprogramação de signos, explicita quão debilitada nossa condição se tornou. A velocidade algorítmica, não ciclardiana, sobrepõe-se avassaladoramente ao humano, consumindo todo o nosso tempo, em contramão ao tempo-do-tempo-do-movimento. No antropoceno e neste curto período entre a industrialização e agora, ficamos não só acostumados com ou afeitos às máquinas, como também elas passaram a operar, ora como próteses, ora como dispositivos, de modo sistemático e por lances de dados responsivos, por probabilidade, estatística, acaso e repetição, em sintonia com os poderes do algoritmo. Alimentados pelo adulterado e desnaturado, seguindo com os corpos que nos restam, em grande parte sobrevivendo a uma fétida concentração de lixo acumulado por todo lado, conceitual e eletrônico, residual de receituários da indústria cultural de massa, obliterando nossas mentes e nosso espírito do que realmente importa, ofuscando o frágil equilíbrio que nos faz humanos, caminhamos rápido demais a um estado deplorável de coexistência, que parece estar à deriva, rumo a um estado agravado apartado ainda mais desvirtuado de nossa natureza e ainda mais catastrófico para o planeta. Tendo em vista o colapso desse modelo civilizatório, com medicalização da terra, dos territórios e das populações mais atingidas, ante a grave crise humanitária e sanitária e a gravíssima emergência climática planetária, como podemos repensar a dimensão do humano a partir de uma ética do cuidado com o ambiente? Quais os fundamentos que abarcam nossas condições para nos educarmos numa cultura ambiental benéfica a todos? Teceremos, a seguir, algumas reflexões em que nos apoiamos, em parte na biossemiótica, a partir dos estudos sobre comunicação, consciência, ambiente, espiritualidade, cognição corporalizada – vertente das ciências cognitivas que não entende que cognição é extracorpo; somadas às vertentes da pedagogia freireana, da ecologia política de Bruno Latour, da ecofilosofia de Joanna Macy, da educação Somática BMC®, buscando trazer à tona alguns debates sobre corpo e natureza. Trataremos de abordar o corpo não como mero reprodutor de conhecimento no ambiente em que vive, mas como produtor de conhecimento, em combinatórias em fluxo, que consistem em processos de corporalização entre natureza e cultura.

I. Condição bioadversa?

Ao nascermos, partindo da perspectiva não teleológica de que tudo é construído no ambiente, surgimos em meio ao mistério da emergência da consciência, nosso traço distintivo. No princípio, não há nada pronto, preconcebido fora e antes da embriogênese, que se encontre em efetivação pré-fabricada, que não sejam aquelas predispostas (DAMÁSIO, 1999) às condições oferecidas ancestralmente para a vida no planeta num vasto espaço de possibilidades. Dessa premissa geral, partimos para pensarmos o conceito contemporâneo de mente-corpo-ambiente e nos esvaziamos da postulação de inato e adquirido. Sendo assim, nosso acoplamento ao ambiente não é linear, é da ordem do complexo. Não há observador externo de um lado, nem terceiro excluído de outro. Não há inato e adquirido, design ou puro acaso de lance de dados. O 'espaço entre' e o corpo como um processo relacional em que ambiente interno e externo estão em embate contínuo.

Matt Riddley (2005), em "O que nos faz humanos", conta-nos que a formação do organismo depende do emaranhado que vem antes, mas também depende da informação do ambiente. Os genes são desenhados em meio ao ambiente, para atuar da melhor forma. Do mesmo modo que toda a informação necessária para especificar um organismo não está contida só nos genes, determinando, em parte, estar contida no ambiente, poderíamos inflamar o assunto ainda mais, dizendo que os problemas do ambiente também são consequência dos genes ou da ausência deles nos organismos. Mas não é só isso. Ancestralidade, ambiente e cultura estão envolvidas.

O organismo é um resultado único dos seus genes (dominantes e alelos) ligados a todos os ambientes que povoaram as suas ativações, transmissões, passagens e obsolescências, desativações e mutações. A rigor, todo organismo, não só da espécie humana, estaria em constante processo de mudar o ambiente, criando e destruindo os seus próprios meios de subsistência. (LEWONTIN,1995:134) Não é possível falar disso sem colocar em questão que tudo, as origens culturais e as condições para a vida de cada um de nós, depende de agenciamento. É importante elaborarmos uma compreensão mais apurada sobre nós mesmos como sistemas vivos complexos, consoante à coevolução, coexistência, codependência, sobretudo à interdependência sociocognitiva.

Podemos afirmar, então, que meio e organismo são indissociáveis, com implicações para um entendimento de ambiente não como demarcação territorial ou distribuição geográfica e temporal das espécies, mas como espaço definido pelas atividades dos próprios organismos (LEWONTIN, 2002: 53;58), que acaba por tocar cernes pertencentes às dimensões humana, ambiental, social, cultural, econômica e política.

Cultura: cultuar; construir dogmas, tabus, crenças e mitos, cultivar; arar, semear, colher. Sejam tais acepções aliadas ou contrárias umas às outras, a princípio, cultura abrigaria todas e operaria por associação livre, cultivando costumes, hábitos, crenças e identidades. Ainda mais, seres humanos não estão somente ligados aos macacos e a outros bichos, mas também às plantas. Vegetais e animais, sabemos hoje, têm 70% do DNA em comum. Mas, devido à seleção natural, cada espécie é única e cada indivíduo, singular. (SACKS, 2009).

Há duas explicações: a que pende mais para a relação entre organismo e ambiente e a que está interessada nos processos de informação e comportamento dos organismos frente ao ambiente. Ambas as explicações se conflitam. Afora esse embate, não somos somente um corpo em um ambiente, com uma mente. Nada feito, se não entendermos que nossa dimensão biopolítica socioambiental não é incutida, mas corporalizada de modos diversos culturalmente. Enquanto estivermos somente funcionando como portadoras da cultura e não suas construtoras, enquanto (re) produzirmos a separatividade entre corpo, mente e ambiente, nada feito. Assevera-se que condições bioadversas tomarão conta.

II. Consumidos vorazmente

Ficamos, por muito tempo, na educação, reféns de uma modelagem de conhecimento demarcada pela psicologia comportamental – aquela que, desde os anos 1930 no século 20, quase cem anos atrás, mortificava animais nos experimentos de suas descobertas, cujas bases legaram ação x reação, punição x recompensa, inato x adquirido, causa x efeito, indivisível x divisível, positivo x negativo, verdade x mentira, certo x errado, todo x parte, processo x resultado, e que, de forma excludente e competitiva, impede o alargamento de visão. Essas noções estão inculcadas na raiz do modelo educacional que norteou também muitas das primeiras guinadas e táticas empresariais de propaganda no início do século 20. Todas essas concepções partilham um pressuposto consolidado de corpo, mente e ambiente separados e de construção linear entre antes e depois, causa e efeito.

Durante o período da industrialização, surgiu a reprodutibilidade técnica, e, com a expansão do capital, corporativo e globalizado e o aperfeiçoamento dos meios de produção com o crescimento industrial, adveio a lógica da ciranda financeira e dos mecanismos avançados do consumo e o fetiche da mercadoria. Mercantilização do ensino, privatização dos bens públicos da cultura, dos espaços naturais, que, igualados, passaram a responder à lógica do consumismo, acompanharam esse processo de forma avassaladora.

O consumo é o norte, e sabemos como opera a sua oferta e procura: guiadas pela escassez e por táticas lotéricas da sonhada ascensão social. É a educação das ausências, voltada ao acumular, com uma política interna conduzida ao descarte, à qual cunhou-se o termo de descartável. Assevera como condição (sub)humana, indigna, de hoje passarmos a ser descartáveis ao sistema.

Dentro de um conjunto de condicionantes, há milhões de vídeos propelidos, cuja primeira finalidade vem a ser inculcar em nossas mentes imagens em movimento propulsoras e indutoras de desejo de consumo, na direção de nunca satisfazer nem ser o suficiente e sempre precisar mais, que se dá por meio de propaganda de fábricas e indústrias, de suas plantas coorporativas espalhadas em escala planetária, atingindo grupos populacionais e populações tradicionais onde estiverem, em que o meio é a mensagem, geradora de uma verdadeira fábrica e indústria de pessoas, em uma sociedade anunciada narcísica, em grande medida correspondente à atual onda de globalização neoliberal do capital improdutivo que levou à crise ambiental sem precedentes em que estamos mergulhados neste modelo civilizatório em ruína. Que nos arruína.

Como nos alerta Paul Cornett em "TRASHED", filme de Candida Brady e produção executiva de Jeremy Irons, de 2017: "a natureza funciona por meios de composição e decomposição, funcionando dessa forma, decompondo, recompondo, decompondo, enquanto a escala humana não para de inserir na natureza coisas indestrutíveis que não se decompõem." (CORNETT, 2017). Numa disruptiva e sucessiva cessação de pertencimento, de ligação, de enraizamento e de ciclagem, estamos abarrotados de lixo por todos os lados e até a cabeça. "We are trashed", diz Irons. Estamos infestados de lixo.

Infestação Performance
Concepção: Lela Queiroz
Performers: Lela Queiroz e Rafael Rebouças
Cenografia: Juliano Souza
Fotografia: Paulo Cesar Lima

A quem interessa a cultura e o meio ambiente igualados pela distribuição ininterrupta de despejo, dejetos e resíduos sólidos, líquidos e atmosféricos de toda a produção aceleradora do lucro incontido do deus do capitalismo (a especulação)? Ao lucro e à ganância desleais e desmedidas.

O que precisamos entender, então, quando o filme bem nos mostra que dioxina e embriões avassaladoramente passam a pertencer um ao outro? Entender que não podemos lidar mais com as condições da vida, e sim com as condições da morte. A Necropolítica de Achile MBembe. O que devemos fazer? Não permitir. Populacionalmente, que dioxina e embriões se juntem. Chumbo, amianto, alumínio, mercúrio, *lythium*, *cadmium* e tantos mais, causadores de câncer, entre outros, não permitir seu dejeto. Em relação à água e aos metais pesados, não permitir seu despejo. Contaminantes alimentares (de diversos tipos) atingindo e lesando todos, por permissão de 180 tipos, em novos graus de toxidade, acrescidos de autorização, estabelecendo permissão para a circulação de 290 outros rótulos, terminantemente proibidos por todas as outras legislações ao redor do mundo, permitidas aqui no Brasil em ritmo acelerado nos últimos oito anos, o que devemos fazer? Entender que não podemos admitir na política os que decretaram e promulgaram a liberação de mais de 821 novos rótulos de agrotóxicos. E, além disso, que sejam agrotóxicos ainda piores sendo aplicados nos sistemas agrícolas. Seremos (in)velozes o suficiente para desacelerarmos o modelo alarmante do ritmo de destruição em massa em curso, nesse ratio e nessa velocidade da luz dos últimos anos? Com sistemática eliminação de políticas socioambientais públicas?

Entre processos de toxidade irrefreável e deterioração irreversível, estamos num tempo de acentuadas vulnerabilidades agravadas, do nascer ao morrer, e, como disse Bauman, a tecnologia compressora do tempo e a lógica orientada para o consumo e vertiginosa produção do efêmero trazem grau mais profundo de desvinculação e esquecimento. Trazem também a mais profunda crise existencial em que estamos todos mergulhados agora.

Vivendo em ambientes controlados, ultradegradados, em profunda contradição com os tempos naturais, engolidos e afeitos a toda sorte de consumismo de toda ordem, é imperativo que nos voltemos ao que, de fato, importa, que são as condições reais que gerem e sustentem a vida para um bem viver pleno e digno.

Ao que Darwin chama de seleção natural, ao que Uexkull chama de Umwelt, entre terra e natureza, seres vivos e seus contextos, espécies, jeitos e formas, espaços e normas, todos querem sobreviver e conviver, nesse movimento que não estanca, incessante, que se inter e sobrepõe, recorte de classe, gênero, raça, linguagem e credo. E, nessa gramática, impõe-se refletirmos o que, de saída e de fato necessário, dará uma nova guinada como combinatórias em fluxo, que consiste na implementação de processos de desenvolvimento em tempo real entre natureza, cultura e educação de forma sustentável, sensíveis ao bem-estar e bem viver, para, assim, trazer benefício a todos.

III. Mente-corpo-ambiente

Partindo da abordagem Somática BMC®/Bem-estar MenteCorpo (BodyMind Centering), mundialmente reconhecida como uma vertente de autoeducação somática presente nos componentes curriculares das práticas mente-corpo, sabemos que conta com uma metodologia transdisciplinar por corporalização (embodiment), compreensão que se abriga em estudos culturais. Nessa vertente, não só se encontram coimplicadas a forma e a maneira de lidar com o corpo e a mente, mas também a maneira como entendemos ambiente vem coimplicada à visão da biosemiótica, da teoriação dinamicista e das ciências cognitivas.

A biossemiótica, a comunicação entre sistemas biológicos e a autopoiesis são centrais em BMC®. Na corporalização dos sistemas corporais como processos exploratórios de percepção-ação no ambiente, promovem, experiencialmente, mudanças de estado e de padrões, individual e coletivamente.

A alfabetização por movimentos surge instintivamente no ambiente no primeiro ano de nossas vidas e se torna a base de auto-organização, das autorregulações, estabelecendo as primeiras rotinas cognitivas para a conquista do automovimento no ambiente. Por gradual complexificação, emergem os padrões complexos de movimento, como salto quântico, que têm seus fundamentos no evolucionismo e na teoria geral dos sistemas.

A dimensão somatocognitiva é buscada para o educar pleno. Segundo BMC®, para a permissão à exploração d o corpo, da mente e do ambiente, são quatro os operadores iniciais: (1) a curiosidade, (2) o conforto, (3) a alegria e (4) a expressão pura em seu aspecto lúdico. Esses operadores são fontes necessárias para haver integridade na percepção-ação (NOE, 2004) e na percepção-ambiente (GIBSON,1969) para a categorização perceptiva e contam com ajuda de princípios neurocelulares basais no corpo BNPs, os instintos e reflexos, que, juntos, formam o alfabeto do movimento e, com ele, movem-se no espaço por autodescoberta.

Precisamos de abertura para considerar corpo fora e diferente da coisificação habitual. Passa pela nossa condição de estarmos vivos como organismos no ambiente sobrevivermos a fortes impactos da emergência climática e estarmos submetidos e sofrendo fortemente impactos de uma violência sistêmica num *software* social de morte (SOUZA LIMA, 2012).

A metáfora cérebro-computador, como condutor e controlador da vertente computacional e de processamento de dados, conexionista de clausura neural, é de um entendimento de cérebro e de cognição em separado e extracorpo. Pressupõe-se que o motor, o emocional e o cognitivo sejam separados.

Coloca-se em suspensão por quais razões, sejam epistemológicas ou pedagógicas, as noções que perduram sobre corpo como receptáculo ou como recipiente; para ambiente, ora como espaço, ora como terreno; e para cognição, ora como cérebro, ora como mente. Muitas vezes, perdurou, na educação, o corpo fora da ação, como ouvinte, restrito e exigido de sua condição que ficasse quieto e parado, como um animalzinho, receptor e receptáculo, sem aprender um com o outro. Corpo regido e orquestrado pelas circunstâncias, contingências e vicissitudes. Corpo instrumento, corpo tábula rasa, corpo máquina. Propomos refletir sobre isso.

Mais do que nunca, precisamos compreender-nos entre natureza e cultura. Para isso, é necessário suspender nossas crenças e pressupostos do que sejam cognição, corpo, mente ou ambiente, separadamente.

Há predisposição, propensão, tendencialidade e probabilidade operativa na tradição cultural: imitar, manipular e falar são a base do fazer cultural e, lá, operam como dispositivos de configuração de cultura, não apenas em nível de genes, na arquitetura da natureza, mas também na arquitetura do ambiente.

Na hiperculturalidade desafiadora desta nova ordem de ambiente virtual, à medida que se tritura passado-futuro, um contramundo sem tempo nem espaço, de hipermercado de culturas, abandono da mônada ao hipertexto, sem historicidade, o turista está, imaginariamente, num hiperespaço colorido, delineado no espaço bidimensional da tela, "onde tudo está disponível no presente, desaparece também a ênfase na partida e na chegada" (CHUL HAN,Byung, 2019:103). A frontalidade interagente em tela, individualizante, diante do contramundo virtual, parece anestesiar, congelar e mortificar o que conhecíamos fora desse imaginário – por exemplo, a gente convivendo na cidade, ao ar livre, na natureza.

Posta essa inquietação, sem afirmarmos se é racional ou passional, material ou espiritual, realista ou fantástica, iludida ou delusiva, podemos caminhar com a pergunta sobre corpo não coisificado, sabendo que essa problematização, que se dá fora do antropocentrismo, é da ordem do complexo, multirreferenciada e polilógica. Considerando, então, de início, em fluxo natureza-cultura, entendermos que há correlação de forças, mente-corpo inseparáveis, mudanças de estado e de ser, corporalizações e percepção ambiente.

A mudança de estado tem como matéria-prima adensamentos e intensidades de gradações de energia, que carregam princípios funcionais-criativos. Uma carga de liberação está sempre, em maior ou menor grau, ligada à transcendência do pré-disposto antes regente, em devires e transições, conferindo-lhe novo status auto-organizacional. Com foco no dinamicismo, a auto-organização de padrões tem como central o parâmetro da mudança, chave também para a biossemiótica dos processos.

Entre os dispositivos na compreensão somatocognitiva em BMC®, estão em ação a tríade sentido-movimento-contato e os princípios: (1) evolutivos, (2) instintivos, (3) reflexivos, (4) auto-organização, (5) padrões complexos, (6) automovimento e (7) autonomia.

Justamente, tais propostas educativas somatocognitivas abolem o reducionismo educacional atrelado ao comportamentalismo por condicionamento de ação x reação, causa x efeito, forma x conteúdo, dentro x fora, razão x emoção, concreto x abstrato, representação x ação, pois, com elas, as concepções de inato x adquirido, punição x recompensa e emissor x transmissor x receptor perduram, numa modelagem de conhecimento que tende a preterir a ótica dos processos e privilegiar a lógica do resultado.

Escuta, presença, sentimento, acontecimento e mediação tornam-se chaves e atuam como princípios vitais para que ocorra uma mudança de estado, e de ser, para a saúde dos sistemas e operadores em jogo no organismo no ambiente. Sem tal mudança, não se trabalha corpo e mente, e, se não trabalhado o ambiente interno, não se transforma pathos em ethos. Para a educação somática, a saúde e a educação andam juntas desde sempre. Isso é fundacional para o campo somatocognitivo. Tem ao mesmo tempo, uma práxis e um compromisso voltados à correspon-sabilidade universal com o que se constrói e se desconstrói no ambiente.

IV. Corpo-ambiente

A premissa corpo-ambiente pode ser entendida como o próprio corpo sendo o ambiente. Causa estranhamento quando o entendimento usual de corpo é dele como posse, lugar, coisa, autômato, máquina, numa des-crição biomecânica que corresponde a uma concepção materialista. O materialismo biológico não abriga nada que seja do ser. Por outro lado, o ambiente, como o seu duplo, sendo ele propriedade, lugar, terreno, é outra coisa, é atributo de mundo fenomênico à parte, como território pré-constituído ou um dado a priori. Tal separatividade cai em contra-dição e está sendo questionada.

Nas ciências cognitivas que consideram que a mente é corporalizada (embodied mind), os estudos sobre a consciência reconhecem a com-plexidade entre o cérebro e o corpo, trazendo importantes contribuições para as investigações sobre o corpo que não o separam apenas da mente, mas também da cognição ou do ambiente. Uma delas é que o cérebro é um operador e um ampliador e não há total clausura neural no sistema nervoso central. A outra diz que o cérebro não é apenas um estimula-dor do movimento (nem este só afeito ao conceito clássico determinis-ta e mecanicista de motricidade, aquele que vê o cérebro como mero processador de dados, afeito ao modelo computacional de cognição, e vê movimento como trajetória de deslocamento de massas inertes no espaço físico), mas passa a ser encarado como órgão, até certa medida, controlado pelos movimentos do corpo (PURVES, 1988).

A autopoiesis enacionista, conforme concebida por Ernesto Varela como "a máquina viva anda", entende que a mente é *corporalizada (embodied mind) em autopoiésis*. Bruno Latour aponta para a importância dos agenciamentos:

"Se a composição do ar que respiramos, da água que bebemos, da nossa comida e das relações que estabelecemos depende dos seres vivos, tudo isso não é mais que o ambiente em que estes seres se situam e evoluem; é, de certa forma, o resultado da ação daqueles seres. Não há organismos de um lado e meio ambiente do outro: o que há é uma sobreposição de agenciamento mútuo. A capacidade de ação é assim redistribuída (LATOUR, 2004: p. 131).

Parecem chave os conceitos de mapeamento dinâmico e cognição distribuída, e, assim, pode-se dizer que os processos são entremeados entre ambos – enquanto se dão em codependência em um determinado nível, dão-se em interdependência em outro nível -, e correlatos, por zona de convergência e remapeamentos gerais e locais. É da natureza do corpo humano e da emergência de sua consciência dar-se em escala multimodal, como nos diz Gerald Edelman (1999). Os agenciamentos estão em jogo como mediadores dos processos em curso.

Seria, então, importante fazer uma reflexão acerca do que constrói conhecimento no corpo e o que se tornam as pontes construídas como produção de conhecimento no corpo e no seu ambiente. Seria importante entendermos algumas noções complexas, mas práticas, de impermanência e permanência, de estabilidade e mobilidade, de informação e redundância, de diferença e repetição, implicadas, e fazê-las serem ouvidas, para, assim, sair do determinismo e nominalismo, do racionalismo e materialismo e pôr em ação um deslocamento teórico que permita a compreensão desses processos.

Ao nos valermos do parâmetro da mudança e a questão da duração, sem inato ou adquirido, passamos à perspectiva de processos e da construção metafórica da realidade. Uma auto-organização é uma *autoequação* dos processos. Põe-se em questão, ou formula-se como problema, o (re) conhecer sem reproduzir ou o reagir, num processo exploratório de auto-organização, em que se pautem autoconhecimento e agenciamentos mútuos a partir do contato com o outro, e coparticipativo, em que ambos os partícipes não reagem pelo que está dado, mas atuam pelo que está se dando em tempo real em processo- interagentes, intersendo geram um terceiro: um signo e uma mediação.

V. Agenciamentos

Para chegar mais perto um pouco da questão dos agenciamentos, a tecnologia de informação e comunicação que permeia o corpo não está em seu sistema nervoso central ou em único nível da sua clausura neural. Há maquinação no cérebro e há zonas insulares de não acesso, há alças de simulação, mas há muito mais. A neurociência, advinda do conexionismo, firmou-se hegemônica sobre alicerces que excluem conceber algum papel importante para a *kinestesia*, reduzindo os aportes dos afetos, dos sentires e dos saberes, das "introvisões" – os "insights". Mas o corpo tem introvisão.

Para a compreensão de nós mesmos, qual seja, somos seres vivos da ordem de fenômenos complexos – por operarmos por mediação <u>sígnica</u> em rede, bios, pela vida e, como Lynn Margulis e Dorion Sagan escrevem, "a vida não se espalhou pelo globo através do combate, mas através do trabalho em rede" (MACY&JOHNSTONE, 2020); e, como Michael Tomasello nos diz, 'porque cooperamos'. E inspiramo-nos no movimento do qual David Bohm fez parte, em que somos mais que matéria, energia e consciência, espalhadas da periferia para o centro, em sendo cognição corporalizada distribuída, em redes de pertencimento, valores, conceitos, identificação, significação, interpretação, intertextualidade construída em ciclos de percepção-ação e espaço-tempo vulneráveis. Esses somos nós, humanos.

Movimentos são percepção, informação no sistema e signos em canalização e crescimento em comunicação intra-extra-intra, que instauram campos e circuitação vitais entre organismo e ambiente. Movimentos regulam as investidas do organismo com o meio, evolutivamente falando (SHEETS-JOHNSTON); movimentos, mais que isso, informam aos sistemas imunológico, orgânico, neuroendócrino, musculoesquelético as circuitações neurais, autonômicas e sensoriais, afetivas e emocionais (COHEN,1993). Ainda mais, movimentos geram as nossas categorizações perceptivas no ambiente (GIBSON, 1999). Correlatos a estados corporais que foram os seus processos geradores, os seus correlatos neurais tramam, por fim, uma nova espécie de linguagem, isto é, transcendente do corpo para o simbólico, no campo de metáforas de domínio-cruzado, por imagens, no cérebro, como os seus operadores nos agenciamentos.

O que aqui interessa sublinhar é que, entre o que pode o corpo, de Spinoza, e que o corpo fala, de Reich, com os filósofos cognitivos e linguistas George Lakoff & Mark Johnson, da linhagem de Noam Chomsky, a concepção humana de conhecimento de mundo é metafórica, segundo afirmam os autores, e as metáforas afloram via intrincados sistemas corpo-mente-ambiente, que, portanto, criam o nível mais básico que chamam de inconsciente cognitivo, Edelman, de valores e conceitos e Damásio, de imagem e marcadores somáticos como vinculantes, o que modifica completamente o entendimento habitual de que conceitos são mentais, e não corporais, de que valores são matemáticos, e não vitais. São ambos corporais e mentais. Conforme Gerald Edelman expôs, tecem e tramam valores primais e conceitos basais, mediando-se nas rotinas cognitivas instintivas, antes mesmo da produção em rede de significados da teoria do apego, no entorno imediato do ambiente, constituindo uma espécie de ZDP – Zona de Desenvolvimento Proximal, de Lev Vygotsky, do construtivismo socio-histórico.

O reconhecimento de campo feito pelo corpo, no tempo e no espaço, via sua manifestação por movimentos e os seus repertórios entre sistemas, permite-nos entender que sentidos, movimentos e contato sejam a primeira tríade instintiva de mediação, nossa primeira alfabetização, criada a partir de um domínio-fonte a um repertorial basal. Essa teia depende, em tempo real, das associações sinápticas, isto é, de memória, imitação, empatia, alça de simulações, em correlações que se tornam estáveis, como os seus valores e os seus conceitos internos. Viabilizada, assim, do protoself ao self, traduzida como a sua principal operação, a subjetividade, como sendo sua, própria e apropriada (GALEFFI, 2017), tornando-se a sua singularidade. Paulatinamente, tudo isso age por complexificação gradual, pela auto-organização de padrões mais e mais complexos e por (re) categorização, que permite amálgamas, interligações, eixos e padrões com conexões mais complexas. Esse processo é tanto intempestivo como gradual e contínuo, seletivo e não instrucional. Há regulações no ambiente intra-extra em graus mais profundos e alastrantes do que a subjetividade como sintoma, propriamente dita, indica.

VI. Uma guinada tecnológica feroz

Vinte anos antes, Milton Santos havia concluído: "de um lado, há os consumidores do espaço, os famintos de infraestruturas; de outro, todo o resto". Que somos nós, a humanidade. Em seu documentário "Do outro lado visto do lado de cá", o geógrafo nos pergunta: "observemos as novas formas de organização dos transportes e comunicações... os milagres da rapidez, hoje tão largamente gabados, são um bem comum à humanidade?" (SANTOS:2002, 32). Qual o sentido de tanta mobilidade? Consumo.

Em centros urbanos construídos sobre cemitérios indígenas, invisibilizados socialmente, em que um novo veículo por dia é inserido; em que a construção civil ergue arranha-céus em pouco tempo, faz um prédio de 65 andares, do tamanho das torres gêmeas, de lixo por dia; em que um Maracanãzinho de lixo se constrói em menos de uma semana; e lixões abundam pelos acostamentos das ruas e estradas. O alargamento da desregulamentação e o desmonte de políticas públicas abrigam a violência incorporada do Estado amplificada. Ante genocídios e perseguições em curso, aos que defendem o meio ambiente, o que fazermos?

Milton Santos nos fala da ótica economicista estreita, da transição e que um outro mundo é possível: "se a população... é chamada a desempenhar um papel fundamental na reorganização da sociedade e da economia, os recursos humanos recuperarão seu papel central" (SANTOS:2002, 86). Ao esperançar freireano, o necessário movimento radical da concepção raciovitalista, de José Ortega y Gasset, e a Soma, do corpo vivo de Thomas Hanna, incitam-nos à autoeducação.

Considerando que somos sistemas vivos de redes neurais complexas, pelo parâmetro da mudança, de operadores em deslocamento, de remapeamentos dinâmicos afeitos à familiarização, delimitadas e circunscritas, mas que se tornam limitadas ao longo do tempo e que, de nossa aproximação e hipótese, não deixam escapar que o reconhecimento biodiverso abriga cosmovisões distintas, originárias ou identitárias não adulteradas, precisamos, conjunta e profundamente, desenvolver a ética do cuidado. O que podemos fazer quando nossas condições se tornam bioadversas?

Nos últimos 90 anos, tornamo-nos mais e mais sedentários. A cinemática televisiva deu asas à imaginação e instalou, diante do mundo, cena e condições que levassem à privatização dos espaços e da cultura; o teatro das operações, a alienação e o fetiche da mercadoria e a passividade frente à tela. Adveio o sedentarismo e, com o movimento repetitivo da fábrica e a lógica de dominação global do capital, tiveram lugar novos males e enfermidades crônicas tecnológicas, como LERR, Dort, microfibromialgia, síndromes, distúrbios, síndrome do pânico, comorbidade, transtornos compulsivos obsessivos, sociopatias, psicopatias, burnout, entre outros. Confinamento por muitas horas, deslocamento restrito, aglomeração em grandes centros urbanos e crescimento periférico de populações desatendidas possibilitaram, numa guinada, que desbarrancássemos da emancipação humana conquistada nos últimos 90 mil anos. Sedentários, prisioneiros e em forte alienação de si, com dores/males introjetados por períodos prolongados, expostos ao trabalho extenuante de produção em série, extrínsecos posturais, doenças não congênitas estendidas sà violações psíquicas e mentais, incluídas sob as formas de controle da governamentalidade dos corpos, medido por taxas de sua produtividade – tudo isso traduz, em primeiro plano, a sistemática naturalização do desnaturalizado, da adulteração e da medicalização socialmente distribuída, o que foi culturalizado. A propagação de autismo, câncer e Alzheimer é sinal de que algo deu muito errado e que precisaremos ir além do regenerativo ou restaurativo, fazermos outra coisa, algo que a humanidade, em conjunto, precisará descobrir. Não só resiliência. Uma guinada.

Do mito da caverna de Platão e das formas de simulacro, chegamos à sociedade como espetáculo (SUBIRATS, 1989). Habituamo-nos a sentar em frente da televisão para distração, informação, a um saber de si teleguiado. Para grande parte da população, seis horas por dia, em média; ou seja, um terço do período da vigília humana reféns do ver sem agir, sem ir e vir, à condição de expectador, do simulacro à dissimulação da ação, à fixação sem divisa e desterritorializada, desenfreada. Sob vigia.

Passamos as ativações e os acionamentos com a sensação viva de ficar por dentro de tudo e a impressão de que tudo está à mão e a um passo do poder de decisão, nas mãos dos dispositivos e disparadores da tecnologia, ofuscados pela cybercultura, numa hyperculturalidade, mergulhados em redes de simulação e do simulacro em jogo, magnetizados, hipnotizados e anestesiados. Uma espécie de desertificação para a interação e convivência humana real.

Byung Chul Han (2015) nos destila Nietsche, Heidegger, Freud, Foucault, Deleuze, Bourdieu, Benjamin, Agamben e nos depena por inteiro na concepção ácida de sociedade do cansaço, do excesso, da estética, do liso sem gravidade. Não havendo peso, desaparece real escolha. Nos tempos sombrios da sociedade tecnológica, o apelo incessante, sem trégua, por todos os poros.

A tecnologia deu dois saltos: o primeiro torna-nos ávidos por consumo, afeitos a próteses e extensores e, ainda, irrestritamente ativos diante dos olhos, 24h, com irrefreável e irrecusável acionamento entre dedo e movimento do olho que a conexão cérebro-polegarização impõe, veloz e excludente, inibidora do corpo inteiro. Fica coimplicado, aí, a simulação dos sentidos e a manipulação somatechs, com uma coparticipação enganadora: "O celular é um instrumento de dominação. Age como um rosário", ou seja, Byung Chul Han acredita que se transformaram em uma ferramenta de subjugação digital que cria viciados (reportagem de Sergio C. Fanjul, El País, 09/10/2021). Serviu aos propósitos da inteligência artificial a popularização da metáfora "computacional-cérebro corpo-máquina", que serve, grosso modo, como ferramenta de dominação e vigilância epistemológica do deus do capital. Atrás do dinheiro, fantasia religiosa e ciranda viva financeira de fábrica de pessoas.

O nosso corpo, gregário que é, precisa pegar coisas. Manipularmos o celular, então, concede uma pseudo sensação de posse acrítica do mundo. O fluxo incessante abarrota o imaginário. Não precisa, quase, ler ou escrever. A leitura e a escrita são uma ação do corpo, com o corpo. Está em curso a implosão dos processos de cognição como os conhecemos.

As ciências da pedagogia passaram a integrar metodologias variadas, de concepções distintas, que coadunam a modelagem de conhecimento por competências e aptidões, para adequá-las às novas exigências multiestruturais tecnológicas, com ferramentas de ignição, indutoras de ciclos mais abreviados de sequências de conteúdos, para a aprendizagem profissionalizante cooptar mais depressa ao correto funcionamento no sistema para ser bem-sucedido e vitorioso, como acionador--tornado-instrutor dos modelos introjetados. A educação bancária.

Outra direção mais libertária é a dialógica, que tem como eixo a pedagogia da autonomia, aplicada em processos formativos para uma consciência social crítica. A lembrança do diálogo entre Paulo Freire e Agamben sobre inacabamento e agenciamento, de Bruno Latour, tem o "vir" a ser trabalhado em *continuum*, numa concepção mais crítica, mais ética, com as pedagogias dialético-construtivistas aplicadas, irrigadas por uma visão voltada ao bem comum, ao bem-estar, ao bem viver etc.

Na perspectiva da autoeducação, o vir a ser e devir íntegros são dinamicamente engendrados e têm sua ênfase em coimplicação, coparticipação, coevolução e corresponsabilidade, sendo muito significativos para fazer a diferença diante dos desafios trazidos pela emergência climática.

VII. Percepção e Aprendizagem

As ciências cognitivas da modelagem de conhecimento conexionista, reducionista, excludente do dualismo de propriedade, do fantasma na máquina inculcaram que o cognitivo vem do cérebro e o instrumental, do corpo. Apesar disso, nossa aprendizagem não depende somente de memorização e imitação.

Giacomo Rizolatti cunhou a denominação "neurônios espelho" para uma operação grupo neuronal específica, que envolve, além de memória e imitação, a empatia. Mostrando ser fundamental para além de retenção de informação no ambiente, que envolve espelhamento dentro--fora-dentro em ação, memória, imitação e empatia agem alçando nossa autonomia diante do referente que está fora. Isso parece encontrar eco com o processo disparador de desenvolvimento multimodal. Alva Noé elucida, para nós, a percepção-ação, J.J. Gibson, a percepção-ambiente, e Antonio Damásio, os marcadores somáticos, de triagem em triagem dos acontecimentos e eventos na experiência, seletivamente, criando uma demarcação própria, surgindo 'guias' internas preferenciais somáticas, apurando tratar-se de pré-produção de valorações.

Os processos de categorização perceptiva codependem de as sinalizações sensório-motoras do corpo-ambiente entrarem em ação em níveis fisiológico, neuroendócrino, musculoesquelético, proprioceptivo, envolvendo sentimentos de fundo, emoção e razão, entre outras sinalizações. E, nesta hipótese dinamicista, auto-organizada, gradativamente para integração em nível psicofísico no ambiente, tendo valores e conceitos fundacionais, únicos e intransferíveis para o sistema, ganham estabilidade na forma de autorregulações e rotinas cognitivas internas do organismo, das suas investidas e explorações no entorno imediato, junto ao meio, mediando os agenciamentos.

Essas dependem da tríade sentidos-movimentos-contato em ação. A tríade atua do domínio-fonte aos domínios cruzados, que se tramam com predisposições e inferências até que se estabeleçam as construções metafóricas complexas.

O conhecimento se constrói no organismo sub judice dessas experiências com esses sistemas[2] em jogo, em acoplamento estrutural, por inferência-valores-conceitos, categorização perceptiva, marcadores somáticos ante atratores de dor ou prazer, em constante complexificação.

Cada metáfora complexa, em suma, é construída por metáforas primárias, e cada metáfora primária é corporalizada de três maneiras: (1) pela experiência corpórea no mundo, que une a experiência sensório-motora à experiência subjetiva; (2) do domínio fonte, emerge a estrutura inferencial do sistema sensório-motor e mais; e (3) passa a instância neural em cargas sinápticas associadas a conexões grupo-neurais (LAKOFF & JOHNSON, 1999: 73). Por remapeamentos dinâmicos e seleção por reentrada, em continuum (EDELMAN, 1999). A cognição começa no corpo.

---

2   Envolve os sistemas nervoso desde o neurovegetativo, o autônomico, o fisiológico, o imunológico, parassimpático, simpático, o somático, o músculo esquelético, o neuroendócrino, em níveis sensório-motor, perceptuo-motor, somato-cognitivo, afetivo.

O "jeitão" como o corpo age, resultante do modo como ele se habituou e se sustenta, locomove-se e permanece parado; o "jeitão" como ele faz contato, resultante das suas qualidades de movimento, dos seus modos de sobrevivência e permanência, da maneira como investe no espaço à sua volta – o "jeitão" comum de essas coisas se darem é o "jeitão" como as redes que tecem seu espaço-mente em movimento o corporalizam. Assim, em ambiente sempre mutável, movemo-nos e somos alavancados, por nossas trocas com o ambiente, a vivermos nossos processos adaptativos com demarcadores somáticos.

Como é que, ao longo do tempo, ficamos programáveis e programados?

O domínio cruzado de nossos processos adaptativos, tipificados pelo imitar, manipular e reproduzir, torna-se replicante, outros caminhos neuronais periferia-centro são rejeitados e ficam autorreplicados, identificando-se com isso, automatismos repetitivos e redundantes. Em síntese, faz ganhar força aquele caminho de sobrevivência, de tal modo a não achar mais possível fazer de outra forma, com aquele "jeitão" de sempre agir. Em outras palavras, é a fixação de uma determinada forma de reconhecimento e identificação de um determinado modo, que repercute tanto entre repetição e diferença como entre informação e redundância, que nos mantém sedentos por mais do mesmo, como presas maquínicas reféns. Armadilhados em detrimento de liberdade.

Fixações responsivas simulam caminhos, emulando novos sentimentos e emoções, artificialmente e virtualmente operando empaticamente, como se viessem de um arranque dos nossos pelos; da naturalização disso, surge um novo normal de cybercultura. Entendidas como prementes, para atender às demandas do mercado e do consumo, a indústria do Vale do Silício pede que a tecnologia seja como sua e te proporcionalize gravidade para o cérebro. A bidimensionalidade lisa da tela nos atrai tanto, diante de toda a (re) programação de reprodução sígnica, e acaba por nos restringir tanto, que o ambiente virtual seguidamente nos adoece, não vendo o que somos, num sentido mais amplo, em que estão incluídas as dimensões da natureza, da arte, da cultura, do espírito, do fator gregário, implicada, aí, toda a nossa humanidade.

(115

Acossados entre dispositivos e disparadores da modernidade líquida, (re) programados nessa fábrica replicante, quando não operando como disparadores vorazmente consumidos, estamos gerando mais e mais encouraçamento repertorial, a ponto de fazer mal a toda a nossa natureza, e, nessa lógica, tudo fica insustentável para a vida e para o bem viver. E as coisas belas? As coisas belas são da natureza do belo. E as terríveis? São quando as desnaturam, ficando culturalizadas. A saída: nem adulterar, nem naturalizar.

Dada a profunda crise ambiental, que veio sem limites, ampliando-se, e a emergência climática planetária atual, distópica e sem perspectivas, vem tomando conta o fenômeno aterrorizante de sucessiva perda de espaço e de sentido. O que dizer da corrida por práxis educacionais, mais e mais reféns de acionamentos cérebro-polegarização nos esquemas pré-moldados da automação somatechs? O que dizer?

Somos natureza e parte da natureza; o ambiente passa por dentro dos nossos corpos, e não podemos suportar mais.

VIII. Metodologias ativas e mediações criativas

Evolutivamente, nossas capas musculares foram feitas para mover-nos por léguas, numa equação própria para o dispêndio, o trabalho e a reposição de energia vital. Reduzida a mover cérebro-polegarização, a margem dos distúrbios musculoesqueléticos e crônicos de saúde também, sensivelmente, aumentou.

Sobre práxis educacionais, mais diretamente, implicada a capa muscular para fora, poderíamos dizer "ex-carnadas", e, para dentro, "in-carnadas", corporalizadas. Muito simplesmente posto, dentro de uma visão sistêmica, entende-se que atratores são variáveis, de capa muscular para fora, propiciadores de arranjos mais funcionais ou disfuncionais; já das cadeias musculares para dentro, tangenciam princípios funcionais criativos em auto-organização, criando demais arranjos. Caberia perguntar, enfim, se práxis educacionais tecnológicas de aprendizagem instrucional comportamental, que preponderam, hoje, na web, corresponderiam a uma aprendizagem mais superficial, e uma outra forma de práxis educacional, envolvendo o corpo inteiro na natureza, a uma aprendizagem mais profunda?

Algumas metodologias ativas para a aprendizagem rápida, mais motivacionais, buscam ampliar o envolvimento, a participação e a criatividade, já outras são mais vivenciais – aquelas mais pragmáticas, centradas em projetos, desde a ação pioneira de John Dewey, Anisio Teixeira e Lourenço Filho, bem como as metodologias de projeto PJBL, da Escola da Ponte de José Pacheco e outros; a PBL, de resolução de problemas, também nos primórdios atribuída ao pragmatista John Dewey e a Howard Barrows; a sala de aula invertida, surgida com M. J. Lage, G. J. Platt e M. Treglia. Com essas ignições, que ativam mais a partir de um certo protagonismo narrativo, algumas são um pouco mais dialógicas e instrumentais.

Indo numa direção mais corpórea, os jogos cooperativos de Fábio Otuzi Brotto; as ferramentas de comunicação e psicologia do psicodrama de Jacob Moreno; os jogos teatrais de Viola e Spolin e Augusto Boal; a CNV de Marshall B. Rosenberg; e os recursos que visam resolução de conflito, como a filosofia Ubuntu aplicada, atribuída ao precursor Nelson Mandela e a Desmond Tutu, deslocam-nos do adversário para o companheiro e buscam intervir para o entendimento comum, tendo por base criar fluxos dialógicos mais vitais e éticos.

Já em uma direção mais ritualística, as práticas corporais coletivas, como a dança terapia de Maria Fux; a biodança de Rolando Toro; as danças circulares de Bernhard Wosien, ancoradas em Findhorn; as danças sagradas, atribuídas a Carlos Solano no Brasil; e as práticas provenientes de artes de corpo, teatro, opera, circenses, danças de relações étnico-raciais tradicionais, como a Escola Bumba-meu-boi de Sebastião Carvalho, do Maranhão; a Escola Brincante de Antônio Nobrega, de Pernambuco; a dança-afro da precursora Mercedes Batista do Rio; o precursor Mestre King (Raimundo Bispo dos Santos) na Bahia; e mestres ancestrais de povos originários, como Kaka Werá Jecupé, dos Tapuia; Davi Copenawa, dos Yanomami; Ailton Krenak e Daniel Munduruku; por tradição oral na Capoeira, linhagens do Mestre Canjiquinha, Mestre Pastinha, Mestre Bimba (Manoel dos Reis Machado), Mestre Caiçara, e outros, em suas várias formas já difundidas – todos esses exemplos, em seus modos específicos de construir saberes e práticas, buscam espirais de conhecimento com filosofias de vida entre corpo-ambiente-cultura, proporcionam liberdade de movimentos e costumam ser mediadores de ludicidade e espírito livre em *ambientes multirreferenciais de aprendizagem* (FROES, 2012).

As práticas do movimento das artes marciais contemplativas e intencionais, como Yoga, Taishishuan, Ti Kung e Aikido, que, em seu amplo espectro, priorizam modos de saberes transcendentais entre o corpo e o espírito, são reconhecidas como disciplinas mente-corpo.

As rodas de sonhos e o trabalho que reconecta, de Joann Macy e Chris Johnstone, da ecologia profunda, veem o corpo como via para práticas mais sensibilizadoras e dinâmicas que buscam ser mediadoras de cura, bem como geradoras de mudanças mais profundas, para mudança de mentalidade perante os grandes desafios que enfrentamos com a emergência climática em curso. As práticas integrativas de movimento buscam, a partir do corpo, serem recuperadoras e restaurativas, propiciando, em parte, reenergização, em parte, rehabilitação, restaurar bem-estar ao corpo-mente-ambiente.

A meditação ativa de Osho, o movimento autêntico de Mary Starks Whitehouse, o contato-improvisação de Steve Paxton, BMC® de Bonnie Bainbridge Cohen, as práticas somáticas que movem o corpo todo em ação e as correntes de movimento de Ingard Baternieff proporcionam liberação e reorganização interna, permitindo que todos os sentidos entrem em ação, de forma mais alquímica e holística, e viabilizando a repadronização.

A aprendizagem por experiência direta, com o corpo e no corpo, dos agenciamentos e da expressão, mais do que da reprodução maquínica, medeia propostas em que sujeitos cognoscentes sejam mais autônomos e criativos. A cognição corporalizada (*embodied cognition*), a se dar de forma mais íntegra e plena, em busca de bem-estar, tende a proteger os direitos da natureza, os direitos humanos, da biodiversidade e sustentação da vida e da biofera, naturalmente, voltadas ao bem comum e bem viver.

Considerações finais

Entendermos corpo como uma constelação de sistemas vivos que ficam cônscios de sua primeira natureza dentro-fora-dentro, como um ambiente em que sentidos, movimento e contato se auto-organizam, regulam, constroem e medeiam informação e comunicação dentro-fora organicamente; em que organismo e meio reconhecem a categorização perceptiva como fundantes. Entendemo-nos entre estabilidade e mobilidade, com sentidos e percepção na construção da cognição, espalhada e distribuída em rede de padrões complexos e arranjos dinâmicos, como combinatórias em fluxo no ambiente.

A memória, a imitação, a empatia, os sentimentos de fundo, a razão e a emoção, a afetividade, os agenciamentos, suas movimentações e ações, no mistério da consciência, permeiam o espaço-tempo aprendiz em seus diferentes contextos e finalidades.

A autoeducação aqui envisionada tem como abordagem operar, por corporalização/*embodiment*, para uma aprendizagem que auto-organiza padrões complexos, no tempo e no espaço, que implica explorações do ambiente pelo autoconhecimento, por autodescoberta. Isso coloca organismo e meio e corpo e mente em perspectiva histórica, cultural e ambiental, uma vez que é do permanente embate das forças por processos seletivos que resultam ambos, em coemergência, com mistura ancestral e ambiental, para mostrar a coevolução entre natureza e cultura, que poderá apresentar os problemas, indicar soluções e apontar caminhos mais sustentáveis de fato.

Do que somos feitos? De sistemas *corporalizados* que se movem, movem-nos e interligam atratores em andamento, em atrito, em conflito e em cooperação. A interdependência natureza corpoambiente é autoevidente, a cultura nos impregna assimetricamente, pelas condições em que passa a ser confabulada, como novas predisposições às condições em devir sociopolítico cultural ambiental, diverso e adverso. Não é a mútua implicação direta de um com o outro, mas a massa crítica tecida entre os ambientes que povoaram as experiências no mundo, da qual pertencem.

Como vimos, "cada mudança em um organismo é tanto a causa como a consequência das mudanças no ambiente". (LEWONTIN, 1995: 137). Habitats naturais e organismos vivos coemergem em conflito e assimetria e se estabelecem em condições diversas. Para que se dê negociação contínua, positiva, dependem do reconhecimento, da aceitação, de sua interligação em codependência, da legítima interdependência coparticipe integral. O que vivemos, hoje, é paulatinamente o trucidamento gradual dessas condições.

Sendo assim, para além de estarmos em acoplamento, assimetria e bios, em contínua negociação, estão imbrincadas, por interdependência, uma dimensão intersubjetiva, exigindo a mediação socioeconômica, política, ambiental e cultural nos territórios, de dimensão sociocognitiva. Precisamos de espaços multirreferenciados de aprendizagem (FROIS, 2012) em que sejam centrais os processos de autoeducação, coparticipativos e interagentes, que busquem cooperar para uma nova educação.

Seria possível conceber uma "ensinagem aprendiz"?

Tomando por princípio que o campo artístico envereda a criação, sendo a sua condição a liberdade e a transcendência e os aspectos-chaves a auto-organização, autopoiesise a abdução pearceana, entendida como abertura e introvisão, para além do espaço de possibilidades, despontam imaginação e criatividade no SOMA, compondo novas possibilidades emergentes no sistema vivo.

Podem ser chave para uma *ensinagem aprendiz* a curiosidade, o conforto, a alegria e a expressão, mas são vinculantes o acolhimento e o amor incondicional, o espelhamento, a escuta, a presença; ainda, autodescoberta e caos no processo são diferenciais na autoeducação em BMC®. De modo muito elementar posto: para haver mudança de mentalidade, de hábito, de crença, sobretudo, mudança de visão de mundo, é necessária consciência de que isso acontece, duplamente, por mudança de estado e desconstrução-construção..

Para aprendizagem e transformação assumindo a espiral do conhecimento, visando crescer e maturidade, precisamos nos valer de nossas dimensões corporais-mentais-ambientais, em uníssono, corpo-mente-ambiente transcendentes em espírito, para dar a ver de dentro para fora, em loco, com os saberes dos conhecimentos prévios, para que as redes em construção e modificação de sentido, ressignificação de mundo e de cultura sejam para a vida e para o bem viver, reunindo, a um só tempo, as dimensões política, econômica, socioambiental e cultural.

"Envolvendo o surgimento de respostas humanas novas e criativas... para uma sociedade que dê suporte à vida, envolvida a recuperação e a cura do nosso mundo, restauração de valores comuns" (MACY, 2012). Como Krenak diz, "por envolvimento".

Corpo e natureza para encontrar caminhos e trilhar, nas artes dos saberes, os conhecimentos que contemplem os direitos da natureza com sabedoria, a fim de gerar uma guinada por uma nova cultura ambiental.

E, com essa pergunta em nossas mentes, as noções descritas e concepções aqui trazidas, caminharmos na direção de uma cultura da terra, que seja planetária, em que terra e territórios contemplem e operem por princípios e leis, valores, conceitos, afetos, ética, empatia e conduta moral ;e que tais não sejam adulterados, desnaturados, degenerados, depredadores, degradados, obliterados, extirpados ou eliminados, como vemos até aqui, rumo à extinção do que nos faz humanos.

Também é possível questionar: tudo isso que naturaliza o desnaturado, adultera o natural, renegando nossos instintos até de aprendizagem, num aprisionamento adoecedor em um *software* de morte ou a serviço de sistemas-vida para o bem viver na Terra? Interdepende de nós e de tudo.

Precisamos, mais do que nunca, reaprender a aprender a partir de nossas memórias e lembranças, nossos legados e registros, instintivos e ancestrais, voltados para o bem viver com todos; bem como experienciar e fazer junto, reconstituindo o elo entre ambiente e cultura, que nos sensibiliza a uma ação voltada para as teias significativas entre natureza, bem comum e bem viver.

A exemplo do que tem servido de inspiração para boa parte do mundo: cosmovisões de M. Gandhi na Índia, do budismo tibetano, Vandana Shiva dos Hymalayas, entre outros, por uma cultura de paz e real sustentação planetária, em que direitos da natureza sejam contemplados.

Que as concepções e as cosmovisões, trazidas milenarmente nas filosofias de povos originários, inspirem-nos a um reencantamento do mundo, a um sonhar juntos fora do estatuto de violência em curso atual, na direção de uma verdadeira revolução nas práxis educacionais.

Referências bibliográficas

ALVES, Marcos A. Considerações Finais: O estatuto científico da ciência cognitiva em sua fase inicial. P. 129-140. In: **O estatuto científico da ciência cognitiva em sua fase inicial: uma análise a partir da estrutura das revoluções científicas de Thomas Kuhn**. São Paulo/Cultura Acadêmica, 2021.

BAR-YAM, Yaneer**, Dynamics of Complex systems.** Reading, Mass: Perseus books,1997.

BAUMAN, Sigmund. O significado da arte e a arte do significado. In: **O mal estar da pós modernidade**. Rio de janeiro: Zahar Editora,1999.

BAUMAN, Zygmunt. **Globalização, as consequências humanas**. Rio de Janeiro: Zahar Editora,1999.

COHEN, Bonnie. **Sentir, Perceber, Agir**. SP: Ed. SESC, 2015

DAMASIO, Antonio C. Body, Brain and Mind. P.193-230 In: **Looking for Spinoza Joy, Sorrow and the Feeling Brain,** c. 5, London Harcourt, Ink., 2003. P. 183-220.

DRETSKE, Fred. **Naturalizing the Mind – Qualia** cp3 pg 65- 95. MIT Press: Bradford Books, 1995.

EDELMAN, Gerald M.& TONONI, Giulio. **Consciousness: how matter becomes Imagination**. Londres: Allen Lain Penguin Press, 2000.

EDELMAN, Gerald M. **Bright Air, Brillant Fire**. On the matter of the mind, memory and the individual soul: against silly reductionism. New York: Basic Books, 1992, p.165-187.

FRANCO, Tania. **Alienação do Trabalho: despertencimento social e desrenraizamento em relação** à natureza. Caderno CRH v. 24 pg 169-189. Salvador, 2011.

FREIRE, Paulo. **Extensão ou Comunicação** RJ: Editora Paz e Terra, 1969.

FREIRE, P. **Pedagogia da autonomia:** saberes necessários à prática educativa. São Paulo: Paz e Terra, 1996.

FRÓES, Terezinha. **A emergência da analise Cognitiva**. v. 5, n.9, p. 173-195, Tubarão: Revista Poiésis, 2012.

FRÓES, Terezinha. **A análise cognitiva e espaços multireferenciais de aprendizagem**. Currículo, Educação a Distância e Gestão\difusão do conhecimento. Salvador: Edufba, 2012.

GALEFFI, Dante. **Didática Filosófica Mínima**. Salvador: Editora Quarteto, 2017.

GIBSON, Eleanor. **An Ecological Approach to Perceptual Learning and Development**. Oxford: University Press, 2003.

GIBSON, Eleanor. **Principles of perceptual learning and development.** New York: Appleton-Century-Crofts,1969.

GREINER, Christine. **O corpo**. São Paulo: Annablume, 2005.

HANNA, Thomas. The Field of Soma cs. **Soma cs Magazine-journal**, p. 30-34, 1976.

HAN, Byung Chul. **Hiperculturalidade Cultura e Globalização**. RJ: Ed. Vozes, 2019.

HAN, Byung Chul. **A salvação do Belo**. RJ: Ed. Vozes, 2019.

HOFFMEYER, Jesper. **Fundamentos Biocognitivos da Comunicação:** Biossemiótica e Semiótica Cognitiva. Semiosis and Living Membranes, 1º Seminário Avançado de Comunicação e Semiótica. PUCSP, 1998.

JUARRERO, Alicia Some New Vocabulary: A Primer on Systems Theory – Cap 7, pg 103- 117/ Embodied Meaning – Cap 11, pg 163-173 In: **Dynamics in Action – Intentional Behavior as Complex System.** London\England\Cambridge\Massachusetts A Bradford Book the Mit Press 2002

KELSO, J. A. Scott. **Dynamic Patterns the self-organization of brain and behavior**. MIT Press, 1997.

KRENAK, Ailton. **Idéias Para Adiar o fim do mundo**. SP: companhia das Letras, 2019.

LABAN, Rudolf Von, **Domínio do Movimento**, SP: Summus Editorial 1978.

LAKOFF, George & JOHNSON Mark. **Metáforas da Vida Cotidiana.** Trad. Vera Maluf (GEIM) Coordenação: Mara Sophia Zanotto São Paulo: Educ, 2002.

LAKOFF, George & JOHNSON, Mark. **Philosophy in the flesh** Basic Book Perseus B. Group, 1999.

LATOUR, Bruno. **Políticas da Natureza**. São Paulo: Ed. Unesp, 2019.

LEWONTIN, Richard C. Cap. 2 – Organismo e Ambiente. P. 46-74. In: **A tripla hélice**, 2002. Trad. José Viegas Filho. São Paulo: Companhia das Letras.

LEWONTIN, Richard C. The evolution of Cognition: Questions We Will Never Answer. In: **An invitation to Cognitive Science Methods, Models, and Concecptual Issues,** v. 4. [s.l.]: MIT Press, 1988.

LIMA, Luiz Gonzaga de Souza. **A refundação do Brasil.** São Carlos: Rima Editora, 2011.

MACY, Joanna. **Esperança Ativa: como encarar o caos em que vivemos sem enlouquecer.** EJ: Bambual Editora 2020.

MATURANA, H. R. & VARELA, Francisco J. **Autopoiesis and Cognition**: the **realization of the living**. London: Ed. Reidel, 1980.

M.O'DONOAN, A., THOMPSON, E. The Mindful Body – Embodiment and Cognitive Science In: **The incorporated Self.** P.127-144 Lanham\Boulder\New York\London Rowman & Littlefield Publisher, Inc., 1996.

MERLEAU-PONTY, Maurice. **Phenomenology of Perception**. London, New York: Routledge, 2005.

NAGEL, Thomas. **What is it like to be a Bat?** In the nature of consciousness (Owen Flanagan , Guven Guzeldere e Ned Block). London/Cambridge: The MIT Press, 1997. Purves D (1988) **Body and Brain: A Trophic Theory of Neural Connections**. Cambridge, MA: Harvard University Press.

NOË, Alva. **Action in Perception.** London, The MIT Press, 2004.

NOË, Alva **Out of Our Heads.** New York: Hill and Wang, 2009.

Queiroz, Clélia. **Corpomídia o além amar dos discursos sobre corpo.** n. 12, p. 88-96. Revista Reichiana. São Paulo: Ed. Sedes Sapientiae. 2003.

QUEIROZ, Clélia. **Processos de Corporalização nas práticas somáticas BMC**. Coleção Hummus 1. Caxias do Sul: Ed. Lorigraf, 2004.

QUEIROZ, Lela. **Em contato: a não execução.** P. 129-136. Revista Concinnitas, Rio de Janeiro: v. 2, n.15 Ano X. P. 129-137, 2009.

QUEIROZ. **Corpo Mente Percepção, BMC® e Movimento em Dança**. São Paulo: Annablume, 2009.

QUEIROZ **Corpo&Mente, Movimento&contato**. Fortaleza: Expressão Gráfica Ed., 2013.

QUEIROZ, Lela. **Corporalização**. P.216-224. In: Transciclopedia. Salvador: Ed. Quarteto, 2020.

RIDLEY, Matt. **Nature via Nurture** – Genes, experience and what makes us human.London:Fourth Estate Publisher, 2003.

RIDLEY, Matt. **Genome, the autobiography of a species in 23 chapters**. Harper Perennial, 1999.

RIDLEY, Matt. **O que nos faz humanos**: genes, natureza e experiência. R.J.: Record, 2004.

RIZOLLATTI, Giacomo. L Craighero Annu. Rev. Neuroscience. 27, 169-192, 2004.

SACKS, Oliver. Darwin e o significado das flores. SANTOS, NETO E. dos; SILVA, M. R. P. da. Infância e inacabamento: um encontro entre Paulo Freire e Giorgio Agamben, p. 1-13. Disponível em "http://www.egov.ufsc.br/portal/conteudo/inf%C3%A2ncia-e-inacabamento-um-encontro-entre-paulo--freire-e-giorgio-agamben" Acesso em: 13 jun. 2018 {2007}.

SEBEOK, Thomas A. **A Sign is Just a Sign** Communication – c. 2. P. 22-35. Bloomington and Indianapolis Indiana University Press, 1991.

SEBEOK, Thomas A. **Comunicação na Era Pós-Moderna**. Petrópolis: Ed. Vozes, 1995.

SEBEOK, Thomas Signs: **An Introduction to Semiotics**. Toronto: University of Toronto Press, 2001.

SUBIRATS, Eduardo. **A Cultura como Espetáculo**. SP: Nobel, 1989.

THELEN, Esther. **A Dynamic Systems approach to the development of Cognition and Action.** Mass: MIT Press, 1995.

THELEN, Esther& ULRICH Beverly. Hidden Skills. **A dynamic System Analysis of treadmill Stepping in the first year.** Chicago: Univ. of Chicago Press, 1991.

THELEN, Esther. Time-Scale Dynamics and the Development of an Embodied Cognition In: **Mind as Motion – Explorations in the Dynamics of Cognition** Org: Robert F. Port, Timothy Van Gelder. P. 69-100. London\England\ Cambridge\Massachusetts: A Bradford Book the Mit Press, 1995.

THOMPSON Evan. The Mindful Body – Embodiment and Cognitive Science M. O'Donovan-Anderson In:**The incorporated Self**. P.127-144. Lanham\ Boulder\New York\London Rowman & Littlefield Publisher, Inc., 1996.

TOMASELLO, Michael. **Origins of Human Communication.** Massachussetts: Mit Press, 2008.

TOMASELLO, Michael. Why we cooperate. Massachussetts: Mit Press, 2009. VARELA, Francisco J.& THOMPSON Evan. **Embodied Mind**. Cognitive Science and Human Experience. Massachussetts: MIT Press, 1991.

VARELA, Francisco J.& SHEAR, Jonathan *First-person Methodologies: What, Why, How?* Journal of Consciousness Studies, pg 1-14, No 2-3, Vol 6 UK http://www.imprint.co.uk/jcs/ HYPERLINK "http://www.imprint.co.uk/jcs/1999"

WILSON, Andrew & GOLONKA, Sabrina. **Embodiment is not what you think it is.** Frontiers in Psychology. Leeds,V. 4, Article 58. P. 1-13, 2013.

UEXKULL, Thure von. Jakob von UExkull"s Umwelt Theory Trad: **A teoria do Umwelt de Jakob Von UexKull.** Trad. Eduardo Fernandes Araújo/ PUCSP. P. 129-158 In: The Semiotic Web 1988, Thomas Sebeok (ed), 1989.

On-line

JOIOEOTRIGO.COM.BR https://ojoioeotrigo.com.br/2019/08/obesidade--desnutricao-mudancas-climaticas-tres-faces-de-uma-mesma-questao/ Acesso em 9 de julho 2021

IEA.USP.BR http://www.iea.usp.br/pesquisa/projetos-institucionais/usp-cidades-globais.

Resistir e (re)existir no antropoceno: caminhos pela educação ambiental revolucionária[1].

Rachel Andriollo Trovarelli
Rafael de Araujo Arosa Monteiro
Marcos Sorrentino

Como fomentar processos educadores que sejam capazes de estimular a imaginação política e repensar e descentralizar o papel dos seres humanos no planeta?

Neste texto, apresentamos algumas reflexões, a partir de uma perspectiva de educação ambiental que se propõe a promover revoluções culturais em busca de encontrar caminhos para resistência e (re)existência no antropoceno. Destacamos quatro aspectos que nos parecem essenciais para os processos educadores ambientalistas: a promoção da indignação, a conexão com a Terra, a terra, o território, o comum e o espírito, a partir de uma pedagogia científico-espiritual, o mergulho eu-mundo e as microrrevoluções educadoras.

Antropoceno: uma breve contextualização

O termo antropoceno surge nas ciências naturais com o propósito de qualificar a magnitude dos impactos causados pelos seres humanos ao planeta Terra (CRUTZEN, STOERMER, 2000; CRUTZEN, 2002), compreendendo que a humanidade transcendeu seu papel biológico e passou a se constituir enquanto uma força geológica capaz de alterar, significativamente, o ecossistema planetário (CHAKRABARTY, 2009).

---

1   Este artigo foi escrito com base na tese de doutorado de Rachel Andriollo Trovarelli, orientada por Marcos Sorrentino, intitulada "Do antropoceno à transição para sociedades sustentáveis: formação de profissionais em educação ambiental", disponível em: **https://www.teses.usp.br/ teses/disponiveis/91/91131/tde-06012022-173008/pt-br.php**, e nas videoaulas desenvolvidas sobre Educação Ambiental Revolucionária no contexto dos projetos Ecoar e Corredor Caipira.

Com o tempo, o conceito ganhou novos contornos pelas ciências sociais, o que tem estimulado disciplinas como Geologia e Arqueologia, e suas formas habituais de fazer ciência, a se abrirem para a interdisciplinaridade e transdisciplinaridade, considerando a perspectiva política e cultural. Nessa perspectiva, o "antropoceno" vai além de uma condição objetiva do planeta, tornando-se uma categoria que pode promover, facilitar e impulsionar a interpretação das sociedades contemporâneas sobre seu próprio modo de vida e existência[2] (DELANTY, 2018).

Nessa perspectiva, é importante questionarmos: Quem é o "antropos" do antropoceno? Quem ou quais são esses seres humanos capazes de deixar marcas geológicas no planeta Terra?

Para Haraway (2016 et. al., 2016), o termo antropoceno generaliza o antropos, à medida que sugere que o problema é a humanidade de forma homogênea. No entanto, há múltiplas perspectivas, desigualdades econômicas e culturais que refletem na forma como diferentes povos humanos se relacionam com a natureza, considerando a diversidade histórica, social, étnica, cultural e biológica ao redor do mundo.

Essa perspectiva dialoga com as proposições de Ailton Krenak (2019), que enfatiza que o termo humanidade pressupõe um monte de gente igual. Acreditar nisso, segundo ele, é uma falácia. Não só não existe

---

2   Alguns autores, dentre eles Haraway, consideram que o termo antropoceno não é capaz de expressar com precisão o que se quer dizer; trata-se de uma visão limitada do impacto humano na vida no planeta. Outros termos têm sido utilizados, como "capitaloceno" e "plantationceno" (HARAWAY, 2016a,b; HARAWAY, et. al, 2016). O "capitaloceno" dá visibilidade para o sistema capitalista na crise socioambiental planetária. O termo amplia a compreensão sobre os marcos, não se restringindo aos impactos geológicos e às emissões de combustíveis fósseis, e sim, pelo menos desde os séculos XVI e XVII, com o grande mercado. No entanto, ela não desconsidera processos anteriores como a escravidão, o genocídio indígena, o início da exploração dos metais, as grandes plantações de cana de açúcar (HARAWAY, 2016a), chegando no limite até a agricultura escravocrata (HARAWAY, et. al, 2016).

O termo "Plantationoceno" surgiu num diálogo entre antropólogos, ao ressaltarem a expansão das plantações como um fato histórico que deslocou a perspectiva do investimento e da propriedade. Nesse processo, as plantas, os animais e outros organismos foram se tornando recursos a serem explorados, antes mesmo da ascensão do capitalismo. Algumas características centrais desse processo são a mão de obra escrava, o trabalho forçado de humanos e não humanos, o genocídio e extermínio, a simplificação das relações, a necessidade de controle, o policiamento, os grandes contingentes de terras, os trabalhadores, a produção, entre outros (HARAWAY, et. al. 2016). Portanto, enquanto "antropoceno" enfatiza a natureza do problema no campo das ciências naturais, "capitaloceno" e "plantationceno" buscam enfatizar a origem do problema no campo das ciências sociais e humanas.

uma humanidade igual, como isso não é possível e não deveria ser desejável, porque, sem dúvidas, leva à opressão de uns por outros para manter a uniformidade. Essa tentativa de padronização dos humanos tem marcas profundas na história. Por exemplo, os brancos europeus que colonizaram o restante do mundo, impondo sua própria cultura, como se outros modos de vida não pudessem existir no planeta; ou a tentativa de uma globalização homogeneizante, com foco na padronização de consumidores.

> Como justificar que somos uma humanidade se mais de 70% estão totalmente alienados do mínimo exercício de ser? A modernização jogou essa gente do campo e da floresta para viver em favelas e em periferias, para virar mão de obra em centros urbanos. Essas pessoas foram arrancadas de seus coletivos, de seus lugares de origem, e jogadas nesse liquidificador chamado humanidade. Se as pessoas não tiverem vínculos profundos com sua memória ancestral, com as referências que dão sustentação a uma identidade, vão ficar loucas neste mundo maluco que compartilhamos (KRENAK, 2019, p.14).

Partindo dessa visão heterogênea de humanidade, parece-nos que a força humana dominante, responsável por estimular o impacto geológico de nossa espécie, caracteriza-se por uma racionalidade colonizadora que busca dominar o outro (povos, espécies animais e vegetais, rios, mares, enfim, o planeta), impondo sua forma de viver e desconsiderando a existência de outras formas de ser e estar no mundo. Isso vai fragilizando as relações, criando distâncias cada vez maiores entre as diferentes humanidades e minando o senso de comunidade global, necessário para a reflexão e transformação desse cenário perigoso para a vida (tal como a conhecemos hoje) na Terra.

Em oposição, uma nova racionalidade pode e deve ser assumida. Uma perspectiva que reconheça a humanidade como diversa, que aceite os diferentes modos de vida e que passe a perceber o planeta Terra não apenas como uma estrutura física sob a qual vivemos ou como um ser mitológico, mas, sim, como um "ser vivo" que possui a sua história

(STENGERS, 2015) e com o qual nos relacionamos, afetando e sendo afetado por ele. Em especial, buscando uma relação mais saudável do que a que tivemos até agora, refazendo "(...) os vínculos com a Terra", como sugere o antropólogo brasileiro Renato Sztutman (2017, sp).

Para isso, Stengers (2015) sugere a importância de se resgatar narrativas que inspirem "novos modos de resistência, que recusam o esquecimento da capacidade de pensar e de agir conjuntamente exigidos pela ordem pública" (2015, p. 38). Exemplifica tal proposta ao comparar duas experiências históricas com resultados diferentes, à luz da apropriação de bens comuns (*commons*) pelos cercamentos (*enclosures*) do sistema capitalista: a dos camponeses ingleses do século XVIII e a dos programadores de informática contemporâneos.

> Os *enclosures* se referem a um momento decisivo na história social e econômica da Inglaterra: à erradicação, no século XVIII, dos direitos consuetudinários que incidem sobre o uso de terras comuns, os *commons*. Essas terras foram "cercadas", ou seja, apropriadas de maneira exclusiva por seus proprietários legais, e isso com consequências trágicas, pois o uso dos *commons* era essencial para a vida das comunidades camponesas. Um número espantoso de pessoas foi despojado de qualquer meio de subsistência. (...)
>
> Se hoje a referência aos *enclosures* faz sentido é porque o modo de expansão contemporânea do capitalismo lhe devolveu toda a sua atualidade. A privatização de recursos essenciais à simples sobrevivência, tais como a água, está na ordem do dia, como também a da educação, que tinha sido considerada em nossos países como de responsabilidade pública. Não que a gestão da água não tenha sido fonte de lucro, nem que o capitalismo não tenha aproveitado amplamente da produção de trabalhadores formados e disciplinados; a diferença é que agora se trata de apropriação direta, sob o signo da privatização do que era "serviço público" (STENGERS, 2015, p. 39).

A autora continua afirmando que a apropriação do comum pode se dar para além de bens materiais, ou seja, é possível ocorrer com aquilo que é imaterial, como um conhecimento desenvolvido por programadores de informática. Porém, diferente da história anterior, parte dos programadores tem conseguido lutar contra a apropriação de seus conhecimentos por meio da geração de patentes ao criarem a Licença Pública Geral, dando início ao movimento *softwares livres* que disponibiliza, para todas as pessoas, o acesso ao que produzem, e não apenas a quem pode pagar.

> O "comum" que eles [programadores de informática] souberam defender era o deles, o que os faz pensar, imaginar, cooperar. Que esse comum tenha sido "imaterial" não muda grande coisa no caso. Trata-se ainda de uma inteligência coletiva, concreta e estabelecida no corpo a corpo com limitações tão críticas quanto limitações "materiais". O que eles souberam defender contra aquilo que pretendia dividi-los foi o coletivo formado a partir do desafio posto por essas dificuldades, bem diferente do conjunto indefinido daqueles que, como eu, utilizam, e até mesmo baixam, o que foi produzido por eles. Em outros termos, *os programadores resistiram ao que pretendia separá-los do que lhes era comum, não à apropriação de um "comum à humanidade"*. Eles se definiram como commoners, ligados ao que faz deles programadores, não como nômades do imaterial (STENGERS, 2015, p. 42-43, destaque nosso).

Para Stengers (2015), a segunda história mostra uma narrativa importante de ser reconhecida, em que o senso de comunidade, coletividade e cooperação foi preservado. Logo, constitui-se uma experiência-narrativa importante, que nos ajuda a refletir sobre uma nova racionalidade pautada no pensar e agir juntos, capaz de minimizar os impactos do antropoceno.

Em complemento, Ailton Krenak (2019) defende, em seu livro "Ideias para adiar o fim do mundo", que o modo de vida baseado na racionalidade dominante promove a desconexão entre nós, seres humanos, a

Terra e a terra. Leva-nos a perder de vista o "sentido de viver em sociedade, do próprio sentido da experiência da vida. Isso gera uma intolerância muito grande com relação a quem ainda é capaz de experimentar o prazer de estar vivo, de dançar, de cantar" (p. 26).

Diz o autor que se abrir para uma nova realidade é como estar diante de um abismo e cair, o que faz emergir uma sensação de forte insegurança. Por outro lado, é esse pulo no desconhecido que pode nos levar ao novo. Criar paraquedas que suavizem a queda livre nesse abismo exige um contato mais profundo com nossas visões e sonhos, no sentido de uma experiência transcendente que se abre para outras possibilidades da vida não limitada. Trata-se de um lugar de conexão com o mundo que compartilhamos e que possui uma outra potência que vai além de mercadorias, objetos externos, técnica e da razão iluminista (KRENAK, 2019).

Sendo assim, pensar caminhos práticos para resistir ao antropoceno e buscar a reconexão com a Terra, com a terra e com o território (SORRENTINO, et. al., 2020; BATTAINI, SORRENTINO, 2020), com o comum (STENGERS, 2015) e com o(s) espírito(s) (KOPENAWA, ALBERT, 2015; KRENAK, 2019) exigem olhar crítico para a visão desenvolvimentista e razão iluminista como balizadores daquilo que é a verdade única a ser seguida; bem como a criação de novas narrativas que nos ajudem a repensar a humanidade, sua forma de ser, sua forma de se relacionar entre si e sua maneira de se relacionar com outros seres (vivos e não vivos). Nesse sentido, um caminho possível para fortalecer a resistência no antropoceno é a Educação Ambiental Revolucionária (EAR)[3].

---

3   Um momento marcante de efervescência da proposta educadora ambientalista e revolucionária pelo Laboratório de Educação e Política Ambiental, Oca (ESALQ-USP), em 2021, foi a materialização de um conjunto de vídeos publicados pela TV Cumulus sobre o tema e que pode ser acessado em: **https://www.youtube.com/watch?v=-4LfaFcdyJE&list=PLkDE-jPX2558XxwqslNcxk2duh3FFBGttk**

Abreviar o antropoceno: caminhos pela educação ambiental revolucionária

Destacamos, neste texto, quatro aspectos que podem auxiliar a transição de racionalidades e modos de ser e estar no mundo evidenciada, anteriormente, no contexto de processos educadores ambientalistas que se proponham a ser revolucionários. São eles: 1) a promoção da indignação em uma perspectiva de leitura crítica do mundo; 2) a conexão com a Terra, a terra, o território, o comum e o espírito a partir de uma pedagogia científico-espiritual; 3) a perspectiva do mergulho eu-mundo como impulsionadora de uma atuação, simultaneamente, comprometida com as transformações sociais e com os propósitos existenciais; e 4) as microrrevoluções educadoras. A seguir, vamos tratar cada um em mais detalhes.

A indignação

A indignação, na EAR, pode ser entendida como um sentimento motivador de ação que surge ao nos depararmos com as diversas formas de injustiça e violência sofridas por humanos e não humanos. Esse sentimento é uma espécie de força motriz, uma potência que nos impulsiona a sair do estado de acomodação, como sugere Freire (1981), e agir, individual e coletivamente, pela sua superação.

Pela indignação, é possível estimular a reflexão sobre a cultura vigente. Por exemplo, como naturalizar e não se indignar com 55% dos lares brasileiros em situação de insegurança alimentar?[4] São cerca de 116.800.000 (cento e dezesseis milhões e oitocentas mil) pessoas que não têm acesso pleno e permanente à comida! Como naturalizar e não se indignar com 10% das pessoas mais ricas no Brasil deterem 57% de toda renda nacional?[5] A desigualdade socioeconômica, que já era gigantesca no país antes da pandemia de covid-19, transformou-se num abismo.

---

4 Dado publicado no Inquérito Nacional sobre Insegurança Alimentar no Contexto da Pandemia covid-19 no Brasil, organizado pela Rede Brasileira de Pesquisa em Soberania e Segurança Alimentar e Nutricional (Rede PENSSAN) em 2021. Disponível em: **https://olheparaafome. com.br/VIGISAN_Inseguranca_alimentar.pdf**

5 Dado publicado no Relatório Regional de Desenvolvimento Humano de 2021, intitulado "Presos em uma armadilha: alta desigualdade e baixo crescimento na América Latina e no Caribe", organizado pelo Programa das Nações Unidas para o Desenvolvimento (PNUD). Disponível em: **https://www.undp.org/latin-america/publications/regional-human-development-report-2021-trapped-high-inequality-and-low-growth-latin-america-and-caribbean**

Essas e tantas outras mazelas vão na contramão da qualidade de vida para todos os seres vivos no planeta Terra. Nesse sentido, é preciso que os processos educadores contribuam para ampliar e aprofundar a leitura de mundo (FREIRE, 1981; 1983), ajudando-nos a reconhecer e a nos indignar com as múltiplas formas de opressão, exploração e degradação a que muitas pessoas e grupos da espécie humana, bem como outras espécies (vegetais e animais) e o ambiente, são submetidos.

Além disso, os processos educadores devem estimular a articulação de resistências e lutas políticas coletivas na direção de uma revolução cultural e educadora (FREIRE, 1981) que aconteça, simultaneamente, em nível físico, psíquico e espiritual (SARKAR, 1969); que promova mudanças culturais nos valores, na visão de mundo, na base da sociedade; e que empodere a participação popular na elaboração, execução e avaliação de políticas públicas estruturantes.

A conexão com a Terra, a terra, o território, o comum e o espírito

O segundo aspecto a ser estimulado pela EAR é o desafio de fortalecer vínculos entre seres humanos e a Terra, a terra, o território, o comum e o espírito, tal como evidenciamos anteriormente a partir das concepções de diversas(os) autoras(es).

Desenvolver uma pedagogia científico-espiritual como processo de construção de conhecimentos que valoriza dimensões subjetivas do existir (VERUSSA, 2020; TROVARELLI, 2021).

Caracteriza-se pelo fortalecimento de uma concepção de ciência militante (JAUMONT, VARELLA, 2016), ativista, decolonial, engajada, não extrativista (FASANELLO, NUNES, PORTO, 2018), multirreferencial (BARBOSA, 1998), que valorize a ecologia de saberes (SANTOS, 2007) e os estudos multiespécies (TSING, 2015; DOOREN, KIRSKEY, MUNSTER, 2016), entre outras que fortaleçam o compromisso com as transformações sociais.

Simultaneamente, assume a dimensão espiritual dos seres humanos, tal qual a Organização Mundial de Saúde o fez desde 1948 (TONIOL, 2017). É a perspectiva de compromisso com uma espiritualidade laica.

pautada por valores fundamentais para a convivência humana – solidariedade, respeito, diálogo e celebração da diversidade (NEPOMUCENO, 2015). Uma espiritualidade crítica (BUSSEY, 2005; 2006), com base na contextualização e interpretação do estado atual da vida no planeta, a partir de uma base ética e pautada pela transformação social. É, também, uma espiritualidade prática, em nível individual e coletivo (enquanto comunidade de aprendizagem), exercitando a busca cotidiana por coerência (OCA, 2018).

A EAR deve estruturar caminhos pedagógicos que promovam uma ciência engajada com as transformações culturais e uma espiritualidade laica, crítica e prática que remetam a valoração ética da vida, a identidade planetária (MORIN, 2014) e os valores fundamentais para a convivência humana, conforme enunciado no Programa Nacional de Educação Ambiental (ProNEA) e na Carta Aberta de educadoras e educadores por um mundo justo e feliz! (BRASIL, 2018):

> (...) configura-se a essência da dimensão espiritual como prática radical da valoração ética da vida, do cuidado respeitoso a todas as formas viventes, unindo corações e mentes pelo amor. Trata-se de um processo que potencializa o indivíduo para a prática do diálogo consigo mesmo, com o outro, com a comunidade planetária como um todo, resgatando o senso de cidadania e superando a dissociação entre Sociedade e Natureza (BRASIL, 2018a, p. 92).

Nesse sentido, a conexão com a terra e a Terra, o território e o comum e com a espiritualidade significa um estado de presença genuína ao se relacionar com eles. Pautado por valores éticos profundos, esse movimento de conexão nos convida a desenvolver, cada vez mais, uma racionalidade que privilegia a integração, a complexidade, a valorização e celebração da vida, fomentando uma identidade planetária.

O mergulho eu-mundo

O terceiro aspecto que destacamos aqui é o mergulho eu-mundo (TROVARELLI, 2021). Um processo de busca por sentidos existenciais, que nos ajuda a entrar em conexão com aquilo que é mais valioso para nós, nossas convicções (ALCOCK, 2018; BOHM, 2005), nossos propósitos existenciais e utopias. Fruto desse processo, conseguimos ter maior compreensão sobre nós mesmos, o que pode nos ajudar a entrar em uma forma diferente de relação com o outro, uma relação dialógica (MONTEIRO; TOLEDO; JACOBI, 2021a).

Tal forma de relação se caracteriza por uma abertura ao outro, em que podemos compartilhar o que faz sentido para cada um e por que faz sentido, compreendendo as diferentes perspectivas e encontrando os pontos de conexão (BOHM, 2005). Ao realizar tal processo, abrimos espaço para a emergência da reciprocidade e da comunhão entre nós (BUBER, 1979; 2014), bem como a possibilidade de colaboração para materializar os desejos comuns (MONTEIRO; TOLEDO; JACOBI, 2021b).

Os caminhos pedagógicos a serem estimulados pela EAR, com o propósito de promover o mergulho eu-mundo e relações dialógicas, é diverso. É possível fazer uso de atividades pedagógicas artísticas, reflexivas, corporais e/ou introspectivas. Porém, todas essas atividades devem provocar as pessoas a pensarem sobre "quem sou eu?", "o que estou fazendo aqui?", "para onde quero caminhar?", "o que é importante para mim?", "qual é o mundo em que quero viver?".

Nesse sentido, as atividades pedagógicas que objetivam estimular um mergulho eu-mundo podem mobilizar diferentes dimensões humanas: o corpo, a mente sensório-motora, a mente simbólico-racional, a mente criativa; a mente do discernimento; e a mente universal (SARKAR, 2019; TROVARELLI, 2021).

Alguns ganhos objetivos dessas práticas, no campo de formação de profissionais atuantes na educação ambiental, são a valorização da própria trajetória, aproximação entre educadoras/es e educandas/os, fomento à postura dialógica, clareza das utopias e compromisso com o comum (TROVARELLI, 2021).

As microrrevoluções educadoras

Acumulando subsídios da indignação, da conexão com a Terra, a terra, os territórios, o comum e o espírito e do mergulho eu-mundo, não há outra direção que não materializar microrrevoluções. As microrrevoluções são "pequenas" e "grandes" transformações em um território que visam ao bem comum. Pequenas, por serem locais, e grandes, por serem tão potentes a ponto de promoverem algum tipo de transformação, seja interna/pessoal ou coletiva.

As microrrevoluções educadoras ocorrem por meio de intervenções socioambientais, tal como explicitado pelo Programa de Formação de Educadoras e Educadores Ambientais (ProFEA), que promovam reflexões, diálogos e ações sobre o comum, visando mudança nos valores, nos hábitos e nas atitudes cotidianas.

Elas buscam despertar a força e a alegria da luta coletiva, incentivando ações educadoras que aumentem a potência de ação no mundo, promovendo participação e incidência em políticas públicas. Além disso, favorecem os bons encontros, a expressão sincera, o acolhimento, a conexão, a vitalidade comunitária e a felicidade de uma conquista que é coletiva e política.

Um caminho possível para planejar microrrevoluções educadoras se caracteriza por três elementos básicos, de acordo com Tassara et al. (2014). O primeiro é a identificação de um problema ou conjunto de problemas que se quer intervir em um recorte territorial, seja esse físico (unidade administrativa municipal, bacia hidrográfica, bioma, bairro, estado, país, instituição etc.) ou relacional (grupo de pessoas que se relaciona de alguma forma, seja pela profissão, faixa etária, atividade comum etc., como professores, idosos, skatistas); o segundo é a constituição de um grupo de pessoas que vivencia e/ou se indigna com o problema e que esteja disposto ao planejamento participativo; e o terceiro é a identificação de pessoas que atuem como educadoras/es, facilitadoras/es, mobilizadoras/es, que assumam a liderança desse processo, estimulando a participação de outros no planejamento de ações para enfrentar o(s) problema(s) identificado(s) no território.

Construído o planejamento e estabelecidos os acordos coletivos sobre as responsabilidades de cada pessoa ou subgrupo dentro do processo de intervenção, é possível colocar a mão na massa. Durante esse processo, as pessoas aprendem juntas ao agirem juntas. Nesse momento, é possível que emerjam conflitos internos que demandem diálogos para compreender as diferenças de posições e definir novos acordos e caminhos a serem seguidos (MONTEIRO; TOLEDO; JACOBI, 2021b).

Por fim, é preciso realizar um momento reflexivo de avaliação do processo vivido, no qual se pensa sobre os resultados desejados e indesejados alcançados, com base nos pressupostos e nas expectativas das pessoas envolvidas.

Considerações finais

O antropoceno é uma forma de interpretar a realidade contemporânea que nos convida a reconhecer a racionalidade colonizadora, exploratória, degradadora, eurocêntrica por trás de sua origem e a refletir e agir para sua superação, em direção a uma nova racionalidade que, ao invés de impor um modo único de viver, acolha os diferentes modos de vida e ofereça oportunidades de conexão com a Terra.

Nesse texto, apresentamos alguns elementos para uma Educação Ambiental Revolucionária como um caminho possível para nos ajudar a resistir e (re) existir no antropoceno, por meio da *indignação*, da *conexão com a Terra, a terra, o território, o comum e o espírito*, do *mergulho eu-mundo* e das *microrrevoluções educadoras*.

Esse caminho ainda está longe de estar consolidado. Devemos construí-lo juntas e juntos, conforme caminhamos sobre ele. Portanto, é necessário que diferentes experiências, inspiradas por uma perspectiva educadora revolucionária, aconteçam, com a liberdade necessária para as peculiaridades de cada contexto, e que as compartilhemos, para aprender uns com os outros enquanto microrrevolucionamos nossos territórios.

Referências

ALCOCK, J. **Belief: what it means to believe and why our convictions are so compelling. Amherst**, New York: Prometheus Books, 2018.

BARBOSA, J. G. (Org). **Multirreferencialidade nas ciências e na educação.** São Carlos: EdUSCar, 1998. 204 p.

BATTAINI, V.; SORRENTINO, M. Educação ambiental local e global: Políticas públicas e participação social em Fernando de Noronha. **Pedagogia Social: Revista Interuniversitária**, 2020, n. 36, p. 46-61.

BOHM, D. **Diálogo: comunicação e redes de convivência**. São Paulo: Palas Athena, 2005.

BRASIL. Ministério do Meio Ambiente. Diretoria de Educação Ambiental; Ministério da Educação, Coordenação Geral de Educação Ambiental. **ProNEA: Programa Nacional de Educação Ambiental**. 5. ed. Brasília, 2018. 104 p.

BUBER, M. **Eu e Tu**. 2ª ed. São Paulo: Cortez & Moraes, 1979.

BUBER, M. **Do diálogo e do dialógico**. São Paulo: Perspectiva, 2014.

BUSSEY, M. Critical Spirituality: NeoHumanism as Method. **Journal of Futures Studies**, 5(2):21-35, 2005.

BUSSEY, M. Critical Spirituality: Towards a Revitalised Humanity. **Journal of Futures Studies**, 10(4): 39 – 44, 2006.

CHAKRABARTY, D. The Climate of History: Four Theses. **Critical inquiry** 35.2:197-222; 2009.

DELANTY, G. **Os desafios da globalização e a imaginação cosmopolita: as implicações do Antropoceno. Sociedade e Estado**, v. 33, n. 2, p. 373–388, ago. 2018. Disponível em: http://www.scielo.br/scielo.php?script=sci_arttext&pid=S0102-69922018000200373&lng=pt&tlng=pt .

FREIRE, P. **Extensão ou comunicação?** 8ª ed. Rio de Janeiro: Paz e Terra, 1983.

FREIRE, P. **Pedagogia do Oprimido**. 10ª ed. Rio de Janeiro, Paz e Terra, 1981.

HARAWAY, D. Entrevista à Juliane Fausto, Eduardo Viveiro de Castro e Debora Danowski e exibida no Colóquio Internacional Os Mil Nomes de Gaia: do Antropoceno à Idade da Terra no dia 18/09/2014. Disponível em: https://www.youtube.com/watch?v=1x0oxUHOlA8 .

HARAWAY, D. **Staying With the Trouble: Making Kin in the Chthulucene**. Durham: Duke University Press, 2016a.

HARAWAY, D. Antropoceno, Capitaloceno, Plantationoceno, Chthuluceno: fazendo parentes. **ClimaCom**, ano 3, n. 5, "Vulnerabilidade", 2016b. Disponível em: <climacom.mudancasclimaticas.net.br/?p=5258>.

HARAWAY, D.; ISHIKAWA, N.; GILBERT, S.; OLWIG, K.; TSING, A. L. & BUBANDT, N. Anthropologists Are Talking – About the Anthropocene, **Ethnos**, 81:3, 535-564, 2016. Disponível em: https://www.tandfonline.com/doi/full/10.1080/00141844.2015.1105838 .

DOOREN, T.; KIRKSEY, E.; MÜNSTER, U. Estudos multiespécies: cultivando artes de atentividade. Trad. Susana Oliveira Dias. **ClimaCom** [online], Campinas, Incertezas, ano 3, n. 7, pp.39-66, Dez. 2016. Available from: http://climacom.mudancasclimaticas.net.br/wpcontent/uploads/2014/12/07-Incertezas-nov-2016.pdf .

FASANELLO, M. T.; NUNES, J. A.; PORTO, M. F. Metodologias colaborativas não extrativistas e comunicação: articulando criativamente saberes e sentidos para a emancipação social. **RECIIS – Revista Eletrônica de Comunicação, Informação e Inovação em Saúde, Rio de Janeiro,** v. 12, n. 4, p. 396-414, out./dez. 2018. Disponível em: https://www.arca.fiocruz.br/handle/icict/30835?mode=full

JAUMONT, J.; VARELLA, R. V. S. A Pesquisa Militante na América Latina: trajetória, caminhos e possibilidades. **Revista Direito e Práxis**, v.7, n.1, 2016. Disponível em: https://www.e-publicacoes.uerj.br/index.php/revistaceaju/article/view/21833 .

KOPENAWA, D.; ALBERT, B. **A Queda do Céu: Palavras de um Xamã Yanomami.** Tradução de Beatriz Perrone-Moisés. São Paulo, Companhia das Letras, 2015.

KRENAK, A. **Ideias para adiar o fim do mundo.** São Paulo, Companhia das Letras, 2019.

MONTEIRO, R. A. A.; TOLEDO, R. F.; JACOBI, P. R. Dialogue Method: A Proposal to Foster Intra and Inter-community Dialogic Engagement. **Journal of Dialogue Studies**, v. 9, p. 164-188, 2021b.

MONTEIRO, R. A. A.; TOLEDO, R. F.; JACOBI, P. R. Diálogo: conceito, princípios epistemológicos e implicações éticas. **Vozes e Diálogo (UNIVALI)**, v. 20, p. 19-32, 2021a.

MORIN, E. **Os setes saberes necessários à educação do futuro.** São Paulo: Cortez Editora, 2014. 102 p.

NEPOMUCENO, T. **Educação ambiental & espiritualidade laica: horizontes de um diálogo iniciático.** 2015. 348 p. Tese (Doutorado em Cultura, Organização e Educação) – Faculdade de Educação, Universidade de São Paulo, São Paulo, 2015.

OCA. Arte e Espiritualidade na Educação Ambiental. **Revista Hipótese**, v. 4, p. 3-19, 2018.

SARKAR, P. R. **Nuclear Revolution**. In: Prout in a Nutshell – volume 4, parte 21. Ranchi, 1969. Electronic Edition of the Works of P. R. Sarkar.

SARKAR, P. R. **Yoga Sádhaná**. Portugal: Publicações Ananda Marga Portugal, 2019. 202 p.

SORRENTINO, M. ; PORTUGAL, S. ; PAZOS, A. S.; VAZQUEZ, C. V. Por una nueva cultura de la tierra, tierra y territorio: rutas de transición para sociedades sustentables. **Carpeta Informativa del CENEAM**, v. 1, p. 3-9, 2020. Disponível em: https://www.miteco.gob.es/es/ceneam/articulos-de--opinion/2020-04-sorrentino_tcm30-508184.pdf .

STENGERS, I. **No tempo das catástrofes – resistir à barbárie que se aproxima**. São Paulo (SP): Cosac & Naify, 2015.

SZTUTMAN, R. Retomar a Terra ou como resistir no Antropoceno – projeto ANTROPOCENAS. **Revista Antrocenas**. 2017. Disponível em: https://www.buala.org/pt/a-ler/retomar-a-terra-ou-como-resistir-no-antropoceno-projeto-antropocenas .

TASSARA, E. T.; ARDANS-BONIFACINO, H. O.; OLIVEIRA, N. N. Psicologia socioambiental: uma psicologia social articulando psicologia, educação e ambiente. **Revista Latinoamericana de Psicologia**. V. 45, N. 3, 2014.

TONIOL, R. « Atas do espírito: a Organização Mundial da Saúde e suas formas de instituir a espiritualidade », **Anuário Antropológico** [Online], II | 2017. Disponível em: http://journals.openedition.org/aa/2330 ; DOI : 10.4000/aa.2330

TROVARELLI, R. A. **Do antropoceno à transição para sociedades sustentáveis: formação de profissionais em educação ambiental**. 2021. 232 p. Tese (Doutorado em Ciências) – Universidade de São Paulo – Interunidades, Piracicaba, 2021.

TSING, A. **The Mushroom at the End of the World: On the Possibility of Life in Capitalist Ruins**. Princeton, Princeton University Press, 2015.

VERUSSA, P. M. Metacognição e a Emergência de uma Pedagogia Científico--Espiritual: Instrumentos de ampliação e ressignificação da Educação. In: BATAGLIA, P. U. R., ALVES, C. P. (Org). **Humanização e educação integral refletindo sobre rotas alternativas**. – Marília: Oficina Universitária; São Paulo: Cultura Acadêmica, 2020, p. 101-124.

Crise Ecológica e Educação para a Cidadania Ambiental[1]

Severino Soares Agra Filho[2]

Resumo

A crise ecológica emerge, em face dos constrangimentos e dos conflitos impostos à sociedade e das restrições às condições de vida, e consolida a percepção da sociedade e das instituições que a questão ambiental possui uma ligação intrínseca com as relações de apropriação dos recursos naturais e suas implicações nos ecossistemas biofísicos e, sobretudo, da inadequação dos sistemas de produção para prover as demandas sociais. Nesses termos, torna-se premente uma educação ambiental que promova o exercício da *cidadania* como condição determinante na discussão da problemática ambiental e sua inserção nas instâncias de decisões políticas como direito fundamental, a *cidadania ecológica.* A educação ambiental para a cidadania ambiental tem como propósito primordial a construção e compreensão coletiva de uma nova racionalidade nas formas de interação e intervenção ambiental, visando uma produção social comprometida com a melhoria da qualidade de vida em todas as suas formas.

Introdução

Historicamente, a questão ambiental sempre foi percebida como algo circunscrito às condições biofísicas ou do ambiente natural. Essa percepção predominava, sobretudo, pelo fato de as decisões dos agentes e das instâncias institucionais serem norteadas pelo modelo de desenvolvimento seguido, simploriamente vinculado ao crescimento econômico e, portanto, restrito à dimensão econômica. Essa visão ou convicção era

---

1 Texto decorrente do Seminário Crise Ambiental e Educação /Congresso 75 anos UFBA.
2 Professor do Departamento de Engenharia Ambiental.

regida pelo paradigma tecnocêntrico, que se baseia na ideia de que os recursos são infinitos e, acima de tudo, que as externalidades negativas poderiam ser corrigidas com o progresso tecnológico.

A problemática ambiental tornou-se evidente nas décadas finais do século XX, a partir das crescentes e diversas indicações dos resultados nefastos do processo de desenvolvimento praticado, que estavam gerando a degradação ambiental nas dimensões biofísicas e socioeconômicas. Essas evidências motivaram as instituições internacionais a promoverem debates para questionar e refletir sobre o processo de desenvolvimento vigente. Assim, emerge um estado de crise ecológica em face dos constrangimentos e dos conflitos impostos à sociedade, das restrições às condições de vida, bem como das ameaças que esse estado de incertezas representa para a humanidade.

A percepção da evolução da crise ecológica é ampliada pelo processo crescente de conscientização da sociedade, com maior sensibilidade social para as questões ambientais e maior compreensão das ameaças das mudanças climáticas, da finitude dos recursos naturais e da perda biodiversidade do Planeta, e de suas consequências predatórias na qualidade de vida em todas as suas formas. Torna-se crescente, também, o engajamento da sociedade no exercício de sua cidadania nas ações políticas, reivindicando a promoção de alternativas de desenvolvimento integrado em suas diversas dimensões sociais, culturais, ecológicas, econômicas e institucionais. Alinhado com a mesma visão, Moraes (1994)[3] salienta que a questão ambiental abrange dimensões econômicas, culturais e políticas e, portanto, é uma "faceta" das relações sociais.

Dessa forma, fica patente que o enfrentamento da crise ecológica exige da sociedade um desafio primordial: a construção desse novo desenvolvimento e das condições de transição; e a estruturação das bases fundamentais para um cenário desejado de uma qualidade ambiental adequada à uma vida saudável.

---

3 MORAES, Antônio Carlos Robert. *Meio ambiente & Ciências Humanas*. São Paulo: Hucitec, 1994.

Em escala planetária, a crise ecológica se torna evidenciada com o seu reconhecimento institucional, a partir da década de 1970, quando a questão ambiental motivou a Conferência de Estocolmo, em 1972. Nessa conferência, as nações estabeleceram um marco importante ao considerarem a interdependência entre a questão ambiental e o processo de desenvolvimento, a necessidade do ecodesenvolvimento. Assim, consolida-se a percepção, nas instituições e nos agentes internacionais, de que a questão ambiental possui uma relação intrínseca com as relações de apropriação dos recursos naturais, suas implicações nos ecossistemas biofísicos e, sobretudo, a inadequação dos sistemas de produção para prover as demandas sociais. Essa percepção revela que tal crise abrange dimensões culturais e civilizatórias e, nessa perspectiva, impõe a construção de uma ética ambiental. Essa visão foi consignada na Conferência do Rio, em 1992, quando se adotou a perspectiva de um *desenvolvimento sustentável* como princípio para almejar sociedades sustentáveis, como proposto por Diegues (1995, apud VIEIRA, 2001).

Os resultados desses eventos refletiram o reconhecimento da comunidade internacional em relação à premência do redirecionamento dos processos de produção social, que se revelava socialmente injusto e gravemente predatório. Esse reconhecimento se materializou na **Carta da Terra**, uma declaração dos princípios éticos fundamentais para a construção de uma sociedade global justa, sustentável e pacífica no século XXI. Para tanto, postula-se um processo de desenvolvimento apropriado ao ambiente biofísico e socioeconômico, ou seja, a promoção de uma sociedade saudável. Essa perspectiva foi reafirmada e consagrada pela *Declaração de Thessaloniki*[4], quando se reafirmou que "o conceito de sustentabilidade não se restringe ao ambiente físico, mas também abrange as questões da pobreza, população, segurança alimentar, democracia, direitos humanos e paz".

---

4 Conferência Internacional sobre Meio Ambiente e Sociedade: Educação e Consciência Pública para a Sustentabilidade, organizada pela UNESCO e o governo da Grécia de 8 a 12 de dezembro de 1997,

O enfrentamento desse desafio requer, como imperativo, a formulação e compreensão coletiva de uma nova racionalidade nas formas de interação e intervenção ambiental para uma produção social comprometida com a melhoria da qualidade de vida em todas as suas formas. Desse modo, as opções e alternativas de desenvolvimento social tornam-se uma questão de decisão política sobre as formas de apropriação dos sistemas ambientais, bem como das estruturas de demandas e de produção compatível com o desejo de uma vida saudável, constituindo-se, portanto, uma ecologia política ou a ecopolítica. A ecologia política ressalta, como assinala Layrargues (2013), a relevância de priorizar a natureza como fundamental para a existência humana, que, portanto, não deve ser vista apenas como fonte de recursos. Nesse sentido, esclarece o autor que a atenção deve ser focada nos "modos pelos quais agentes sociais disputam e compartilham recursos naturais e ambientais e em qual contexto ecológico tais relações se estabelecem". (FOLADORI, 2001 apud LOUREIRO; LAYRARGUES, 2013). Como adverte Muniz (2009, p. 181), é fundamental rejeitar o modelo de desenvolvimento econômico vigente, que "adota ações e práticas nas quais prevalece a lógica do uso privado dos bens de uso comum". Nessa perspectiva, as opções e alternativas de desenvolvimento devem ser submetidas previamente às diversas instâncias decisórias, com efetiva participação direta da sociedade, a principal fonte de legitimidade das políticas públicas.

Assim, o exercício da *cidadania* é determinante na discussão da problemática ambiental e de sua inserção nas instâncias de decisões políticas como direito fundamental, a *cidadania ecológica*, conforme preconiza a Constituição Federal (BRASIL, 1988) ao determinar, no artigo 225, que *"todos têm direito ao meio ambiente ecologicamente equilibrado, bem de uso comum do povo e essencial à sadia qualidade de vida, impondo-se ao poder público e* <u>à coletividade o dever de</u> *defendê-lo e preservá-lo para as presentes e futuras gerações".* (Grifo nosso).

A *cidadania ambiental* traz um cenário de responsabilidade individual e coletiva pela inserção da ética ecológica. Cabe à sociedade honrar a conquista desse direito de exercer sua efetiva **cidadania ambiental,** reivindicando condições ambientais indispensáveis para uma vida saudável, e, principalmente, buscar maior engajamento nas lutas sociais e participação nas diversas formas de interferir nas instâncias políticas. Como nos alerta Paulo Freire (FREIRE, 2000, p.13): "Urge assumirmos o dever de lutar pelos princípios éticos fundamentais como o respeito à vida dos seres humanos, à vida dos outros animais, à vida dos pássaros, à vida dos rios e das florestas."

A despeito das diversas implicações que essa nova racionalidade exigirá, torna-se inevitável conduzir o processo educacional sob uma nova ótica. A partir da compreensão da crise civilizatória que vivemos, deve-se promover uma educação crítica que considere indispensável construir uma base comum de valores humanistas no seu entendimento pleno. Ou seja, que inclua a sua interdependência existencial com os não humanos. A educação crítica, como esclarece Loureiro e Layrargues (2013), propicia uma "abordagem pedagógica que problematiza os contextos societários em sua interface com a natureza", assumindo, assim, o entendimento de que "a causa constituinte da questão ambiental tem origem nas relações sociais, nos modelos de sociedade e de desenvolvimento prevalecentes"; o autor também considera que "não é possível conceber os problemas ambientais dissociados dos conflitos sociais." (LOUREIRO; LAYRARGUES, 2013, p. XX). Desse modo, a ação educacional é primordial na formação da *cidadania ambiental*, como exercício fundamental da ecologia política para a conquista dos direitos coletivos na autodeterminação dos povos, direito ao ambiente saudável, à paz, entre outros indispensáveis à plenitude da dignidade humana.

A formação da **cidadania ambiental** deve promover a capacitação e compreensão pela sociedade das relações do processo de desenvolvimento com as mudanças climáticas, por exemplo, bem como as suas implicações na saúde, na produção de alimentos etc. O desafio se torna, então, engendrar essas relações no senso comum, visando ao fortalecimento da sociedade no enfrentamento dessas questões. Como nos ensina Paulo Freire (2000), é fundamental a condução de uma pedagogia crítica radical libertadora sobre a realidade, uma pedagogia que permita às comunidades conquistar seus direitos e reivindicar um ambiente saudável. Isso exigirá mudanças fundamentais nas concepções que norteiam o sistema de produção e consumo para atender às demandas sociais. Nessa lógica, é indispensável a condução de uma educação ambiental para a cidadania, entendida como uma ação de capacitação da sociedade para o controle social na gestão ambiental pública. Nesses termos, entendo ser apropriada a proposta de Layrargues (2002 p. 191):

> [u]m processo educativo eminentemente político, que visa ao desenvolvimento nos educandos de uma consciência crítica acerca das instituições, atores e fatores sociais geradores de riscos e respectivos conflitos socioambientais. Busca uma estratégia pedagógica do enfrentamento de tais conflitos a partir de meios coletivos de exercício da cidadania, pautados na criação de demandas por políticas públicas participativas conforme requer a gestão ambiental democrática.

A promoção educacional necessária para a *cidadania ambiental* requer mudanças de valores sociais, tendo como foco norteador a superação do paradigma *tecnocêntrico* e a construção de uma cultura regida pelo paradigma *ecocêntrico*. O paradigma *ecocêntrico* considera ser uma perspectiva fundamental a adoção dos princípios da prudência ecológica nas decisões sobre intervenções humanas e, sobretudo, na busca de alternativas alinhadas e compatíveis com os objetivos de um desenvolvimento sustentável, que garanta uma efetiva participação social no sistema de governança dos processos decisórios.

Entende-se que é um desafio primordial para a educação promover as condições de engendramento de mudanças culturais substantivas. A implementação dessas mudanças exigirá, como esclarece Leff (2001, p. 205), o investimento em processos de "construção de uma racionalidade alternativa capaz de compreender, promover, mobilizar e articular os processos naturais, tecnológicos e sociais que abram as opções para *outro desenvolvimento*." (grifo do autor) .

A condução dessa abordagem envolve desafios pedagógicos e didáticos e a construção de elementos cognitivos constitutivos da epistemologia ambiental – algo incomum nas práticas educacionais existentes –, os quais propiciem a apreensão de procedimentos metodológicos facilitadores de uma melhor compreensão da realidade, "buscando articular diferentes conhecimentos para abranger as múltiplas relações, causalidades e interdependências que estabelecem processos nas diversas esferas da materialidade: física, biológica, cultural, econômica e social" (LEFF, 2001, p. 206). Esses desafios exigirão e estarão subordinados à viabilização de outros desafios concorrentes, que abrangem a questão da governança institucional, a transparência governamental das informações e a revisão da concepção dos procedimentos e das estruturas e educacionais.

No plano institucional, será indispensável uma nova estrutura de governança no delineamento das políticas públicas educacionais, visando a um ambiente institucional democrático que assegure uma efetiva participação social nas instâncias de decisão. No plano da transparência governamental, considerando, sobretudo, o acesso pleno das informações, torna-se imperativo haver a disponibilidade sistemática e acessível das informações das condições ambientais. Em relação à concepção dos procedimentos e das estruturas pedagógicas, é necessária uma revisão adequada dos espaços educacionais de educação formal e informal.

A efetivação de uma educação ambiental crítica requer, entre outras tarefas, trabalhar as mudanças, a despeito de suas dificuldades (WEBER 1964). A impossibilidade e os desafios de mudanças não podem ser considerados obstáculos para o propósito da cidadania ambiental, mas, ao contrário, devemos ressaltar a recomendação de Weber (1964), que nos instiga ao lembrar que o possível não seria atingido se o homem não houvesse tentado alcançar o impossível.

Referências

BRASIL. *Constituição da República Federativa do Brasil*. Brasília, DF: Senado, 1988.

FREIRE, Paulo. *Pedagogia da indignação:cartas pedagógicas e outros escritos*. São Paulo: Unesp, 2000.

LOUREIRO, C. F. B.; LAYRARGUES, P. P. Ecologia política, justiça e educação ambiental crítica: perspectivas de aliança contra hegemônica. *Trabalho, Educação e Saúde*, Rio de Janeiro, v. 11, n. 1, p. 53-71, jan. -abr. 2013.

LAYRARGUES, P. P. A crise ambiental e suas implicações na educação. In: QUINTAS, J. S. (Org.). Pensando e praticando *a educação ambiental na gestão do meio ambiente*. 2. ed. Brasília: Ibama. 2002. p.159-196.

LEFF, H. *Saber ambiental: sustentabilidade, racionalidade, complexidade, poder*. Trad. Lúcia Mathilde Endlich Orth. Petrópolis, RJ: Vozes, 2001.

MUNIZ, L. M. Ecologia Política: o campo de estudo dos conflitos socioambientais. *Revista Pós Ciências Sociais*, v.6, n.12, 2009.

UNESCO. Conferência Internacional sobre Meio Ambiente e Sociedade: Educação e Consciência Pública para a Sustentabilidade, organizada pela UNESCO e o governo da Grécia de 8 a 12 de dezembro de 1997.

VIEIRA, L. *Cidadania e globalização*. 5ª ed. Rio de Janeiro: Record, 2001.

WEBER, Max. *Economia e Sociedade*. México: Fondo de cultura económica. 1964

Crise ambiental global: oportunidade para promover mudanças estruturais na relação entre ciência, política e sociedade

Margareth Peixoto Maia[*,1,3]*; Pedro Luís Bernardo da Rocha*[22,3]*; Blandina Felipe Viana*[2,3]*; Maria Salete Souza de Amorim*[3,4]*; Renata Pardini*[3,5]*; Elizabeth Maria Souto Wagner*[6]*; Nayra Rosa Coelho*[7]*; e Ana Carolina Queique*[8]*.

As tentativas de superação dos problemas socioecológicos, derivados da crise ambiental global, podem representar oportunidades para que se estreitem as relações entre ciência, política e sociedade, de modo a ampliar a relevância social da ciência, propiciar benefícios para todos os setores sociais envolvidos e contribuir para o fortalecimento da democracia.

Após caracterizar os problemas socioecológicos como problemas da esfera pública e, assim, "perversos", apresentamos uma diversidade de exemplos recentes de processos de aproximação entre ciência, política e sociedade, vinculados às atividades de formação de nível superior, que são resultantes de parcerias entre diferentes instituições, organizações não governamentais e coletivos voltados para a superação de problemas socioecológicos do estado da Bahia. Com isso, esperamos contribuir para o avanço da produção de conhecimentos e práticas no campo da educação, além do fortalecimento da relação entre ciência, política e sociedade.

---

1   Instituto Mãos da Terra;
2   Instituto de Biologia, Universidade Federal da Bahia;
3   Instituto Nacional de Ciência e Tecnologia em Estudos Inter e Transdisciplinares em Ecologia e Evolução;
4   Faculdade de Filosofia e Ciências Humanas, Universidade Federal da Bahia;
5   Instituto de Biociências, Universidade de São Paulo;
6   Frente Parlamentar Ambientalista da Bahia;
7   Universidade Estadual de Santa Cruz;
8   Frente Socioambiental de Piatã

Problemas socioecológicos, políticas públicas e participação social

A humanidade vive uma crise socioecológica sem precedentes. Ela afeta as pessoas de forma desigual, penalizando, especialmente, as populações mais pobres e vulneráveis, acentuando desigualdades sociais. Assim, é necessária a formulação de políticas públicas específicas, que levem em conta as complexas interações entre fatores climáticos e socioeconômicos (Capelli *et al.*, 2021; Oswald *et al.*, 2020) e que contribuam para a resolução de problemas socioecológicos. Neste sentido, os diferentes campos da ciência que procuram compreender o funcionamento de sistemas complexos, como os ecossistemas, as sociedades e suas interações, podem oferecer uma contribuição relevante ao processo de formulação dessas políticas. Contudo, é importante compreender o caráter dos problemas a serem enfrentados pelas políticas públicas para apreciar as potencialidades e limites das contribuições da ciência nesse campo.

No entanto, os problemas socioecológicos são da esfera pública, estando, portanto, relacionados ao campo de políticas públicas (Crowley e Head, 2017). Os problemas socioecológicos desafiam as soluções tecnocráticas: a própria formulação do que representa o problema numa dada situação, usualmente, é contestada, de modo que uma proposta de solução que não seja acordada entre os setores envolvidos sequer é percebida como uma opção por parte desses setores. Esse caráter "perverso" (Rittel e Webber, 1973) dos problemas socioecológicos está associado à falta de concordância entre as partes envolvidas, tanto a respeito de quais são os fatos relevantes para caracterizar o sistema (dimensão factual do problema) como a respeito do que deveria ser melhorado no sistema (dimensão normativa do problema) (Bannik e Trommel, 2019). Na dimensão factual, a falta de concordância deriva do fato de que sistemas socioecológicos são complexos, o que faz com que diferentes pessoas conheçam uma variedade de fatos sobre os sistemas, com relações de causa e efeito pouco claras e de difícil previsão (Pardini *et al.*, 2021; Turnbull e Hoppe, 2019; Crowley e Head, 2017). Na dimensão normativa, a falta de concordância deriva da diversidade de sistemas de valores adotados pelos atores envolvidos com o problema, que possuem diferentes perspectivas sobre o que representa um mundo melhor, e, também, da diversidade de interesses envolvidos (Bannik e Trommel, 2019). Adicionalmente, em cada indivíduo, seu sistema de valores tende a influenciar os fatos percebidos ou trazidos para o debate público, seja por meio de processos conscientes de disputa de poder ou de processos inconscientes que enviesam o raciocínio, como a cognição quente (Lodge e Taber, 2016). Assim como outros membros da sociedade, cada cientista conhece apenas parte dos fatos de um sistema socioecológico, possui um sistema de valores particular e está sujeito a processos inconscientes de enviesamento de raciocínio. Dessa forma, cientistas interessados em contribuir para a resolução de problemas socioecológicos devem se preparar para enfrentar os desafios dos problemas perversos, atuando na interface entre ciência, política e sociedade.

Particularmente, para os pesquisadores do campo das ciências naturais, é importante, ainda, uma aproximação em relação ao conhecimento produzido no campo das políticas públicas. Neste sentido, é fundamental definir o que são políticas públicas. Não há consenso entre pesquisadores sobre o seu conceito, mas, como campo de conhecimento (*Policy sciences*), teve origem na década de 1950, com a publicação "*The Policy Orientation*", de Harold Lasswell (Almeida e Gomes, 2018). Seu conceito também pode se referir a uma declaração do governo do que pretende fazer, por meio de lei, regulamento, norma, decisão, ordem ou uma combinação desses atos. E sua ausência também pode configurar uma declaração implícita de política pública, como uma política tácita (Birkland, 2015).

Nas décadas de 1970 e 1980, com o crescimento e consolidação dos estudos de políticas públicas como ciência, houve um avanço nos modelos de análise que buscavam organizar e sistematizar a literatura do campo, caracterizando o processo de política pública em fases ou estágios sequenciais, denominando-o de Ciclo de Políticas Públicas (Almeida e Gomes, 2018; Birkland, 2015). Apesar das críticas à validade teórica desse ciclo como modelo, seu status como ferramenta analítica para pesquisas no campo de políticas públicas ainda se mantém. Atualmente, a diferenciação nas fases de formação de agenda, formulação de políticas públicas, tomada de decisão, implementação e avaliação da política pública implementada (eventualmente levando ao término) tornou-se a maneira convencional de descrever um processo de política pública (Fischer *et al.*, 2007).

A formulação de uma política pública visa à resolução de um problema da esfera pública, a partir da incorporação deste em sua agenda (*agenda-setting*). Assim, a primeira fase do ciclo, denominada "formação de agenda", caracteriza-se pela necessidade de que um problema social seja definido como tal, que a demanda de intervenção do Estado seja expressa e que o problema social seja realmente colocado na agenda para consideração séria de uma ação pública. Na fase de formulação, os problemas, as propostas e as demandas expressas são transformados em políticas públicas e programas de governo, incluindo a definição dos objetivos da política e as alternativas de ação. A tomada de decisão se refere à etapa seguinte, em que uma decisão formal é tomada, definindo a política pública, seus respectivos objetivos e suas estratégias de ação. Alguns autores consideram que uma separação clara entre formulação e tomada de decisão é, muitas vezes, impossível, tratando-a como uma subfase de uma etapa do ciclo de políticas públicas. Considerada uma fase crítica por alguns autores, a fase de execução, ou aplicação de uma política pelas instituições e organizações responsáveis, é chamada de implementação. Em linhas gerais, a fase de avaliação busca investigar se os objetivos e impactos pretendidos da política pública formulada foram alcançados. Contudo, não está associada apenas à etapa final do ciclo, pois sua perspectiva é aplicada a todo o processo de formulação de políticas públicas (Birkland, 2015; Fischer et al., 2007).

As políticas públicas estão sob forte influência de ideologias e interesses de diversos atores formalmente (Executivo, Legislativo, Judiciário e partidos políticos) ou informalmente instituídos, a exemplo da sociedade civil, do mercado entre outros (Almeida e Gomes, 2018). Em todas as fases do ciclo de políticas públicas, o processo sofre influência de partes interessadas (*stakeholders*), mas a assimetria de poder entre elas pode fazer com que a grande maioria tenha baixa capacidade de influência.

Uma questão importante que emerge desse cenário é que se os processos de políticas públicas podem ser cooptados por setores com maior poder, como é possível criar políticas públicas que se livrem dessa influência e efetivamente consigam que os demais setores tenham igual capacidade de influência? A resposta parece indicar uma estratégia mais sistêmica, na direção do fortalecimento da democracia, com os setores que detêm menos poder votando em seus reais representantes, que os apoiariam no balanço de forças, visando ao estabelecimento de políticas públicas mais justas, além do fortalecimento das instituições públicas. Ressalta-se, portanto, a importância de ocorrer a participação do controle social em todas as fases do Ciclo de Políticas Públicas, desde a formação de agenda, garantindo que um problema socioambiental seja foco de uma política pública específica, até as demais etapas de formulação, de tomada de decisão quanto à política que deve ser estabelecida e de sua implementação e avaliação (Figura 1).

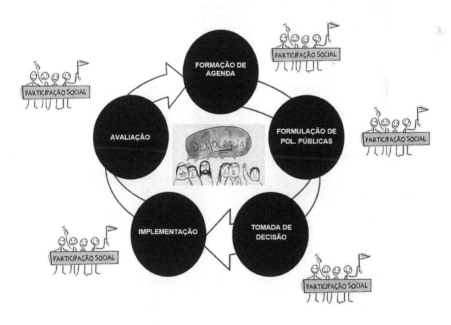

Figura 1. Forma convencional de descrever as fases do Ciclo de Políticas Públicas
(Adaptado de Fischer et al., 2007)

A complexidade dos problemas socioecológicos demanda a construção coletiva de uma cidadania socioecológica, uma vez que, segundo Morgado e Gozetto (2019), "*a construção de uma sociedade e um país mais justos, sustentáveis e democráticos, demanda uma sociedade civil capaz de implementar estratégias efetivas de incidência nas políticas públicas*". Entretanto, os problemas ambientais exigem estratégias complexas, pactuadas e viáveis, além de uma atuação na fronteira entre ciência, política e sociedade (Crowley e Head, 2017; Hajer, 2003). Como os problemas socioecológicos não têm apenas uma dimensão factual simples, resoluções tecnocráticas não são adequadas ou lícitas. Por isso, há necessidade de mediação política na busca de soluções acordadas e interação entre setores da ciência, política e sociedade. A literatura tem demonstrado que produzir mais ciência não assegura seu uso na resolução de problemas sociais, e uma das condições para que o conhecimento científico seja usado na prática social de resolução de problemas é que haja uma integração entre o que é produzido pelo cientista e o que é demandado pela sociedade (Fraser *et al.*, 2018; McNie et al., 2016; Wigren-Kristoferson, Gabrielsson e Kitagawa, 2011).

Atuação na interface entre ciência, política e sociedade: abordagens transdisciplinares e de coprodução e metodologias participativas

Os complexos problemas socioambientais demandam estratégias pactuadas entre os diversos setores da sociedade, das quais destacamos as abordagens transdisciplinares e de coprodução e as metodologias participativas (pesquisa-ação, planejamento estratégico participativo, diagnóstico rápido participativo, entre outras), que fornecem um enfoque colaborativo na construção do conhecimento, além de alternativas para resolução de problemas socioambientais.

A coprodução, conduzida a partir de abordagens transdisciplinares, numa relação bidirecional (troca de conhecimentos e saberes), contribui para a coprodução de conhecimento adequado para lidar com problemas sociais complexos (Rocha *et al.*, 2019; Tegedor *et al.*, 2018;

Scholz e Steiner, 2015) e aprimora a incidência da participação social nas políticas públicas, auxiliando a construção de argumentos robustos e ampliando a relevância social da ciência. Essa compreensão vai ao encontro da "*ciência como um bem público, que deve atender a todos os grupos de partes interessadas que sigam as regras dos direitos humanos e constituições democráticas*" (Scholz e Steiner, 2015).

Endossamos o pressuposto de que a qualidade ambiental possui estreita relação com a qualidade da democracia, dada a importância do engajamento cívico na formulação de políticas públicas, capaz de garantir processos educativos e participativos mais efetivos, que visem ao protagonismo e ao empoderamento dos/as cidadãos/ãs na tomada de decisões referentes às questões ambientais. A democratização do conhecimento se concretiza na troca de saberes e compartilhamento de informações entre pesquisadores e partes interessadas da sociedade, numa aprendizagem mútua, especialmente no tocante às políticas ambientais. Esse processo pode revelar tensões e conflitos entre os participantes que possuem diferentes interesses, crenças e ideias a respeito das questões ambientais. Desse modo, as abordagens participativas têm um papel relevante e estratégico na busca do diálogo e interlocução com os diversos setores da sociedade, tendo em vista o alcance da sustentabilidade e do uso racional dos recursos naturais (Perz *et al.*, 2022; Rodrigues *et al.*, 2015; Putnam, 2002).

A ciência tem o desafio de lidar com problemas complexos do mundo real, e a opção pela transdisciplinaridade é uma das chaves para estabelecer conexão entre ciência e sociedade. Isso acontece a partir do reconhecimento e da valorização do saber ecológico tradicional/popular e, principalmente, por meio da interação, da comunicação e do compromisso entre pesquisadores e partes interessadas, que aprendem conjuntamente, em pé de igualdade, em um processo de coprodução do conhecimento. Do ponto de vista da ciência, a abordagem transdisciplinar pode estimular o desenvolvimento de novos métodos, teorias ou questões relacionadas ao meio ambiente, com modelos bidirecionais (Scholz e Steiner, 2015). Do ponto de vista político pode ser uma ferramenta para a democracia, que se fortalece com a participação ativa dos cidadãos na esfera pública, em colegiados, conselhos deliberativos, fóruns, movimentos sociais, organizações não governamentais, partidos políticos etc. A parceria entre ciência, sociedade e políticas públicas amplia e qualifica a incidência da participação social nessas políticas públicas.

A participação social pressupõe relações horizontais e envolve confiança interpessoal, cooperação, diálogo, diversidade, mobilização e tomada de decisão. As abordagens participativas possuem um caráter propositivo e têm sido amplamente utilizadas por pesquisadores e formuladores de políticas públicas, de maneiras distintas, mas com objetivos comuns: estabelecer relação de confiança entre pesquisadores e partes interessadas e promover a participação e a interação dos envolvidos em todas as etapas da pesquisa. Entre elas, destaca-se a pesquisa-ação, orientada para a ação coletiva e para a resolução de problemas sociais. A ênfase dessa estratégia metodológica consiste em três aspectos: 1) resolução de problemas; 2) tomada de consciência; e 3) produção de conhecimento. *"Com a pesquisa-ação, pretende-se alcançar realizações, ações efetivas, transformações ou mudanças no campo social"* (Thiollent, 2005, p. 45). Nesse sentido, as experiências práticas criam condições para a ação coletiva, que é organizada com um planejamento estratégico participativo. O Diagnóstico Rápido Participativo (DRP), de forma similar, tem como objetivo discutir os principais problemas vivenciados pela comunidade e traçar propostas de ações e possíveis soluções aos problemas. O método favorece uma ampla participação no processo do diagnóstico socioambiental, no qual cada participante fala livremente sobre suas preocupações quanto aos problemas vivenciados, bem como favorece o envolvimento dos participantes no processo do planejamento das ações por meio da técnica de visualização de tarjetas (Brose, 2010).

As abordagens participativas têm potencial para gerar conhecimento, mobilizar grupos sociais para formular proposições e encaminhamentos de suas demandas, despertar a consciência sobre as questões ambientais e avaliar criticamente a atuação dos órgãos ambientais do Estado quanto à efetividade das leis, assim como alertar sobre possíveis lacunas na legislação ambiental. A utilização das abordagens transdisciplinares e participativas, no âmbito da extensão universitária, tem sido bastante profícua, tanto para pesquisadores e alunos como para as comunidades envolvidas.

Atividades e produtos desenvolvidos na interface ciência-política e sociedade

Ampliar a conexão entre ciência e política pública é essencial para lidar com problemas sociais complexos, sendo necessária a formação de parcerias por meio de comunidades de prática e coprodução entre cientistas de diferentes disciplinas, tomadores de decisão e as partes interessadas na resolução de problemas ambientais (Pardini *et al.*, 2021; Rocha *et al.*, 2019). A ampliação do diálogo e a conexão entre ciência e política pública demandam a atuação de instituições e/ou indivíduos capazes de cruzar fronteiras de conhecimentos e saberes entre ciência, tomadores de decisão e sociedade, cujo campo conhecido na literatura científica mais recente é *Boundary spanning* ("transposição de fronteiras"), que envolve mediação e processos de troca de conhecimentos mais abrangentes e inclusivos (Goodrich *et al.*, 2020; Bednarek *et. al.*, 2018; Jesiek *et al*, 2018). Alguns autores sugerem que abordagens de *boundary spanning* têm potencial para aumentar a usabilidade e relevância social da ciência; propiciar condições para incorporação de novas evidências e perspectivas nas tomadas de decisão de sustentabilidade; contribuir para políticas públicas e processos de tomada de decisão mais duradouros; e identificar oportunidades atuais e futuras para que a ciência possa informar as políticas públicas como "janelas de políticas públicas" (Bednarek *et. al.*, 2018).

Organizações Não Governamentais (ONG), a exemplo do Instituto Mãos da Terra (Imaterra), podem atuar como *Boundary spanner*, ampliando conexões na interface ciência-política e sociedade, por meio da mediação, construção de pontes e intermediação de conhecimentos e saberes entre cientistas, tomadores de decisão e representantes de outras ONGs, coletivos e movimentos sociais interessados em problemas socioambientais. Nesse contexto, descrevemos, aqui, exemplos de atividades e produtos desenvolvidos por meio de parcerias estabelecidas na interface entre ciência, política e sociedade, envolvendo cientistas do Instituto Nacional de Ciência e Tecnologia (INCT), em Estudos Interdisciplinares e Transdisciplinares em Ecologia e Evolução (IN-TREE), da Universidade Federal da Bahia (UFBA), Universidade Estadual de Santa Cruz (UESC) e Universidade de São Paulo (USP), a Frente Parlamentar Ambientalista da Bahia, o Imaterra, coletivos socioambientais (SOS Vale Encantado, Frente Socioambiental de Piatã, Fórum Popular da Natureza), além de representantes de outras ONGs, como o Grupo Ambientalista da Bahia (Gambá). As atividades e produtos descritos a seguir buscaram contribuir para a resolução de problemas socioecológicos, especialmente no estado da Bahia, a partir da construção de parcerias e conexões e da integração de conhecimentos e saberes entre cientistas, tomadores de decisão, representantes do Poder Legislativo, ONGs e coletivos com uma atuação na fronteira entre ciência, política e sociedade.

Curso de extensão: problemas sociais e ciência

Em 2018, um de nós (PLBR) ministrou o curso de extensão "Problemas sociais e ciência" para diversos membros de coletivos, movimentos e ONGs que atuam na área socioambiental, especialmente, do município de Salvador, mas também no estado da Bahia. O curso foi concebido para atender a uma demanda de formação levantada por representantes do Coletivo SOS Vale Encantado e mediada pela ONG Imaterra, no âmbito de uma parceria com pesquisadores do Projeto Integrador de Interação com a Sociedade do INCT IN-TREE. O escopo do citado curso de „extensão abrangeu conteúdos acadêmicos relacionados aos seguintes temas: (i) Problemas ambientais como problemas perversos; (ii) Estratégias para a resolução de problemas perversos; (iii) Visões sobre o papel da ciência na resolução de problemas perversos; e (iv) Processos transdisciplinares: sociedade, ciência e estado – ciência como bem público. O curso é considerado um marco pelos participantes, tendo superado as expectativas dos ativistas, que já manifestaram o desejo de realização de novas turmas (Figura 2).

Figura 2. Curso de extensão "Problemas sociais e ciência".

Parceria INCT IN-TREE, Frente Parlamentar Ambientalista da Bahia e Imaterra

No segundo semestre de 2019, foi estabelecida uma parceria entre a Frente Parlamentar Ambientalista da Bahia (FPA-BA), pesquisadores do INCT IN-TREE e a ONG Imaterra. Ente os objetivos, estavam gerar sistematizações do conhecimento científico sobre as causas e os efeitos socioecológicos da supressão de vegetação nativa na Bahia e contribuir para o aprofundamento das discussões sobre esse tema pela FPA-BA e nas políticas públicas de uma forma geral. Entre julho de 2019 e janeiro de 2021, as ações desenvolvidas no âmbito dessa parceria incluíram:

(a) a realização do seminário "Decorrências socioecológicas da supressão de vegetação natural da Bahia", em dezembro de 2019, no anfiteatro do Instituto de Biologia da UFBA;

(b) a realização do seminário "Supressão de vegetação nativa na Bahia: o que estamos perdendo?", em novembro de 2020, no modo on-line;

(c) a produção do documento intitulado "Supressão de vegetação nativa na Bahia: o que estamos perdendo?", disponibilizado em versão digital em novembro de 2020 (https://repositorio.ufba.br/handle/ri/32421) e em versão impressa em agosto de 2021;

(d) o audiovisual "9 coisas que você precisa saber sobre o desmatamento", disponibilizado on-line em janeiro de 2021 (https://www.youtube.com/watch?v=n7P8De3lqNo);

(e) e o audiovisual "Desmatamento na Bahia: Políticas Públicas e Ciência", disponibilizado on-line em fevereiro de 2021 (https://www. youtube. com/watch?v=Q0eyYBgnYcc).

A cartilha "Supressão de vegetação nativa na Bahia: o que estamos perdendo?" e o audiovisual "9 coisas que você precisa saber sobre o desmatamento" foram produzidos com base nos estudos sobre as autorizações de supressão de vegetação nativa (ASV) no estado da Bahia e nos dois seminários (Figura 3).

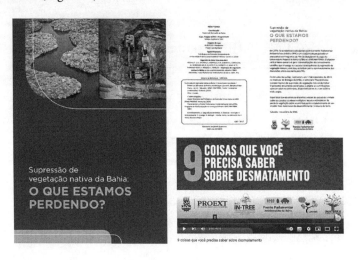

Figura 3. Cartilha "Supressão de vegetação nativa na Bahia: o que estamos perdendo?" e audiovisual "9 coisas que você precisa saber sobre o desmatamento", produzidos no âmbito da parceria entre pesquisadores do INCT IN-TREE, Frente Parlamentar Ambientalista da Bahia e Imaterra.

A construção da parceria e de relacionamentos entre pesquisadores do INCT IN-TREE e representantes da FPA-BA e do Imaterra foram fundamentais para a produção de conhecimento de grande relevância socioambiental, com potencial para qualificação da tomada de decisão relacionada às ASV no estado e disseminação de materiais de divulgação ajustados a diferentes contextos de decisão na interface entre ciência, política e sociedade. O deputado estadual Marcelino Galo, do Partido dos Trabalhadores (PT), é o coordenador geral da FPA-BA;

e Bete Wagner (assessora especial de Meio Ambiente da Presidência da Assembleia Legislativa da Bahia) é a coordenadora executiva da FPA-BA e Secretária Estadual de Meio Ambiente e Desenvolvimento (SMAD-BA) do PT. Como Bete Wagner acumula as funções de coordenadora executiva da Frente Parlamentar Ambientalista da Bahia e de secretária da SMAD-BA, as discussões e os debates, fomentados pelos resultados da parceria com a FPA-BA, criaram oportunidades de interação com diferentes instâncias do PT da Bahia, interessadas em aprofundar as discussões sobre os trabalhos produzidos e refletir sobre uma possível incorporação dos seus resultados nas diretrizes e resoluções políticas do partido. Nesse contexto, um dos desdobramentos políticos dessas interações se refere à "Resolução Política" do PT, aprovada em 13 de fevereiro de 2021, sobre a política ambiental implementada no estado, com especial foco no desmatamento autorizado. Ainda segundo relato da coordenadora executiva da FPA-BA, a parceria com o INCT IN-TREE e a ONG Imaterra foi fundamental para que a Diretoria Estadual do PT, em outubro de 2021, aprovasse uma diretriz de "Desmatamento Zero" no estado da Bahia.

Ação Curricular em Comunidade e em Sociedade (ACCS) "Ciênciaciência, comunicação e cidadania: engajamento da sociedade civil em ações para conservação dos serviços ecossistêmicos"

A ACCS é um "componente curricular, regulamentado na UFBA, na modalidade disciplina dos cursos de graduação e de pós-graduação, em que estudantes e professores da Universidade, em uma relação multidirecional com grupos da sociedade, desenvolvem ações de extensão no âmbito da criação, tecnologia e inovação, promovendo o intercâmbio, a reelaboração e a produção de conhecimento sobre a realidade com perspectiva de transformação" (Resolução 01/2013 CONSEPE-UFBA). No primeiro semestre de 2021, docentes e estudantes da ACCS "Ciência, comunicação e cidadania: engajamento da sociedade civil em ações para conservação dos serviços ecossistêmicos" associaram-se aos representantes da Frente Socioambiental de Piatã (Bahia) e da ONG Imaterra para coproduzirem materiais educativos e de divulgação para comunicação de conhecimentos locais e científicos sobre o uso da terra, contendo informações úteis e usáveis pelas comunidades locais do município de Piatã.

A aproximação com o grupo social aconteceu no segundo semestre de 2020, quando, preocupados com os impactos da mineração e a supressão da vegetação natural para implementação do agronegócio, alguns representantes das comunidades locais do município de Piatã procuraram docentes e estudantes, membros do projeto de ciência cidadã "Guardiões da Chapada" e do INCT IN-TREE, na UFBA, com a intenção de firmar uma parceria para enfrentamento desses problemas socioambientais. Ao longo do semestre, aconteceram encontros e atividades de extensão universitária com participação desses grupos sociais, até que, no início de 2021, o coletivo Frente Socioambiental de Piatã (criado no segundo semestre de 2020), docentes da UFBA e representantes da ONG Imaterra realizaram uma oficina para elaboração de um plano de ação estratégico participativo, a ser implementado pelas comunidades locais do referido município, que serviu de base para o desenvolvimento das atividades da ACCS. Assim, tendo em vista que um dos principais problemas socioambientais enfrentados pelos habitantes do município de Piatã diz respeito ao uso dos recursos hídricos, os materiais produzidos no primeiro semestre de 2021 tiveram como foco esse tema, abordado à luz da legislação ambiental e dos conhecimentos científicos disponíveis na literatura. O público-alvo foram agricultores familiares das comunidades locais do município, visando sensibilizá-los sobre a importância da conservação das áreas naturais para conservação e manutenção dos recursos hídricos, bem como para informá-los sobre as oportunidades das legislações atuais relacionadas ao Pagamento por Serviços Ambientais (PSA) e orientá-los na tomada de decisão qualificada sobre o uso sustentável dos recursos naturais (Figura 4).

Figura 4. Cartilha "Conservar a natureza faz bem pra vida e pro bolso!", produzida na ACCS "Ciência, Comunicação e Cidadania: engajamento da sociedade civil em ações para conservação dos serviços ecossistêmicos" de 2021.1.

As experiências anteriores contribuíram para estreitar laços e aumentar a confiança entre os envolvidos. Nesse sentido, também foi produzido o Podcast IN-TREE (https://www.instagram.com/tv/CSfnxTynAcc/?utm_medium=copy_link), que trouxe esclarecimentos sobre o assunto de Pagamento por Serviços Ambientais (PSA). Por meio de perguntas e respostas, o podcast tratou tanto a política em âmbito nacional quanto estadual, falou sobre a importância do instrumento e sua abordagem e divulgou as informações do curso de extensão ofertado no segundo semestre de 2021. Por meio do curso de extensão, deu-se continuidade às atividades, aprofundando discussões sobre valorização dos serviços ambientais entre as partes interessadas no município de Piatã. Grupos mistos, formados por estudantes, representantes do coletivo Frente Socioambiental de Piatã e de instituições governamentais e não governamentais do estado da Bahia e do município de Piatã, participaram do curso e produziram, ao longo do semestre, minutas de propostas de política de Pagamento por Serviços Ambientais para o município. A atividade visou, principalmente, instrumentalizar os participantes do curso com os elementos-chaves de uma política de PSA, para que, dessa forma, fossem capazes de pôr em prática a teoria das aulas em seus territórios e formular propostas de política de PSA. Ao final do semestre, foi realizado um webinar, transmitido pelo canal do Youtube do INCT IN-TREE (https://youtu.be/XfBiv8we_7w) e aberto ao público, que contou com a presença de pesquisadores e representantes de instituições públicas, privadas e organizações sociais, no qual uma versão preliminar da referida minuta, com as contribuições de todos os participantes, foi apresentada às partes interessadas, visando promover uma discussão qualificada sobre as oportunidades e desafios das políticas de PSA (VIANA et al., 2023) (Figura 5).

Figura 5. Curso de extensão e proposição de política municipal de PSA desenvolvidos na ACCS "Ciência, Comunicação e Cidadania: engajamento da sociedade civil em ações para conservação dos serviços ecossistêmicos" de 2021.2.

Estratégias sugeridas para fortalecer a relação entre ciência, política e sociedade, e a participação social nas políticas públicas

A crise ambiental pode constituir-se oportunidade para o fortalecimento e a amplificação de iniciativas na interface ciência-política e sociedade, que contribuem, efetivamente, para ampliar a relevância social da ciência e qualificar a participação social nas políticas públicas ambientais, propiciando benefícios à democracia. Assim, com base nas nossas experiências e na literatura relacionada, propomos algumas estratégias para fortalecer e ampliar a relação entre ciência, política e sociedade, que também favorecem a qualificação da participação social e incidência nas políticas públicas ambientais, entre as quais, destacamos:

1. Institucionalizar e ampliar a escala das iniciativas de interação entre ciência, política e sociedade que estão em curso, envolvendo cientistas de diferentes disciplinas (e institutos da UFBA e outras universidades), tomadores de decisão (municipais, estadual e federal), Ministérios Públicos (estadual e federal) e representantes do Poder Legislativo e da sociedade civil (coletivos, movimentos socioambientais e ONGs), que atuam em diferentes regiões do estado da Bahia.

2. Institucionalizar e ampliar a escala de atividades e iniciativas de formação, ensino, pesquisa e extensão, que incorporem abordagens transdisciplinares e de coprodução, envolvendo os diferentes setores da sociedade (tomadores de decisão, Ministério Público, Poder Legislativo, ONGs, coletivos e movimentos socioambientais). O estabelecimento de parcerias entre universidades e setores democráticos com menor poder na sociedade pode representar uma estratégia de tensionar o sistema para ampliar a democracia. Mas para que isso aconteça, há a necessidade de alterar estruturas na universidade e nos sistemas de valoração da ciência, para que ações transdisciplinares mudem de status, passando a ser tão valorizadas quanto as disciplinares em todas as dimensões acadêmicas (ensino, pesquisa e extensão). Um exemplo de iniciativa dessa natureza, que está em curso, refere-se à criação do programa "Entre-laços: tecendo parcerias Universidade e Sociedade", em novembro de 2021, como um programa permanente de extensão em "coprodução e formação continuada" no Instituto de Biologia da UFBA (IBIO/UFBA). O objetivo é que o programa se torne uma porta de entrada, para que demandantes da sociedade apresentem propostas de parcerias com o IBIO (e outros institutos da UFBA), representando uma tentativa de institucionalização da coprodução no instituto por uma via adicional à que já existe nas disciplinas de resolução de problemas dos programas de pós-graduação em Ecologia:

Teoria, Aplicação e Valores (Mestrado e Doutorado Acadêmicos) e em Ecologia (Mestrado Profissional de Ecologia Aplicada à Gestão Ambiental) e ACCS.

3. Promover ajustes nas estruturas internas de instituições e órgãos relacionados à formulação, implementação e/ou fiscalização de políticas públicas ambientais (a exemplo do INEMA, SEMA, IBAMA, ICMBio e Ministério Público), para que fomentem a coprodução de conhecimento, em parceria com as universidades.

4. Promover ajustes nos cursos de ,graduação, pós-graduação e nas suas estruturas organizacionais, visando à formação de indivíduos com habilidades para atuar na fronteira entre ciência-política e sociedade, além de apoiar atividades de *boundary spanning*.

Referências bibliográficas

ALMEIDA, L.A e GOMES, R.C. **The process of public policy: literature review, theoretical reflections and suggestions for future research.** Cad. EBAPE.BR, v. 16, nº 3, 2016.

BEDNAREK, A.T., WYBORN, C., CVITANOVIC, C., MEYER, R., COLVIN, R.M., ADDISON, P.F.E., CLOSE, S.L., CURRAN, K., FAROOQUE, M., GOLDMAN, E., HART, D., MANNIX, H., MCGREAVY, B., PARRIS, A., POSNER, S., ROBINSON, C., RYAN, M., LEITH, M. **Boundary spanning at the science–policy interface: the practitioners' perspectives.** Sustainability Science, 13, p. 1175–1183, 2018.

BIRKLAND, T.A. **An Introduction to the Policy Process: Theories, Concepts, and Models of Public Policy Making.** Routledge, Fourth Edition, 418p, 2015.

BROSE, M. (org). **Metodologia Participativa: uma introdução a 29 instrumentos.** Porto Alegre: Tomo Editorial, 2010.

CAPELLI, F., COSTANTINI, V. e CONSOLI, D. **The trap of climate change-induced "natural" disasters and inequality.** Global Environmental Change, vol. 70, 2021.

CROWLEY, K. e HEAD, B.W. **The enduring challenge of 'wicked problems':** **revisiting Rittel and Webber.** Policy Science, 50, p. 539-547, 2017.

FISCHER, F., MILLER, G.J. e SIDNEY, M.S. **Handbook of Public Policy Analysis Theory, Politics, and Methods.** CRC Press Taylor & Francis Group, 670p, 2007.

FRASER, K., TSENG, T. B., DENG, X. **The ongoing education of engineering practitioners: how do they perceive the usefulness of academic research?** European Journal of Engineering Education, Vol. 43, p. 860-878, 2018.

GOODRICH, K. A., SJOSTROM, K. D., VAUGHAN, C., NICHOLS, L., BEDNAREK, A. e LEMOS, M.C. **Who are boundary spanners and how can we support them in making knowledge more actionable in sustainability fields?** Current Opinion in Environmental Sustainability, 42, p. 45-51, 2020.

HAJER, M. **Policy without polity? Policy analysis and the institutional void.** Policy Sciences, 36: p. 175-195, 2003.

JESIEK, B.K., MAZZURCO, A., BUSWELL, N.T., THOMPSON, J.D. **Boundary spanning and engineering: a qualitative systematic review.** Journal of Engineering Education, 107, p. 380-413, 2018.

MCNIE, E.C., PARRIS, A., SAREWITZ, D. **Improving the public value of science: A typology to inform discussion, design and implementation of research.** Research Policy, Volume 45, 4, p. 884-895, 2016.

MORGADO, R.P. E GOZETTO, A.C.O (Org.). **Guia para a construção de estratégias de advocacy: como influenciar políticas públicas.** Instituto de Manejo e Certificação Florestal e Agrícola (Imaflora), São Paulo, 68p, 2019.

OSWALD, Y., OWENA, A e STEINBERGER, J. K. **Large inequality in international and intranational energy footprints between income groups and across consumption categories.** Nature Energy, 5, p. 231-239, 2020.

PARDINI, R., BERTUOL-GARCIA, D., DEMASI, B., MESQUITA, J.P., MURER, B.M., PÔNZIO, M.C., RIBEIRO, F.S, ROSSI, M.L. e PRADO, P.I. 2021. **COVID-19 pandemic as a learning path for grounding conservation policies in science.** Perspectives in Ecology and Conservation, Vol. 19, Issue 2, p.109-114.

PERZ, S.G., ARTEAGA, M.; BAUDOIN, F.A., BROWN, I.F., MENDOZA, E.R.H., DE PAULA, Y.A.P., PERALES, Y.L.M., PIMENTEL, A.D.S., RIBEIRO, S.C., RIOJA-BALLIVIÁN, G. **Participatory Action Research for Conservation and Development: Experiences from the Amazon.** In: Sustainability, 14, 233, 2022.

PUTNAM, R. **Comunidade e Democracia: a experiência da Itália moderna.** Rio de Janeiro, Ed. FGV, 2002.

ROCHA, P.L.B., PARDINI, R., VIANA, B.F. e EL-HANI, C.N. Fostering inter- and transdisciplinarity in discipline-oriented universities to improve sustainability science and practice. Sustainability Science, 15, p 717–728, 2019.

RODRIGUES, DIEGO F.; SILVA JÚNIOR, J.A. DA; SILVA, DENISSON; LIMA, T. C. A sustentável leveza da democracia? Os efeitos da qualidade democrática sobre o desempenho ambiental. In: Desenvolvimento e Meio Ambiente, v. 33, p. 81-99, 2015.

SCHOLZ, R.; STEINER, G. The real type and ideal type of transdisciplinary processes: part II—what constraints and obstacles do we meet in practice? In: Sustainability Science, 2015.

TEJEDOR, G., SEGALÀS, J., ROSAS-CASALS, M. Transdisciplinarity in higher education for sustainability: How discourses are approached in engineering education. Journal of Cleaner Production, 175, p29-37, 2018.

THIOLLENT, M. Metodologia da Pesquisa-Ação. São Paulo, Cortez, 2005.

TURNBULL, N. e HOPPE, R. Problematizing 'wickedness': a critique of the wicked problems concept, from philosophy to practice. Policy and Society, Vol. 38, N° 2, 315-337, 2019.

VIANA, B. F., SAMPAIO, A., SOUZA, C. Q., AMORIM, M. S., e MAIA, M. P. Construindo Pontes Entre Universidade e Sociedade: Experiência de Inserção da Extensão em Cursos de Graduação. Revista Extensão & Cidadania, v. 11, n. 19, p. 67- 83, 2023.

WIGREN-KRISTOFERSON, C., GABRIELSSON, J., KITAGAWA, F. "Mind the Gap and Bridge the Gap: Research Excellence and Diffusion of Academic Knowledge in Sweden." Science and Public Policy 38 (6), p 481-492, 2011.

Educação por meio da agricultura urbana: conhecimentos, valores e práticas em um curso de formação em Dourados (MS)

Amanda de Almeida Parra
Dália Melissa Conrado
Nei Nunes-Neto

Resumo

Apesar dos potenciais benefícios de uma maior interação entre agricultura (urbana) e educação, ainda há importantes lacunas, tanto teóricas (na literatura acadêmica) quanto práticas (isto é, nas práticas sociais), sobre como atividades educativas, de um lado, e de agricultura (urbana), de outro, podem dialogar. Como contribuição ao diálogo, esse capítulo apresenta uma análise de conhecimentos, valores e práticas (KVP) dos participantes de um curso sobre agricultura urbana, realizado em Dourados (Mato Grosso do Sul). A análise dos resultados apontou que houve mobilização das três dimensões (KVP), com destaque para os valores e as práticas, particularmente aqueles promotores de maior sustentabilidade socioambiental. Por isso, recomendamos a realização de mais iniciativas educacionais envolvendo agricultura (urbana), com vistas a integrar educadores, educandos e a população em geral em torno de ações como essas, para a promoção de maior sustentabilidade socioambiental.

Palavras-chave: conteúdos CPA; Ensino de Ciências; Sistemas Agroflorestais; Agricultura Sintrópica.

Introdução

Somos cerca de 7,8 bilhões de pessoas, impactando mais de 70% da superfície terrestre global (FAO, 2019; UNEP, 2021). A dimensão do impacto humano, hoje, no planeta sugere a importância de se avaliar, refletir e agir de formas mais sustentáveis (ou menos impactantes). Atualmente, somente no território brasileiro, somos cerca de 213 milhões de pessoas (BRASIL, 2021), sendo a maioria habitantes de áreas urbanas (IBGE, 2012).

Como consequência dos diversos problemas ligados ao estilo de vida (sobretudo o urbano) e sua relação com o ambiente natural, a produção de alimentos deve receber uma atenção especial, uma vez que o impacto gerado por ela alcança diretamente a natureza e a saúde e o bem-estar humanos (ROMEIRO, 1998).

A atual produção mundial agrícola ainda tem sido baseada em monoculturas, nas quais predominam métodos e produtos nocivos ao meio ambiente, como as práticas de desmatamento e o uso dos agrotóxicos, que são os mais comuns (ZIMMERMAN, 2009). O modelo agrícola hegemônico tem contribuído diretamente para problemas sociais e ambientais, tais como a perda de biodiversidade, a deterioração dos solos, a contaminação da água, o êxodo rural e a amplificação da fome mundial (ZIMMERMAN, 2009; RIGOTTO et al., 2014). Como exemplo, destacamos que parte dos alimentos consumidos cotidianamente pelos brasileiros possui resíduos de agrotóxicos, os quais podem causar problemas neurológicos, reprodutivos, de desregulação hormonal e até câncer (BRASIL, 2011; CARNEIRO et al., 2015).

Em geral, os produtos oriundos da monocultura não são diretamente servidos como alimentos às pessoas, mas, sim, servem à produção de ração animal (o que ocorre, sobretudo, com as produções de milho e soja), no contexto de uma cadeia produtiva que não tem atendido adequadamente às necessidades alimentares e nutricionais das pessoas, assim como à necessidade de não degradação ambiental. Por exemplo, apesar de o Brasil ser considerado o maior produtor de grãos do mundo, em 2019, foram contabilizados 19 milhões de famintos no território nacional, em meio, ainda, a problemas como violência e desequilíbrio ambiental (ANDRIOLI, 2020; FAO et al., 2021; REDE PENSSAN, 2021; EMBRAPA, 2021).

Assim, diante de tal problemática, a busca por modelos agrícolas mais harmônicos com a natureza tem se tornado um tema de grande importância para o contexto socioambiental atual. Nesse sentido, a agricultura urbana, prática de cultivar vegetais (folhas, grãos, frutas, raízes etc.) em qualquer ambiente urbano ou periurbano, é uma alternativa ao modelo convencional de produção agrícola, uma vez que tem gerado diversos benefícios- além da própria produção de alimentos, ajuda a manter um espaço de convivência social e o contato com a natureza, contribuindo para a promoção da saúde e a segurança alimentar e nutricional das populações envolvidas (MOURA et al., 2013; ROESE, 2013; RIBEIRO *et al.*, 2015).

Conforme diversos trabalhos (e.g. COMASSETTO et al., 2013; RIBEIRO et al., 2015; DADVAND et al., 2015; SHANAHAN et al., 2015; COX et al., 2017; SCHERTZ; BERMAN, 2019), a prática do cultivo em espaços urbanos aumenta a interação do sujeito com espaços verdes e ambientes naturais, colaborando para a redução do estresse e da ansiedade; a prevenção de depressão; e a melhoria da memória, da concentração, da sensação de relaxamento e do resgate do sentimento de pertencimento do indivíduo, integrando-o socialmente e estimulando o protagonismo social, a participação cidadã e a aquisição de determinadas habilidades pessoais e coletivas.

Com relação ao aspecto ambiental, o cultivo de plantas nas cidades ajuda a conservar a umidade, reduzir a temperatura, capturar gases do ar poluído, interceptar a radiação solar e, também, aumentar a biodiversidade local (MACHADO; MACHADO, 2002). Além disso, a prática da agricultura urbana pode motivar a conservação da natureza por parte de seus praticantes, uma vez que fortalece a relação entre as pessoas e o ambiente natural, desenvolvendo, por meio da experiência, a sensibilização e a valorização dessas relações (DUNN *et al.*, 2006).

Nesse sentido, práticas agrícolas (urbanas ou rurais), mais condizentes com os processos naturais, ecológicos, têm sido desenvolvidas. Uma delas é a de implantação de Sistemas Agroflorestais (SAFs), que são

> Sistemas de uso e ocupação do solo em que plantas lenhosas perenes são manejadas em associação com plantas herbáceas, arbustivas, arbóreas, culturas agrícolas, forrageiras em uma mesma unidade de manejo, de acordo com arranjo espacial e temporal, com diversidade de espécies nativas e interações entre estes componentes. (MICCOLIS *et al.* 2016, p. 25)

Sistemas agroflorestais têm como base a produção de alimentos em policultivo (ou seja, utilizando diversas espécies) de diferentes tamanhos e ciclos de vida, valorizando a contribuição de cada espécie para o ecossistema, mimetizando o que ocorre em uma floresta ou em qualquer outro ecossistema, sendo, portanto, um sistema biodiverso, inspirado na natureza (CORRÊA NETO et al., 2016; ANDRADE, 2019).

O potencial promissor dos SAFs como modelo para a agricultura urbana sugere que esse é um tema relevante para a educação. Entretanto, apesar desta relevância, ainda restam importantes lacunas, tanto teóricas (na literatura acadêmica) quanto práticas (sobretudo nas práticas sociais, educativas, agrícolas etc.), com relação a como atividades educativas (teóricas e práticas), envolvendo SAFs urbanos, podem contribuir para o desenvolvimento de conhecimentos, valores e práticas dos cidadãos, no sentido de conduzir a uma maior promoção de saúde, sustentabilidade socioambiental e cultivo de virtudes[1] (SANGALI; STEFANI, 2012).

A problemática colocada acima está diretamente relacionada a uma perspectiva ampla das concepções ou dos conteúdos de ensino e aprendizagem, exposta em abordagens teóricas, como a dos conteúdos em suas dimensões conceituais, procedimentais e atitudinais (CPA) (CON-

---

1 Compreendemos virtudes como propriedades disposicionais humanas atualizadas pelo hábito de praticar ações que tendem à ampliação da consideração moral (para mais detalhes sobre o significado desta concepção, veja NUNES-NETO; CONRADO 2021).

RADO; NUNES-NETO 2018) e a das concepções, representadas pela interação entre conhecimentos, valores e práticas (KVP). Nesse trabalho, em especial, daremos mais ênfase ao papel dos conhecimentos, dos valores e das práticas (KVP), que explicaremos melhor a seguir.

Assim, a presente pesquisa busca contribuir para essa problemática, buscando compreender e discutir conhecimentos, valores e práticas (KVP) de atores educacionais que participaram de um curso sobre Formação de Professores em Sistemas Agroecológicos e Agroflorestais.

Conteúdos no ensino

Entre os principais desafios para a educação formal, destaca-se a superação de práticas pedagógicas nas quais se predominam métodos tradicionais e tecnicistas, baseados em técnicas transmissivas, que limitam a participação ativa do aluno, sobretudo por reduzir espaços para a crítica, a criatividade e a reflexão, ocultando dimensões e aspectos importantes no processo de formação do cidadão (CONRADO; NUNES-NETO, 2018).

Em relação a isso, Zabala (1998) ressalta a importância da formação integral dos indivíduos. Segundo esse raciocínio, as intenções educacionais devem buscar abranger a diversidade de inteligências, interesses, potencialidades e necessidades (individuais ou coletivas) humanas. Assim, tudo o que envolve capacidades motoras, afetivas, de relação interpessoal e inserção social pode ser considerado, *também*, conteúdos de ensino e de aprendizagem. Isso significa que *não somente* o conhecimento é ensinado e aprendido, mas, além dele, também os são as habilidades, os valores e as atitudes.

Tal abordagem explicita a importância da ressignificação da própria noção de conteúdo, uma vez que busca expandir o significado do objeto do ensino e da aprendizagem para além do campo do estritamente conceitual ou epistemológico, incluindo, além desse, o campo do técnico-prático ou procedimental; e, por fim, introduzindo também a esfera ética, valorativa ou atitudinal, sendo essa última bastante negligenciada nas tendências educacionais tradicionais e tecnicistas.

Seguindo essa linha de raciocínio, no que se refere à ressignificação da abordagem dos conteúdos, Conrado e Nunes-Neto (2018) propõem uma concepção mais ampla do objeto dos processos de ensino e aprendizagem, que resultou em uma abordagem multidimensional e crítica dos conteúdos. Dessa perspectiva, os autores, com base nos trabalhos de Zabala (1998), Clement (2006) e Coll (2000), entre outros, definem três dimensões dos conteúdos de ensino e de aprendizagem: Conceitual; Procedimental; e Atitudinal (CPA) (figura 1), identificando e explicitando elementos das práticas de ensino e aprendizagem que, antes, estavam implícitos (como atitudes, valores e afetividade).

Assim, podemos considerar os elementos presentes em cada uma das dimensões, conforme apresentação dos autores: para a dimensão conceitual, fatos, conceitos e princípios; para a dimensão procedimental, técnicas, procedimentos e métodos; e, por fim, para a dimensão atitudinal, valores, normas e ações sociopolíticas (COLL, 2000; CONRADO; NUNES NETO, 2018).

Figura 1 – Representação das dimensões CPA dos conteúdos escolares/acadêmicos. Para mais informações, consultar o original e as referências utilizadas pelos autores.

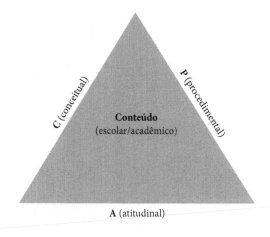

Fonte: Conrado e Nunes-Neto (2018, p. 93).

Em vista disso, a agricultura urbana ou os SAFs, quando introduzidos na educação (formal ou não formal), não só como temáticas mas também como um ambiente a ser construído e vivenciado, possibilitam-nos explicitar e trabalhar com a abordagem CPA dos conteúdos, contribuindo para uma educação mais integral dos alunos (e demais participantes) e para o desenvolvimento de novas concepções de conteúdo por parte dos professores.

Como parte dessa tendência de ampliação da concepção sobre conteúdo escolar/acadêmico, buscando a formulação de novos esquemas de conteúdo que possam aperfeiçoar os processos (de ensino) que conduzem à aprendizagem, Clément (2006) propôs o modelo KVP (figura 2), o qual procura analisar as concepções dos atores envolvidos em práticas educacionais.

O autor (CLÉMENT, 2006) observou que grande parte das pesquisas em educação científica costuma comparar as concepções dos alunos com conhecimentos científicos publicados, de forma a negligenciar a relação do conhecimento científico com valores e práticas sociais. Tal prática é problematizada por Clément, que a reconhece como um ato de julgamento, no qual as concepções são compreendidas como um fim, e não como um primeiro passo para a elaboração de estratégias destinadas às mudanças conceituais nos processos de ensino e aprendizagem.

Dessa forma, o autor sugere um modelo de transposição didática de conteúdos, denominado KVP, no qual compreende que as concepções científicas (correlatas aos conteúdos) são, frequentemente, resultantes da interação entre três campos: conhecimento (K), valores (V) e práticas sociais (P). Ainda conforme Clément, o próprio objeto da transposição didática será essa estrutura complexa (de K, V e P), que variará entre os diferentes atores sociais (como professores, pais, atores de cinema etc.), responsáveis por contribuir para o processo de transposição de determinada concepção. Vale ressaltar que o modelo KVP foi construído para analisar não só as concepções dos alunos, mas também as dos pesquisadores, professores e demais atuantes do sistema educacional, inclusive para além dele (incluindo atores sociais não acadêmicos, como artistas, agricultores etc).

De acordo com a metodologia, os valores são tomados em sentido amplo, envolvendo opiniões, crenças e ideologias; as práticas sociais referem-se à prática profissional e às práticas de cidadania; e o conhecimento pode ser de origem científica e/ou popular.

Figura 2 – Interação das dimensões KVP para a análise das concepções.

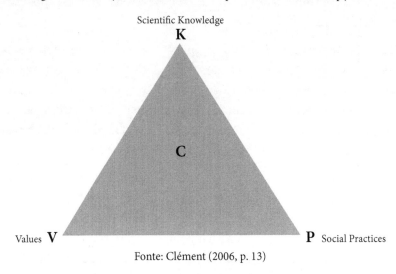

Fonte: Clément (2006, p. 13)

É esperado que as concepções dos atores sociais influenciem diretamente a participação deles em iniciativas como a agricultura urbana e, no caso dos professores, a própria aplicação desse tipo de prática no ensino (formal, informal ou não formal). A análise que apresentaremos a seguir, das dimensões KVP das concepções sobre agricultura, assim esperamos, podem fornecer um interessante material norteador sobre as concepções de conteúdos de professores/educadores, permitindo, dessa forma, o levantamento de inferências que contribuam para a compreensão de possíveis lacunas e potencialidades de ensino e aprendizagem observadas no contexto da agricultura urbana.

Procedimentos Metodológicos

A presente pesquisa, parte do Trabalho de Conclusão de Curso da primeira autora (PARRA, 2021), caracteriza-se como qualitativa e exploratória, com levantamento em campo e revisão de literatura como principais técnicas adotadas. A amostra foi do tipo não probabilística intencional, uma vez que os participantes convidados foram aqueles que participaram do curso (GIL, 2008). Todos os participantes leram e concordaram com um Termo de Consentimento Livre e Esclarecido, elaborado conforme diretrizes éticas da pesquisa social.

O material de análise da pesquisa foi coletado por meio de dois questionários direcionados aos participantes de um curso de formação, sendo um questionário prévio, disponibilizado antes do início do curso, e um final, disponibilizado ao término do curso. Ambos foram elaborados em plataforma digital e reuniram questões fechadas e abertas, que foram divididas em duas partes:

> (I) Informações referentes ao participante: nessa etapa, buscou-se identificar a área de formação, nível de ensino em que atua e disciplina(s) lecionada(s) pelos participantes. O objetivo foi promover uma melhor contextualização das respostas, uma vez que possibilita a identificação de determinadas áreas de conhecimento e atuação por parte dos participantes.

> (II) Análise de conhecimentos, valores e práticas em relação à temática Agricultura Urbana na Educação: nessa etapa, utilizamos, majoritariamente, questões abertas para uma maior liberdade de expressão por parte dos participantes. A elaboração e a análise dessas questões foram orientadas pelos núcleos de conhecimentos, valores e práticas sociais e individuais (agrupadas em KVP).

A análise de conteúdo, seguindo a metodologia proposta por Bardin (2011), ocorreu por meio de três fases: pré-análise (para organização de ideias, a partir de uma leitura rápida do conjunto de dados como um todo, de modo a gerar categorias e descritores); exploração do material (análise categorial, com a classificação das concepções presentes nas respostas e discussão inicial dos resultados); e tratamento dos resultados (apresentação dos dados, com síntese e seleção dos resultados, inferências e interpretação, com o apoio da literatura).

Contexto da pesquisa: o curso de formação de professores em sistemas agroecológicos e agroflorestais do Ecoagris

A pesquisa ocorreu no contexto das atividades do Ecoagris, projeto de educação em ecologia, agricultura e saúde por meio de sistemas agroflorestais urbanos, uma ação de extensão e pesquisa da Universidade Federal da Grande Dourados (UFGD), realizada em parceria com a Rede Integrada de Hortas Urbanas (RIHU) e com o Instituto Nacional de Ciência e Tecnologia em Estudos Interdisciplinares e Transdisciplinares em Ecologia e Evolução (INCT IN-TREE). Essa ação acontece, sobretudo, na cidade de Dourados, Mato Grosso do Sul, Brasil, mas, eventualmente, contribui para ações em outros municípios do estado.

O projeto tem sido realizado por alunos, professores, pesquisadores e conta também com a colaboração de diferentes atores sociais e áreas do saber, gerando diversos efeitos socioambientais positivos, por meio da prática de agricultura urbana, com produção de alimentos orgânicos, atração de fauna (como avifauna) e conservação do solo e de atividades educativas relacionadas, nos terrenos onde as ações são implementadas (para mais detalhes, veja NUNES-NETO; DA SILVA, 2022).

Uma das linhas de atuação do projeto são os cursos de formação. Em 2021, foi oferecido um curso (jornada formativa) voltado a dois grupos principais: 1) docentes e multiplicadores de saberes, atuantes nas instituições de ensino; e 2) demais pessoas interessadas em educação e implementação de SAFs.

Entre os principais objetivos da jornada formativa, estão o desenvolvimento de conhecimentos, habilidades e valores na Educação em Ciências, Educação em Saúde e Educação Ambiental; a produção de propostas didáticas para aplicar na escola; o contato com a natureza, a partir de aulas de campo e da participação das atividades de implementação de uma horta urbana comunitária agroecológica e agroflorestal; e a promoção da saúde por meio de uma perspectiva integrativa em Saúde.

O curso teve a duração de três meses, com início em junho e término em outubro de 2021, contando com encontros presenciais e on-line. A carga horária total foi de 60h, divididas em 30h de aulas *on-line*, utilizando plataformas digitais, com duração de 2h cada, (palestras, oficinas pedagógicas e rodas de conversa); 15h de atividades assíncronas, reservadas para leituras e produção, pelos participantes, de propostas pedagógicas; e 15h de atividades de campo (também divididas em 2h por encontro, realizados no terreno onde foi implantada uma horta comunitária).

Associadas à parte teórica, as aulas de campo, no formato de mutirões, foram um campo de prática, trocas e enriquecimento de conhecimentos, valores e práticas. Os encontros presenciais ocorreram em um terreno localizado ao sul da cidade de Dourados (MS), no bairro Vival dos Ipês II. As atividades iniciavam-se com alongamento e aquecimento, seguidos de atividades práticas, como preparação do solo, plantio, rega, entre outras, e encerravam, em geral, com uma roda de conversa, essa última a depender, também, da disponibilidade de tempo.

No início da parte prática de campo do curso, os participantes formaram cinco grupos, e cada um ficou responsável pelo planejamento e implantação de um canteiro retangular (de aproximadamente cinco metros quadrados de área, 5m x 1m), colocando em prática os princípios agroecológicos e agroflorestais abordados e discutidos nos encontros *on-line* e presenciais teóricos. Após ou entre as aulas práticas de campo da jornada, ocorreram mutirões, que contaram com a colaboração de participantes do curso ou outros interessados (para rega ou outras atividades de urgência, por exemplo).

Resultados e discussões

Dos 49 participantes, 21 responderam ao questionário 1 (no início do curso) e 23 responderam ao questionário 2 (ao final do curso). A maior parte dos respondentes do questionário 1 declarou formação em Biologia e/ou Ciências Sociais (figura 3a). Já no questionário final (2), houve uma alteração discreta da composição dos participantes, aumentando o número de formados em Biologia, mas ainda se mantendo cerca de 30% dos participantes formados em Ciências Sociais ou História (figura 3b).

Figura 3 – Formação básica dos respondentes.

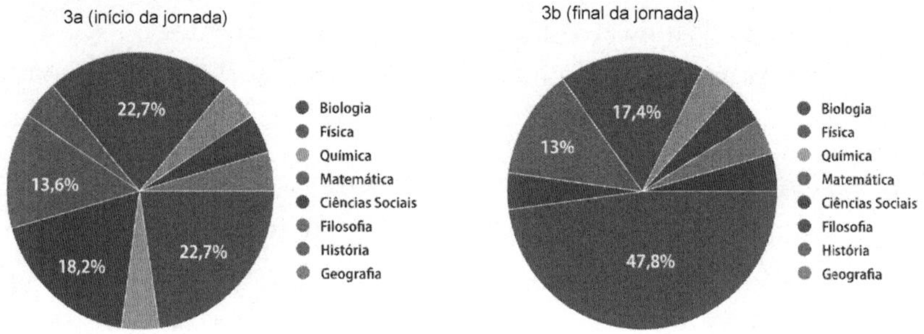

Fonte: Parra (2021).

Cabe ressaltar que ocorreu uma mudança na composição dos participantes, pois houve desistências de professores, que não conseguiram acompanhar o curso, devido à alta carga de trabalho, e também a entrada de novos participantes, desses, nem todos docentes atuantes. Contudo, consideramos a resposta de todos os participantes, uma vez que são educadores (no sentido lato do termo) e podem atuar, em diversas situações, em processos educativos não formais ou informais.

Com relação às diferentes formações dos participantes, considerando que o assunto é interdisciplinar e pode ser abordado em variados contextos de ensino e de aprendizagem, já que os atores sociais carregam KVP em suas concepções e interações (CLÉMENT, 2006), as diferentes percepções sobre o tema podem contribuir para uma visão mais integral e ampla, situação percebida nas discussões durante o curso de formação.

Após a leitura das respostas dos questionários, chegamos às seguintes categorias (quadro 1), elaboradas a *posteriori*, com base na literatura, e utilizadas para a análise das concepções KVP das questões a seguir:

Quadro 1 – Categorias KVP encontradas nas respostas dos questionários.

PERCEPÇÕES	CATEGORIAS	SIGNIFICADO DAS CATEGORIAS
Conhecimentos (K)	CT	Predomínio de conhecimentos científicos para justificar a resposta
	NCT	Predomínio de conhecimentos não científicos na justificativa da resposta
	CSQ	Predomínio de raciocínio consequencialista
	ECO	Presença de conhecimentos de Ecologia na resposta
	SD	Presença de conhecimentos de Saúde na resposta
Valores (V)	REA	Presença de raciocínio ético antropocêntrico (i.e. que indica um valor de consideração moral restrito a humanos)
	RENA	Presença de raciocínio ético não antropocêntrico (i.e. que indica um valor de consideração moral não restrito a humanos)
	REO	Presença de raciocínio economicista (i.e. que indica um valor social)
	RIND	Presença de raciocínio individualista (i.e. que indica um valor para ou sobre o próprio sujeito)
	RCOM	Raciocínio comunitarista (i.e. que indica uma consideração coletiva ou comunitária)
	VIR	Menciona virtudes na justificativa
Práticas (P)	INS	Presença de raciocínio instrumental ou técnica (i.e. quando o respondente cita técnicas ou instrumentos na justificativa)
	ST	Presença de afirmações com base em práticas sustentáveis
	NST	Presença de afirmações com base em práticas não sustentáveis
	EDU	Presença de afirmações com base em aspectos educacionais (i. e. quando o respondente cita meios e práticas associadas com educação)

Fonte: Parra (2021).

Sobre a questão "O que você entende por agricultura?", percebemos algumas diferenças nas categorias encontradas nas respostas (quadro 2).

Quadro 2 – Categorias KVP encontradas nas respostas
sobre a definição de agricultura.

	CONHECIMENTOS (K)					VALORES (V)						PRÁTICAS (P)			
	CT	NCT	CSQ	ECO	SD	REA	RENA	REO	RIND	RCOM	VIR	INS	ST	NST	EDU
Q1	5	2	7	0	1	9	0	1	0	2	0	15	1	1	1
Q2	14	2	12	2	2	5	0	0	0	1	2	18	0	1	0

Q1 (questionário 1); Q2 (questionário 2). Para o significado das categorias, ver quadro 1.
Fonte: Parra (2021).

Observamos um relevante aumento da presença de conhecimentos científicos nas respostas do questionário 2. Foram também citadas técnicas para o cultivo da terra, bem como um raciocínio consequencialista, isto é, indicando, nesse caso, implicações, resultados e desdobramentos envolvidos nos processos de produção pela agricultura.

Como ponto principal, destacamos a diminuição de percepções ligadas a valores éticos antropocêntricos. Para Nunes Neto e Conrado (2021), o antropocentrismo é, provavelmente, a perspectiva de ontologia moral mais adotada entre a população geral (para outros trabalhos com conclusão similar, veja: TRÉZ; NAKADA, 2008; RODRIGUES; LABURU, 2014; CONRADO et al., 2013) e, consequentemente, entre os agentes da educação. Nessa perspectiva ontológica, todo ser humano deve ser igualmente considerado, sendo, portanto, o pertencimento à espécie humana o valor intrínseco que suporta a consideração moral. Entretanto, essa perspectiva de ontologia moral é ainda limitada, uma vez que considera somente os seres humanos, e não outros seres que poderiam ser considerados moralmente. Em vista disso, os demais seres vivos e o ambiente abiótico são considerados apenas de modo instrumental, para a obtenção de satisfação para a vida humana. Tal lógica possui caráter excludente em relação aos demais indivíduos e componentes do ecossistema; assim, é menos sustentável do que uma perspectiva mais abrangente, já que a vida humana está intimamente relacionada com outros seres vivos e o ambiente natural.

Nesse sentido, a diminuição do raciocínio antropocêntrico nas respostas pode ser uma inferência de mudanças no sentido de haver maior alcance de consideração moral, ou seja, perspectivas mais amplas que consideram moralmente mais do que somente seres humanos, tais como a senciocêntrica, em que a consideração moral alcança seres sencientes; a biocêntrica, na qual a consideração moral alcança seres vivos; e a ecocêntrica, em que a consideração moral alcança elementos bióticos e abióticos dos ecossistemas, essas geralmente mais alinhadas com valores e práticas sustentáveis.

Cabe ressaltar que houve um aumento da complexidade geral das respostas, ao compararmos os questionários. Por exemplo, no questionário 1, um respondente afirmou "Produção de alimentos para a população", o que consideramos uma resposta simples (categorias: INS, REA, CSQ, RCOM), em comparação com uma resposta do questionário 2, como "Agricultura para mim significa amar, cuidar da terra e cultivar para que tenhamos frutos, compreender os processos de desenvolvimento da planta e o tempo de cada espécie, além de preparar a mente, ter paciência, observar e refletir." (categorias: ST, VIR, EDU, INS, RENA, CSQ, RCOM) ou, ainda, "Agricultura é a ação de produzir alimentos de forma saudável para a subsistência, para a autonomia de consumo de alimentos, mantendo uma relação positiva, sustentável e harmônica com todas as formas de vida que compõem a natureza. É aprender com os processos organizados pela própria natureza." (categorias: SD, ST, VIR, EDU, RENA, CSQ). Além disso, nessas respostas mais complexas, ao final do curso, percebemos claramente a presença de valores relacionados a uma ética das virtudes, já que são mencionadas algumas virtudes, como amor, paciência, harmonia (DE PIETRO, 2009; COMTE-SPONVILLE, 2009).

Considerando a categoria "Presença de afirmações com base em práticas não sustentáveis", no questionário 1, um participante afirmou "(...) porém, muitos usam sem controle"; e, no questionário 2, outro citou "(...) [há] técnicas que agridem o meio ambiente", indicando a consciência dos participantes sobre a presença dessas práticas em relação à agricultura e como elas prejudicam a sustentabilidade socioambiental (PORTO; MILANEZ, 2009).

Em relação à questão "Para você, como a agricultura pode contribuir para resolver problemas socioambientais?", identificamos, nos dois questionários aplicados (quadro 3):

Quadro 3 – Categorias KVP encontradas nas respostas sobre contribuições da agricultura.

	CONHECIMENTOS (K)					VALORES (V)						PRÁTICAS (P)			
	CT	NCT	CSQ	ECO	SD	REA	RENA	REO	RIND	RCOM	VIR	INS	ST	NST	EDU
Q1	2	0	0	5	0	0	3	1	0	7	5	7	10	0	6
Q2	10	3	5	9	6	3	2	0	1	7	5	11	17	0	1

Q1 (questionário 1); Q2 (questionário 2). Para o significado das categorias, ver quadro 1.
Fonte: Parra (2021).

O quadro indica o aumento da mobilização de conhecimentos, valores e práticas entre o início e o término do curso, sendo que foram citados conhecimentos ligados à ecologia e à sustentabilidade, bem como conceitos científicos e não científicos.

Também foram mencionadas práticas instrumentais, sustentáveis e educativas, indicando KVPs mais amplos. Além disso, foi identificada uma relação de virtudes, no processo de resolução dos problemas socioambientais, como conscientização, respeito (ao próximo e à natureza), harmonia, conhecimento e responsabilidade. Por exemplo, na resposta ao questionário 1, "Promovendo empoderamento das pessoas em relação à produção e ao consumo dos alimentos", identificamos elementos de EDU, por fomentar a educação; RCOM, por considerar um grupo de pessoas; e CSQ, por pensar na relação entre produzir e consumir.

Já no questionário 2, as duas respostas a seguir indicam presença de conhecimentos de ecologia (ECO), bem como de afirmações com base em práticas sustentáveis (ST); na primeira, predomina um discurso com base em conhecimentos não científicos (NCT) e um raciocínio ético não antropocêntrico (RENA), mencionando virtudes (VIR); na segunda resposta, percebemos raciocínio ético antropocêntrico (REA), com base em conhecimentos científicos (CT), mencionando saúde (SD) e raciocínio comunitarista (RCOM):

"Transformando, ressignificando sua relação com a natureza, vendo-se e se compreendendo como parte da natureza e não como dominador das demais espécies. A agricultura é fonte de vida, de alimentos; durante o processo de produção dos alimentos, podemos perceber como é infinito o conhecimento que a natureza nos transmite. Percebemos como as variadas formas de vidas, a água, a energia solar estão sintonizadas. Uma relação de harmonia com a natureza gera agricultura consciente, qualidade de vida e fartura."

"Com a agricultura, nós podemos colaborar para o aumento da biodiversidade (fauna e flora) local, contribuir para a melhora do microclima, uma vez que as árvores favorecem o aumento da umidade local, além de auxiliar na redução da temperatura, fornecer alimentos de boa qualidade (orgânicos) para os membros da comunidade, estimular o trabalho voluntário e em equipe da comunidade, entre outros aspectos da sociedade e do ambiente que podem ser melhorados pelo uso da agricultura"

Sobre o questionário inicial (Q1), na questão "Você acha que os problemas socioambientais atuais têm relação com a agricultura? Justifique", todos os participantes responderam "sim". Em relação à justificativa, percebemos, em K, o predomínio de respostas com base em conhecimentos científicos, enquanto em V, a presença de raciocínios comunitarista, economicista e não antropocêntrico. Em relação a P, houve predomínio de respostas indicando práticas não sustentáveis (quadro 4).

Quadro 4 – Categorias KVP encontradas nas respostas sobre problemas socioambientais e agricultura.

CONHECIMENTOS (K)					VALORES (V)					PRÁTICAS (P)			
CT	NCT	CSQ	ECO	SD	REA	RENA	REO	RIND	RCOM	INS	ST	NST	EDU
3	0	0	2	0	0	2	2	0	3	3	0	10	1

Para o significado das categorias, ver quadro 1.
Fonte: Parra (2021).

Os participantes indicaram uma forte associação da atividade agrícola com práticas insustentáveis. Nesse sentido, é válido ressaltar que as atividades agrícolas, a depender de sua modalidade, podem ser sustentáveis ou insustentáveis. Assim, como modelo insustentável, destaca-se a agricultura convencional baseada em monocultura (ZIMMERMAN, 2009; PORTO; MILANEZ, 2009; RIGOTTO et al., 2014;); em contraponto, como modelo sustentável, a agricultura agroflorestal (CORRÊA NETO et al, 2016; ANDRADE, 2019). Em vista disso, observou-se uma perspectiva de agricultura restrita a apenas mencionar ou criticar práticas insustentáveis por parte dos participantes no início do curso – por exemplo, na afirmação "Sim, a agricultura utiliza recursos naturais como solo e água pra produção agrícola, a má utilização desses recursos pode trazer consequências de médio e longo prazo para o ecossistema." (categorias: CT, CSQ, REA, NST).

Também no questionário inicial, perguntamos "Para você, qual a importância de se aprender sobre agricultura?" e percebemos uma predominância de raciocínios consequencialista, antropocêntrico e com menção a aspectos educacionais, técnicos e instrumentais, além da importância para sustentabilidade socioambiental (quadro 5):

Quadro 5 – Categorias KVP encontradas nas respostas considerando a relevância de se aprender sobre agricultura.

CONHECIMENTOS (K)					VALORES (V)						PRÁTICAS (P)			
CT	NCT	CSQ	ECO	SD	REA	RENA	REO	RIND	RCOM	VIR	INS	ST	NST	EDU
5	4	9	2	4	10	2	3	1	4	4	9	8	1	11

Para o significado das categorias, ver quadro 1.
Fonte: Parra (2021).

Observa-se, em K, a presença do raciocínio consequencialista (CSQ), associado, em V, à ética antropocêntrica (REA), havendo, nesse caso, pouca presença de conhecimentos ecológicos (ECO) e de consideração ética não antropocêntrica (RENA). Para Nunes Neto e Conrado (2021), o consequencialismo, como perspectiva ética, propõe que o valor da ação é atribuído a ela a partir das suas consequências, e não a partir de algum princípio ou de uma análise da ação-ela-mesma; assim, quando associadas ao pensamento antropocêntrico, as ações são consideradas boas tão logo são benéficas a grupos humanos. Contudo, não estamos aqui fazendo uma análise do ponto de vista do valor da ação, e sim, meramente, sobre a presença de um raciocínio consequencialista. Esse ponto de vista consequencialista, se aliado a uma valorização não instrumental da natureza, pode gerar práticas sociais mais sustentáveis.

Em P, nota-se a presença de práticas instrumentais relacionadas à educação (EDU) e à sustentabilidade (ST), o que indica um senso de importância a essas questões por parte dos participantes, sendo, portanto, pontos positivos que podem ser utilizados para o aprimoramento de novos conhecimentos e valores mais inclusivos. No caso da implantação de uma horta urbana em um contexto educacional, ao se sensibilizar a comunidade escolar para a importância desse tipo de projeto, ter-se-á melhores condições para planejar e implementar a horta, adequando as atividades ao currículo (BLOCK et al., 2012). Apresentamos, a seguir, uma resposta para exemplificar nossa análise:

> "Conhecendo os processos envolvidos na agricultura, os alunos podem compreender melhor como são produzidos os alimentos que chegam até eles, conhecer os diferentes tipos de produtos utilizados nessas produções e seus impactos tanto na saúde humana quanto no ambiente. Além disso, os alunos podem utilizar conhecimentos teóricos e práticos para construir pequenas hortas em suas casas, fazer compostagem, entre outras ações". (categorias: CT, CSQ, SD, REA, INS, ST, EDU)

Já no questionário aplicado ao final do curso (Q2), ao perguntarmos "Quais valores você ensinaria explicitamente em suas práticas educativas utilizando a temática da agricultura urbana? (Caso você não atue como docente, considere sua atuação como multiplicador ou influenciador das pessoas ao seu redor)", os respondentes mencionaram temáticas que associamos às seguintes dimensões KVPs (quadro 6):

Quadro 6 – Categorias KVP encontradas nas respostas considerando o ensino explícito utilizando a temática da agricultura urbana.

CONHECIMENTOS (K)					VALORES (V)						PRÁTICAS (P)			
CT	NCT	CSQ	ECO	SD	REA	RENA	REO	RIND	RCOM	VIR	INS	ST	NST	EDU
7	4	5	17	7	14	2	5	0	11	4	5	16	0	9

Para o significado das categorias, ver quadro 1.
Fonte: Parra (2021)

Os temas apresentados nas respostas, que classificamos como conhecimentos ecológicos (ex.: aumento de biodiversidade e qualidade do clima); raciocínio ético antropocêntrico (ex.: variabilidade nutricional), raciocínio ético comunitarista (ex.: colaboração entre pessoas); práticas sustentáveis (ex.: redução de impactos humanos maléficos); ações educacionais (ex.: conservação de saberes ancestrais); e conhecimentos científicos (ex.: fluxo de energia no sistema), indicaram-nos uma grande diversidade de conteúdos da educação formal que podem ser associados ao ensino de valores, sugerindo, na prática educativa, maior atenção à dimensão atitudinal dos conteúdos, como podemos ver na resposta "Incentivando, mostrando, a partir de estudos práticos e teóricos, como é possível nos reconectar com a natureza e como essa ação é fundamental para nossa qualidade de vida e para a saúde do planeta." (categorias: ECO, SD, RENA, ST, EDU).

Sobre a questão "O curso influenciou sua relação com o mundo natural? Se possível, comente sobre isso." (Q2), todas as 21 respostas foram afirmativas. No quadro 7, indicamos a presença explícita das dimensões KVP que encontramos em cada resposta.

Quadro 7 – Categorias KVP encontradas nas respostas considerando a influência do curso nas relações dos participantes com o mundo natural, com exemplos de respostas.

CATEGO-RIAS	N. DE RESPOSTAS	EXEMPLOS DE RESPOSTAS
KVP	3	Sim, influenciou muito. Hoje, toda poda de grama, restos de frutas e verduras não vão mais para o lixo, tudo é aproveitado como adubo. Aos poucos, produzimos em casa nossas hortaliças e frutos. Enquanto isso, valorizamos e consumimos do trabalho dos pequenos agricultores que fazem uso da agroecologia ou de técnicas livres de agrotóxico. Há uma interesse em continuar colaborando com o projeto para desenvolver uma agrofloresta na escola.
KV	2	Sim. Sempre que busco alguma maneira de capacitação na área de atuação (agroecologia), é como se fosse plantada mais uma semente da valorização com o mundo natural.
VP	1	Sim, eu tinha pouco contato com as plantas e o próprio processo de manejo do solo, agora tenho mais interesse em construir hortas e agrofloresta, além de desejar construir projetos nesse sentido nas escolas em que atuo.
KP	6	Eu diria que o curso ampliou a relação que eu já tinha por meio de conhecimentos técnicos e práticos acerca do plantio, do manejo e da colheita.
K	2	Com certeza. É impossível estabelecer relações com natureza, hoje, sem considerar sua complexidade e particularidades como a acoplagem estrutural.
P	3	Sim, demais. Pude observar os processos do desenvolvimento da vida.
V	1	Sim, reforçou mais ♥.
NJF	3	Sim.

K (conhecimentos); V (valores); P (práticas); NJF (não justificou).
Fonte: Parra (2021).

Aqui, foi possível perceber que as relações dos participantes com o mundo natural, considerando as experiências com o curso, indicaram, sobretudo, concepções em que conhecimentos e práticas sociais são destacados, ocorrendo também presença de respostas que indicavam o aprendizado de conteúdos nas três dimensões KVP. Considerando a reduzida adoção da dimensão valorativa (V) nos processos de ensino e aprendizagem, cabe notar que, em sete respostas, identificamos a presença dessa dimensão no discurso, sobre o qual inferimos que os participantes perceberam a importância de se destacar a relação do ser humano com o mundo natural (SHANAHAN et al., 2015; COX et al., 2017), a partir da temática trabalhada no curso.

Considerando a aplicação prática desse aprendizado na prática pedagógica dos professores, na pergunta "O curso te influenciou na elaboração de atividades mais participativas, com ênfase em práticas voltadas para a vivência na natureza? Comente esse processo, se possível. (Caso você não atue como docente, considere sua atuação como multiplicador ou influenciador das pessoas ao seu redor)" (Q2), vinte responderam que sim, e apenas um respondeu negativamente, sob justificativa da pandemia. No quadro 8, destacamos as concepções identificadas nas respostas dos participantes, considerando as dimensões KVP presentes nas justificativas.

Quadro 8 – Categorias KVP encontradas nas respostas considerando a influência do curso na construção de atividades e práticas relacionadas com o meio natural, com exemplos de respostas.

CATEGO-RIAS	N. DE RESPOSTAS	EXEMPLOS DE RESPOSTAS
KVP	4	Sim, aprendi mais sobre como aproveitar terreno para cultivar variações de alimentos de forma saudável. Entendi melhor como as plantas e os microrganismos convivem de forma harmônica. Dessa forma, os conhecimentos que adquiri no curso irei passar para outros, sejam alunos ou não.
KP	7	Sim. Estamos elaborando um projeto para implantar uma agrofloresta no ano que vem na escola, e já contamos com a participação de alguns professores e estudantes. Minha família está adotando técnicas de adubação verde e estamos encantados com os resultados.
VP	3	Sim, influenciou muito. Alimentou ainda mais a vontade de fazer algo real pela mudança de hábitos, melhoria na saúde, na qualidade de vida.
K	1	Aprendi muita coisa, muita informação sobre agroecologia, técnicas sustentáveis.
P	2	Sim, ano que vem estou planejando o desenvolvimento de um projeto de agrofloresta em uma escola estadual da minha cidade.
NJF	2	Sim.

K (conhecimentos); V (valores); P (práticas); NJF (não justificou).
Fonte: Parra (2021).

Apesar da prevalência de respostas nas dimensões K e P, aliadas aos conhecimentos e práticas, havendo menor referência à dimensão valorativa, entendemos que os participantes se sentiram estimulados para realizar mudanças em suas práticas pedagógicas, seja na elaboração de projetos ou no interesse em implementar mudanças dentro e fora do contexto escolar, o que podemos classificar como um aprendizado da dimensão atitudinal do conteúdo (CONRADO; NUNES NETO, 2018).

Para a questão "Quais conteúdos do curso você achou mais relevantes para seu crescimento pessoal?", o quadro 9 mostra como organizamos as respostas em categorias que indicam o predomínio das dimensões KVP.

Quadro 9 – Categorias KVP encontradas nas respostas considerando os conteúdos mais importantes do curso, conforme os respondentes, com exemplos de respostas.

CATEGORIAS	N. DE RESPOSTAS	EXEMPLOS DE RESPOSTAS
KVP	4	Tudo foi importante.
KV	3	Plantar árvores, junto com horticultura e, ao mesmo tempo, a economia com a água, sempre reutilizei água, por isso, amei.
VP	4	Cooperar com a natureza, agir para o bem comum, desenvolver virtudes como a paciência, a curiosidade e a humildade de aprender com todos ao meu redor.
KP	1	Agrofloresta, educação, conversa, conceituações.
K	6	Educação ambiental, ensino de ética.
P	3	Aulas práticas, principalmente acerca do preparo de canteiros e uso de ferramentas.

K (conhecimentos); V (valores); P (práticas).
Fonte: Parra (2021).

Apesar da resposta "tudo", neste caso, não especificar as dimensões KVP, consideramos que o participante valorizou todas as ações, as atividades e os conhecimentos abordados no curso. Podemos notar, ainda, as dimensões K (14 respostas), P (12) e V (11) presentes nos discursos dos respondentes.

Por fim, na questão "Quais conteúdos do curso você achou mais relevantes para sua prática pedagógica? (Q2) (Caso não atue como docente, considere sua prática como um educador não formal, que influencia pessoas ao seu redor)", também organizamos as respostas em categorias que indicam a predominância das dimensões KVP (quadro 10):

Quadro 10 – Categorias KVP encontradas nas respostas considerando os conteúdos mais importantes do curso, conforme os respondentes, com exemplos de respostas.

CATEGO-RIAS	N. DE RESPOSTAS	EXEMPLOS DE RESPOSTAS
KVP	5	Todos que foram passados com a prática.
KP	2	Conteúdos sobre preparação de canteiros, ferramentas e estratos das plantas.
KV	1	Quanto à prática pedagógica, os conteúdos 'O papel dos valores e das virtudes na educação' e 'Educação e Promoção da saúde' foram os mais relevantes.
K	3	As formas de avaliação; educação na natureza.

K (conhecimentos); V (valores); P (práticas).
Fonte: Parra (2021).

Percebemos, com a análise dessa questão, que os estudantes valorizaram, sobretudo, a dimensão K, sendo esse resultado esperado, já que, muitas vezes, o termo "conteúdo" se refere, geralmente, a conhecimentos (ZABALA, 1998).

Considerações Finais

A partir do curso sobre Sistemas Agroecológicos e Agroflorestais, investigamos conhecimentos, valores e práticas (KVP) dos atores sociais participantes e percebemos que as dimensões conceituais, procedimentais e atitudinais dos conteúdos que envolvem as temáticas Educação, Agricultura e Agricultura Urbana estiveram presentes durante a formação, sendo mais expressas nos discursos referentes ao questionário final do curso.

Assim, a capacitação contribuiu para o desenvolvimento de concepções que explicitaram a dimensão atitudinal dos temas abordados, particularmente ressaltando valores, como paciência, amor e respeito, aliados às noções de conteúdos, além do aumento de conhecimentos científicos e ecológicos e o aumento de referências às práticas sustentáveis e educacionais sobre as temáticas Educação, Agricultura e Agricultura Urbana.

Além disso, a rotatividade de participantes no curso pode ter sido uma limitação para a pesquisa. Nesse sentido, uma oferta contínua de cursos de formação e demais iniciativas e atividades envolvendo Agricultura Urbana pode aumentar o vínculo dos participantes com os ambientes de produção agrícola (terrenos, quintais, hortas, florestas etc.), implementando soluções (como tecnologias sociais) para resolver essa rotatividade.

Por fim, acreditamos que essa pesquisa tem relevância para as tomadas de decisão sobre atividades de educação formal e não formal, sobretudo aquelas vinculadas à temática da agricultura urbana e das agroflorestas. Considerando os resultados referentes ao crescimento e ao engajamento de todos os envolvidos com o curso, recomendamos a realização de iniciativas que envolvam a Agricultura Urbana, visando à integração de educadores em torno de atividades que possam promover e ampliar ações de sustentabilidade socioambiental.

Referências

ALVES, Henrique Freitas. Ecologia política e agricultura urbana na América Latina. **Cadernos Prolam/Usp**, [S.L.], v. 19, n. 38, p. 214-239, 30 dez. 2020. Universidade de São Paulo, Agencia USP de Gestão da Informação Acadêmica (AGUIA). http://dx.doi.org/10.11606/issn.1676-6288.prolam.2020.171250.

ANDRADE, Dayana. **O que é Agricultura Sintrópica?** 2019. Disponível em: https://agendagotsch.com/pt/what-is-syntropic-farming/. Acesso em: 10 nov. 2021.

ANDRIOLI, Antônio I. Fome não se acaba com agricultura "forte". **Revista Espaço Acadêmico**, v. 3, n. 28, 5 ago. 2020.

BARDIN, Laurence. **Análise de conteúdo**. São Paulo: Edições 70, 2016. 229 p.

BRASIL. INSTITUTO BRASILEIRO DE GEOGRAFIA E ESTATÍSTICA. **Projeções e estimativas da população do Brasil e das Unidades da Federação**. 2021. Disponível em: https://www.ibge.gov.br/apps/populacao/projecao/index.html. Acesso em: 03 nov. 2021.

BLOCK, Karen et al. Growing Community: The Impact of the Stephanie Alexander Kitchen Garden Program on the Social and Learning Environment in Primary Schools. **Health Education & Behavior**, v.39, n.4, p.419–432, 2012.

CARNEIRO, Fernando Ferreira et al (org.). **Dossiê ABRASCO:** um alerta sobre os impactos dos agrotóxicos na saúde. Rio de Janeiro: Expressão Popular, 2015.

CLÉMENT, Pierre. Didactic Transposition and the KVP Model: conceptions as interactions between scientific knowledge, values and social practices. In: CONFERENCE OF THE EUROPEAN SCIENCE EDUCATION RESEARCH ASSOCIATION, 1., 2006, Braga. **Atas....** Braga: Esera Summer School, 2006. p. 9-18

COMASSETTO, Bruno Henrique *et al.*. Nostalgia, anticonsumo simbólico e bem-estar: a agricultura urbana. Revista de Administração de Empresas, [S.L.], v. 53, n. 4, p. 364-375, ago. 2013. FapUNIFESP (SciELO). http://dx.doi.org/10.1590/s0034-75902013000400004.

COMTE-SPONVILLE, André. **Pequeno Tratado das Grandes Virtudes**. 2.ed. São Paulo: WMF Martins Fontes, 2009.

CONRADO, Dália Melissa; NUNES-NETO, Nei. Questões sociocientíficas e dimensões conceituais, procedimentais e atitudinais dos conteúdos no ensino de ciências. In: CONRADO, Dália Melissa; NUNES-NETO, Nei (org.). **Questões sociocientíficas:** fundamentos, propostas de ensino e perspectivas para ações sociopolíticas. Salvador: Edufba, 2018. Cap. 1. p. 77-120.

CONRADO, Dália Melissa et al. Evolução e ética na tomada de decisão em questões sociocientíficas. **Revista Electrónica de Enseñanza de las Ciencias (REEC)**, v. Especial, p. 803-807, 2013.

COLL, Cezar. **Os conteúdos da reforma:** ensino e aprendizagem de conceitos, procedimentos e atitudes. Porto Alegre: Artes Médicas, 2000

CORRÊA NETO, Nelson Eduardo *et al.* **Agroflorestando o mundo de facão a trator:** gerando práxis agroflorestal em rede (que já une mais de mil famílias campesinas e assentadas). Barra do Turvo: Projeto Agroflorestar, 2016. 177p.

COX, Daniel T. C. et al. Doses of Neighborhood Nature: The Benefits for Mental Health of Living with Nature. **BioScience,** v. 67, n. 2, p.147-155, 2017.

CUVI, Nicolás. Introducción: biodiversidad y agricultura urbana. **Letras Verdes. Revista Latinoamericana de Estudios Socioambientales**, [S.L.], n. 19, p. 1, 2 maio 2016. Facultad Latinoamericana de Ciencias Sociales, Ecuador (FLACSO). http://dx.doi.org/10.17141/letrasverdes.19.2016.2223.

DADVAND, Payam et al. Green spaces and cognitive development in primary schoolchildren. **Proceedings Of The National Academy Of Sciences**, [S.L.], v. 112, n. 26, p. 7937-7942, 15 jun. 2015. Proceedings of the National Academy of Sciences. http://dx.doi.org/10.1073/pnas.1503402112.

De PIETRO, Matheus. C. Faces da harmonia no diálogo de uita beata de sêneca, **Revista do SETA**: Seminário de Teses em Andamento, v.3, n.14, p.717-727, 2009.

DUNN, Robert R. *et al.* The Pigeon Paradox: dependence of global conservation on urban nature. **Conservation Biology**, [S.L.], v. 20, n. 6, p. 1814-1816, dez. 2006. Wiley. http://dx.doi.org/10.1111/j.1523-1739.2006.00533.x.

EMBRAPA. **Grãos**. Brasília, 2016. Disponível em: embrapa.br/grandes-contribuicoes-para-a-agricultura-brasileira/graos. Acesso em: 04 set. 2021.

FAO. 2019. **The State of the World's Biodiversity for Food and Agriculture**, J. Bélanger & D. Pilling (eds.). FAO Commission on Genetic Resources for Food and Agriculture Assessments. Rome. 572 p.

FAO et al. **The state of food security and nutrition in the world:** transforming food systems for food security, improved nutrition and affordable healthy diets for all. Roma: Fao, 2021

GIL, Antonio C. **Métodos e técnicas de pesquisa social**. 6. ed. São Paulo: Atlas, 2008.

IBGE – INSTITUTO BRASILEIRO DE GEOGRAFIA E ESTATÍSTICA. **Censo Brasileiro de 2010**. Rio de Janeiro: IBGE, 2012.

MACHADO, Altair Toledo; MACHADO, Cynthia Torres de Toledo. **Agricultura urbana**. Planaltina – DF: Embrapa cerrados, 2002. 25 p.

MICCOLIS, Andrew; PENEIREIRO, Fabiana; MARQUES, Henrique; VIEIRA, Daniel; ARCO-VERDE, Marcelo; HOFFMANN, Maurício; REHDER, Tatiana; PEREIRA, Abílio. **Restauração ecológica com Sistemas Agroflorestais**: Como conciliar conservação com produção. Opções para Cerrado e Caatinga. Centro Internacional de Pesquisa Agroflorestal. Brasília. 2016. 267p.

MOURA, Juliano Avelar *et al.* Agricultura urbana e Periurbana. **Mercator**: Mercator – Revista de Geografia da UFC, [S.I], v. 12, n. 17, p. 69-80, jan./abr. 2013.

NUNES-NETO, Nei; CONRADO, Dália Melissa. Ensinando ética. **Educação em revista**, Belo Horizonte, v. 37, p. 1-28, 2021.

NUNES-NETO, Nei; DA SILVA, Fabiana Oliveira. Educação Agroflorestal: filosofia, ciência e educação por meio da integração entre teoria e prática com Sistemas Agroflorestais. In: ENCONTRO DO INSTITUTO NACIONAL DE CIÊNCIA E TECNOLOGIA EM ESTUDOS INTERDISCIPLINARES EM ECOLOGIA E EVOLUÇÃO (INCT IN-TREE). **Poster [...]**, Instituto de Biologia, UFBA, Salvador, Bahia, Brasil. Agosto de 2022. Disponível em: https://drive.google.com/file/d/141cAXJYhnQepehcgx0LAZeXrNvISN0pt/view?usp=share_link Acesso em 12 jan. 2023.

PARRA, Amanda de Almeida. **Conhecimentos, práticas e valores em um curso de formação em agroflorestas na agricultura urbana**. 2021. 35p. Trabalho de Conclusão de Curso (Graduação em Ciências Biológicas) – Faculdade de Ciências Biológicas e Ambientais, Universidade Federal da Grande Dourados, MS, 2021.

PORTO, Marcelo F.; MILANEZ, Bruno M. Eixos de desenvolvimento econômico e geração de conflitos socioambientais no Brasil: desafios para a sustentabilidade e a justiça ambiental. **Ciência & Saúde Coletiva**, v. 14, n. 6, p. 1983-1994, 2009.

REDE PENSSAN (Brasil). **Insegurança alimentar e covid no Brasil**. [S.I]: Rede Brasileira de Pesquisa em Soberania e Segurança Alimentar e Nutricional, 2021.

RIBEIRO, Silvana Maria *et al*. Agricultura urbana agroecológica na perspectiva da promoção da saúde. **Saúde e Sociedade**, [S.L.], v. 24, n. 2, p. 730-743, jun. 2015. FapUNIFESP (SciELO). http://dx.doi.org/10.1590/s0104-12902015000200026.

RIGOTTO, Raquel Maria *et al* **Pesticide use in Brazil and problems for public health.** Cad. Saúde Pública, Rio de Janeiro, v. 30, n. 7, p. 1360-1362

ROESE, Alexandre D. Agricultura urbana. Embrapa Pantanal- Artigo de divulgação na mídia **INFOTECA-E**, 2003

RODRIGUES, Adriana R. F.; LABURU, Carlos E. A Educação Ambiental no ensino de biologia e um olhar sobre as formas de relação entre seres humanos e animais. **Revista Brasileira de Pesquisa em Educação em Ciências**, v. 14, n. 2, p. 171-184, 2014.

ROMEIRO. Ademar. **Meio ambiente e dinâmica de inovações na agricultura**. São Paulo: Annablume: FAPESP 1998

SANGALI, Idalgo J.; STEFANI, Jaqueline. Noções introdutórias sobre a ética das virtudes aristotélica. **Conjectura**: Filosofia e Educação, [*s. l*], v. 3, n. 17, p. 49-68, set./dez. 2012. Trimestral.

SHANAHAN, Danielle F. The Health Benefits of Urban Nature: How Much Do We Need? **BioScience**, v. 65, n. 5, p. 476-485, 2015.

SCHERTZ, Kathryn E.; BERMAN, Marc G. Understanding Nature and its Cognitive Benefits. **Current Directions in Psychological Science**. v.28, n.5, p.496–502, 2019. DOI: 10.1177/0963721419854100

TORRES, Ana Cristina *et al.* Explorando la relación ser humano-naturaleza: agricultura urbana, ciencias de la conservación y ciudad. **Letras Verdes. Revista Latinoamericana de Estudios Socioambientales**, [S.L.], n. 19, p. 3, 2 maio 2016. Facultad Latinoamericana de Ciencias Sociales, Ecuador (FLACSO). http://dx.doi.org/10.17141/letrasverdes.19.2016.1948.

TRÉZ, Thales A.; NAKADA, Juliana I. L. Percepções acerca da experimentação animal como um indicador do paradigma antropocêntrico-especista entre professores e estudantes de Ciências Biológicas da UNIFAL-MG. **Alexandria**: Revista de Educação em Ciência e Tecnologia, v. 1, n. 3, p. 3-28, 2008.

UNEP. **Making Peace with Nature**: a scientific blueprint to tackle the climate, biodiversity and pollution emergencies. Nairobi: United Nations Environment Programme, 2021. 166 p

VEZZANI, Fabiane Machado. Solos e os serviços ecossistêmicos. **Revista Brasileira de Geografia Física**, [*s. l*], v. 8, n., p. 673-684, 2015.

ZABALA, Antoni. **A prática educativa: como ensinar**. Porto Alegre: Artes Médicas Sul, 1998.

ZIMMERMANN, Cirlene Luiza. Monocultura e transgenia: impactos ambientais e insegurança alimentar. **Veredas do Direito**: Direito Ambiental e Desenvolvimento Sustentável, Belo Horizonte, v. 2, n. 6, p. 79-100, jul./dez. 2009.

Agradecimentos:

Os autores agradecem aos professores Diego Marques da Silva Medeiros e Joseana Stecca Farezim Knapp, pelas sugestões que contribuíram para a melhoria desse texto; ao CNPq e à FAPESB, pelo apoio financeiro ao INCT IN-TREE (Instituto Nacional de Ciência e Tecnologia em Estudos Interdisciplinares e Transdisciplinares em Ecologia e Evolução); assim como à Pró-Reitoria de Extensão e Cultura da UFGD, pelo apoio ao projeto de extensão (Ecoagris). Todos contribuíram para a realização desse trabalho.

Indicações geográficas: potencialidade educadora da propriedade intelectual como proteção, valorização e contribuições para o desenvolvimento sustentável de territórios

Alcides dos Santos Caldas

Resumo

A singularidade dos territórios, lugares e paisagens, por meio dos registros de propriedade intelectual, está na ordem do dia, na agregação de valor à mercadoria. As Indicações Geográficas a partir do *Agreement on Trade-Related Aspects of Intellectual Property Rights (TRIPS)*, assinado por 180 países na Organização Mundial do Comércio (OMC), em 1994, *são incluídas como modalidade* de propriedade intelectual, assim como marcas, patentes e outros instrumentos, para evitar a concorrência desleal, o que abre janelas de oportunidades para a circulação de produtos com registro de propriedade intelectual vinculados à origem. O objetivo desse artigo é contribuir para a compreensão sobre a potencialidade educadora das indicações geográficas como instrumento de proteção da propriedade intelectual para um desenvolvimento territorial sustentável.

Palavras-chave: propriedade industrial; indicações geográficas; desenvolvimento territorial.

1. Introdução

A partir dos novos acordos estabelecidos entre as organizações supranacionais que regulam a circulação de mercadorias, como a Organização Mundial do Comércio (OMC) e a Organização Mundial da Propriedade

Intelectual (OMPI), a economia mundial vem, cada vez mais, intensificando os volumes de mercadorias entre povos, localidades, regiões, estados e países. Com o advento das novas tecnologias de informação e comunicação e da compressão de tempo e espaço, o mundo passa por processos de aproximação e, ao mesmo tempo, de distanciamento em suas relações.

A proteção da produção local, conforme estabelecido no *Agreement on Trade Related Aspects of Intellectual Property Rights (TRIPS*, 1994), firmado entre mais de 180 nações do planeta, configura-se, na atualidade, como uma forma de proteção dos produtos locais, inibindo as falsificações e regulando a circulação de mercadoria, num arranjo institucional que articula as associações de produtores, instituições públicas (federais, estaduais, territoriais e locais), instituições públicas locais (prefeituras, secretarias de governo), organizações não governamentais e instituições privadas.

Nesse contexto, a OMC normatiza e regula o comércio dos produtos agrícolas e gêneros alimentícios singulares, originários dos territórios dos países-membros. Esses territórios da propriedade intelectual estão obrigando gestores nacionais, estaduais e locais e corporativos a buscarem novas formas de qualificação territorial, visando à inserção no contexto das relações sociais de produção e da globalização.

As Indicações Geográficas (IGs), segundo o Acordo TRIPS (art.22), são definidas:

> Geographical indications are, for the purposes of this Agreement, indications which identify a good as originating in the territory of a member, or a region or locality in that territory, where a given quality, reputation or other characteristic of the good is essentially attributable to its geographical origin (TRIPS, Article 22, 1994).[1]

---

1 Indicações geográficas são, para os fins deste Acordo, indicações que identificam uma mercadoria como originária do território de um membro, ou de uma região ou localidade desse território, quando determinada qualidade, reputação ou outra característica da mercadoria seja essencialmente atribuível a sua origem geográfica (TRIPS, Artigo 22, 1994). Tradução livre.

No Brasil, em dezembro de 1994, foi assinado o Decreto n°1355, o qual incorpora as deliberações estabelecidas pelo referido acordo, consagrado com a publicação da Lei n° 9.279, em 14 de maio de 1996, e da Portaria n° 04, de 12 de janeiro de 2022. De acordo com o Instituto Nacional da Propriedade Industrial (Inpi), havia no Brasil, em 2022, 109 indicações geográficas, das quais 100 são nacionais e 09, estrangeiras.

As IGs são territórios-lugares, pois, para registro, é indispensável o nome do local que se tornou conhecido pela fabricação de determinado produto ou serviço, em articulação com a rede de produtores e apoiadores. Por outro lado, as indicações geográficas são territórios onde sua base física sustenta os produtores, bem como a sociedade local, verdadeira detentora do nome do lugar. De acordo com Cerdan (at al, 2010), os diversos sinais distintivos nasceram de um objetivo em comum: "distinguir a origem (seja geográfica ou pessoal) de um produto".

Dessa forma, os Direitos de Propriedade Intelectual podem ser entendidos como o conjunto de direitos que tem por finalidade a proteção das invenções ou criações do intelecto humano, não dependentes apenas da sua base material, mas fundamentalmente da intervenção intelectual humana (WIPO, 2020). Para Pimentel e Barral (2007), os direitos intelectuais são instrumentos que permitem manter tanto uma posição jurídica (titularidade) quanto uma posição econômica (exclusividade e singularidade).

Atualmente, a União Europeia concentra o maior número de indicações geográficas, estimado pela Organização Mundial da Propriedade Intelectual (OMPI) em 4.900 registros. Nos países da América Latina, o crescimento é significativo, assim como na África e na Ásia. No contexto nacional, as indicações geográficas estão concentradas, principalmente, nos estados de Minas Gerais, do Rio Grande do Sul e do Rio de Janeiro, mas estão presentes em mais 20 estados da Federação, com pelo menos uma indicação geográfica. Apenas nos estados do Amapá, de Rondônia, do Maranhão e de Roraima ainda não foram registrados quaisquer produtos. São indicações geográficas de produtos agroalimentares, bebidas, artesanato, produção mineral, vestuário e tecnologia da informação.

A partir disso, a questão norteadora levantada é em que condições, na fase atual do capitalismo, um lugar, dotado de características individuais, singulares, de saber-fazer vinculados à tradição, pode seguir caminhos que possibilitem o desenvolvimento territorial. Ou se os conteúdos desses territórios se tornam meros elementos de apropriação de valor por uma ordem dominante localizada nos centros de gestão do sistema capitalista.

O objetivo desse artigo é analisar a contribuição das indicações geográficas como instrumento de proteção da propriedade intelectual para o desenvolvimento territorial e a potencialidade educadora delas, no sentido de orientação para a sustentabilidade socioambiental.

2. O território: um complexo de representações e campo de lutas

O conceito de território provém do latim *territorium*, que significa pedaço de terra apropriado. Assim, o vocábulo latino terra é fundamental para se entender o significado da palavra território, pois explícita sua estreita ligação com a terra como um fragmento do espaço, onde se constroem relações tanto de base materialista quanto de base idealista". (HAESBAERT, 2004, 2006).

A discussão sobre o conceito de território, no contexto contemporâneo, torna-se de fundamental importância para as análises teóricas e metodológicas sobre a sua evolução nas diversas ciências. Trata-se de um termo polissêmico, bem como pode ser entendido como escala do planejamento para o desenvolvimento territorial.

> Na Economia, é entendido como fonte de recursos para acumulação de capital. Na Ciência Política, o termo é analisado a partir das relações de poder, relacionadas ao Estado. Na Antropologia, destaca-se sua dimensão simbólica, no estudo, sobretudo, das sociedades tradicionais. Na Sociologia, o seu papel de interventor nas relações sociais. Na Psicologia, o seu caráter subjetivo e pessoal, em uma escala individual, refletindo a identidade do sujeito (HAESBAERT, 2004).

Segundo o professor Milton Santos (2002):

> O território não é apenas o conjunto dos sistemas naturais e de sistemas de coisas superpostas. O território tem que ser entendido como o território usado, não o território em si. O território usado é o chão mais a identidade. A identidade é o sentimento de pertencer àquilo que nos pertence. O território é o fundamento do trabalho, o lugar da residência, das trocas materiais e espirituais e do exercício da vida" (SANTOS, 2002).

A identidade e as relações de pertencimento são os fundamentos principais do espírito do território.

O território, enquanto um conceito multidimensional apresentado por Haesbaert (2004), é concebido a partir da imbricação de múltiplas relações de poder, do poder mais imaterial das relações econômicas ao poder mais simbólico das relações de ordem mais estritamente cultural.

O referido autor apresenta três dimensões básicas para o entendimento desse conceito (HAESBAERT, 2004,79):Dimensão política/jurídica: o território é visto como espaço delimitado e controlado, por meio do qual se exerce um determinado poder.

a) Dimensão econômica: enfatiza-se a dimensão espacial das relações econômicas; o território é visto como fonte de recurso, ou é incorporado no embate entre classes sociais, ou na relação capital/trabalho, como produto da divisão territorial do trabalho.

b) Dimensão simbólica/cultural: aquele que prioriza a dimensão simbólica e mais subjetiva, em que o território é visto, sobretudo, como produto da apropriação/valorização de um grupo em relação ao seu espaço vivido. O produto é uma apropriação simbólica.

Nesse sentido, a discussão do autor trata o território como multidimensional, no qual estão imbricadas as relações de poder entre os agentes sociais do território, o que resulta em conflitos, tensões e pactuação sobre as ações no uso do território e a sua dimensão simbólica, que se pressupõe a apropriação.

3. Propriedade intelectual e proteção dos territórios produtores

De acordo com a Organização Mundial da Propriedade Intelectual (OMPI), a propriedade intelectual diz respeito à produção e à proteção das produções humanas.

> Propriedade Intelectual é a soma dos direitos relativos às obras literárias, artísticas e científicas, às interpretações dos artistas intérpretes e às execuções de radiofusão, às invenções em todos os domínios da atividade humana, às descobertas científicas, aos desenhos e modelos industriais, às marcas industriais, comerciais e de serviço, bem como às firmas comerciais e denominações comerciais, à proteção contra a concorrência desleal e todos os outros direitos inerentes à atividade intelectual nos domínios industrial, científico, literário e artístico. (www.wipo.int/about-ip/es/, acesso em 26/05/2022).

Atualmente, a propriedade intelectual está baseada em três grandes dimensões: a propriedade industrial (marca, patente, desenho industrial, segredo industrial e repressão à concorrência desleal e às indicações geográficas); os direitos de autor (direito do autor, direito conexos e programa de computador); e a proteção sus generis (topografia dos circuitos integrados, cultivar e conhecimento tradicional).

A proteção de determinados territórios que possuem características singulares/específicas já é objeto de atenção desde o século XIX, tais como:

a) Convenção de Paris (1883), em que se constitui o marco para a regulação de mercado, visando preservar o local de origem dos produtos diante da crescente internacionalização dos lugares, devido à ampliação do incremento da demanda e dos atrativos preços pagos por esses produtos, constituindo-se, dessa forma, a primeira iniciativa para normatizar e coibir o uso da falsa procedência e as falsificações de origem, a ser observada por países signatários.

b) O Acordo de Madri (1891) privilegiou discutir o tema da procedência dos produtos nos acordos comerciais por meio de tratado internacional, bem como no campo da política, em que os acordos multilaterais são formas de adequação dos interesses entre países signatários.

c) Acordo de Lisboa (1958) é o marco do reconhecimento das denominações de origem, assinado por 17 países, do qual o Brasil é signatário.

Os referidos acordos estão abrigados no âmbito da Organização Mundial da Propriedade Intelectual (OMPI).

> Em 1994, com a criação da Organização Mundial do Comércio, diversos acordos foram estabelecidos, no sentido de estabelecer novas regras na organização da circulação de mercadoria, agora no âmbito estritamente planetário, facilitado pelos avanços das tecnologias da informação, da microeletrônica, do advento da internet, para redução dos custos de transporte interplanetário. Nesse contexto, destaca-se o Acordo sobre os Aspectos dos Direitos de Propriedade Intelectual relacionados ao Comércio (ADPI ou, em inglês, TRIPS), firmado em 1994 por 180 países:

> Desejando reduzir distorções e obstáculos ao comércio internacional e levando em consideração a necessidade de promover uma proteção eficaz e adequada dos direitos de propriedade intelectual e assegurar que as medidas e procedimentos destinados a fazê-los respeitar não se tornem, por sua vez, obstáculos ao comércio legítimo (TRIPS, 1994).

O Acordo TRIPS vai definir as Indicações Geográficas, conforme o art.22:

> Indicações geográficas são, para os efeitos deste Acordo, indicações que identifiquem um produto como originário do território de um Membro, ou região ou localidade deste território, quando determinada qualidade, reputação ou outra característica do produto seja essencialmente atribuída à sua origem geográfica.

Essa definição, estabelecida no Acordo TRIPS, é a referência-base da reestruturação da propriedade intelectual relacionada com a circulação da mercadoria nos países signatários e que vem estimulando países, regiões, territórios e municípios a reposicionar seus produtos dentro do marco da proteção da propriedade intelectual, no sentido de buscar proteção quanto às falsificações, bem como atuar na valorização dos referidos produtos.

4. A propriedade intelectual no Brasil: legislação e registros de indicações geográficas

No Brasil, os registros de indicações geográficas, segundo Lei nº 9.279/1996, devem ser realizados pelo Instituto Nacional da Propriedade Industrial (Inpi), o qual, atualmente, a partir da Portaria nº 04, de 21 de janeiro de 2022, estabelece as normas para tal registro.

As indicações geográficas no país são de duas espécies: a Indicação de Procedência e a Denominação de Origem, conforme a Lei nº 9279/1996 e reafirmado na Portaria nº 04, de 21 de janeiro de 2022:

> Art. 9º Para os fins desta Portaria, constitui Indicação Geográfica a Indicação de Procedência ou a Denominação de Origem.
>
> § 1º Considera-se Indicação de Procedência o nome geográfico de país, cidade, região ou localidade de seu território, que se tenha tornado conhecido como centro de extração, produção ou fabricação de determinado produto ou de prestação de determinado serviço.
>
> § 2º Considera-se Denominação de Origem o nome geográfico de país, cidade, região ou localidade de seu território, que designe produto ou serviço cujas qualidades ou características se devam exclusiva ou essencialmente ao meio geográfico, incluídos fatores naturais e humanos.

A estrutura de uma indicação geográfica está constituída, segundo a legislação vigente, num território demarcado e nomeado, uma instituição de controle do processo produtivo e representativa dos produtores e produtoras, além de um caderno de especificações técnicas, instrumentos esses que passam a regular o território da propriedade intelectual após o registro no Inpi. São construídos pelas redes de produtores e colaboradores interessados em proteger e valorizar o produto, contribuindo para a melhoria do padrão organizativo dos produtores, para o aumento do valor agregado do produto e para uma melhor repartição entre os envolvidos no sistema produtivo (CALDAS, 2017, pg.86). Também estimulam a diversificação dos serviços oferecidos no território, o que colabora para a geração de pequenas empresas e novos negócios, a melhoria do padrão tecnológico de produção e marketing do produto e do território.

Atualmente, no Brasil, de acordo com o Inpi, existem 98 indicações geográficas, das quais 89 são nacionais e nove são estrangeiras, dos mais variados produtos (amêndoas de cacau, artesanato, biscoito, cachaça, café, couro, doce, farinha, fruta, queijos, rocha, vinhos etc.). Tais indicações cresceram de forma gradativa nos últimos 20 anos, quando foi registrada a primeira, Vale dos Vinhedos, nos anos 2000.

Ainda de acordo com o Instituto Nacional de Propriedade Industrial, dos 100 registros de indicações geográficas nacionais, 76 são na espécie de indicação de procedência e 24 em denominação de origem. Em termos regionais, a distribuição das IGs no Brasil, segundo os registros no Inpi (busca realizada em 05/08/2021), é a seguinte: a Região Sudeste concentra 32,18% do total das IGs registradas; a Região Sul, 29,89%; e a Região Nordeste, 22,99%. Por fim, as Regiões Norte e Centro-Oeste representam 10,34% e 4,60%, respectivamente.

5. Indicações geográficas: contribuições para o desenvolvimento territorial

Entre diversos autores e nos debates estabelecidos sobre as indicações geográficas, uma das perguntas principais que se coloca é se as IGs podem contribuir para o desenvolvimento territorial.

De acordo com Pecquer (2005, pg.11), Hirschman (1986) já tinha formulado, há 25 anos, um dos princípios fundamentais do desenvolvimento territorial: a revelação dos recursos escondidos.

Nessa obra (op. cit. p. 112), ele lembra seus próprios escritos de 1958, em que já sublinhava que, para promover o desenvolvimento econômico, importa menos encontrar as melhores combinações de recursos ou fatores de produção do que fazer aparecer e mobilizar a seu serviço recursos e capacidades escondidas dispersas ou mal utilizadas (grifo nosso).

Os recursos existem, podem estar escondidos e poderão ser ativados pelos agentes territoriais que os detêm.

Dessa forma, segundo Pecquer (2005, pg. 12):

o desenvolvimento territorial se caracteriza a partir da constituição de uma entidade produtiva enraizada num espaço geográfico. Designa todo processo de mobilização dos atores que leve à elaboração de uma estratégia de adaptação aos limites externos, na base de uma identificação coletiva com uma cultura e um território.

Pecquer (2005, pg. 13) cria duas noções para o entendimento do desenvolvimento territorial: os ativos e os recursos.

Por ativos, entendemos fatores "em atividade", enquanto os recursos são fatores a explorar, organizar, ou, ainda, revelar. Os recursos, diferentemente dos ativos, constituem reserva, um potencial latente ou virtual que pode se transformar em ativo se as condições de produção ou de criação de tecnologia o permitirem.

Segundo Dallabrida (2004), a territorialização do desenvolvimento deve ser entendida a partir das dimensões globalista e regionalista.

A primeira trata as "regiões e lugares como espaços homogêneos face à difusão das redes econômicas de integração produtiva, comercial, financeira e tecnológica no âmbito mundial. É parte da proposta da relação dialética entre o global e o local, relação esta responsável pela nova divisão do trabalho e pelos conflitos entre mundialização do capital, poder do Estado e características regionais". A segunda "associa o desenvolvimento às potencialidades, recursos e arranjos institucionais criados em locais e regiões específicos". (DALLABRIDA, 2004, pg. 35)

Entendendo as indicações geográficas como ativos de propriedade industrial que podem revelar os recursos escondidos do território, a figura 1 busca identificar possíveis contribuições para que se efetivem no território.

Tendo a IG como centralidade, ela pode contribuir:

a) para organizar o processo produtivo, exigido como condição para o registro de uma IG, estabelecido pelo Caderno de Especificações Técnicas. Ou seja, é necessário tornar visível e transparente o processo de aquisição de determinado produto ou serviço;

Figura 1 – Indicações geográficas: ativação dos recursos territoriais

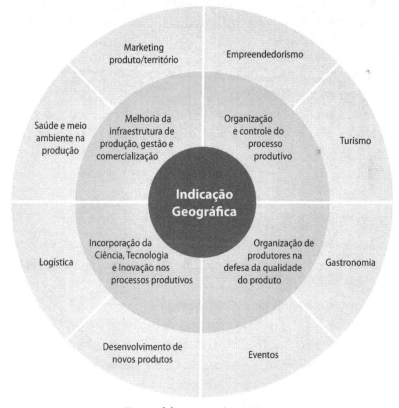

Fonte: elaboração própria, 2021.

a) organizar os produtores e produtoras é fundamental, pois é uma entidade representativa dos produtores e produtoras que deve solicitar o registro de uma IG. Portanto, as relações de comando, controle, gestão e governança do território da indicação geográfica estão sob a responsabilidade dos produtores e produtoras;

b) incorporar ciência, tecnologia e inovação nos processos de produção. A tradição e o saber fazer construídos ao longo do tempo, num espaço determinado na dedicação à elaboração de um certo produto ou serviço são o que dá sustentação a uma indicação geográfica. Dessa forma, devem ser preservadas as singularidades nos processos produtivos;

c) melhorar a infraestrutura de produção, gestão e comercialização do produto. Um produto ou um serviço com registro de indicação geográfica necessitam de políticas públicas que proporcionem a garantia da realização dos processos de produção, bem como a fluidez na forma de produzi-los, envasá-los, etiquetá-los e distribuí-los ao mercado.

Numa perspectiva mais ampla, as IGs podem articular ações com outros setores da economia, a exemplo do turismo e da gastronomia do território; estimular as inovações educacionais e formativas e desenvolvimento de novos produtos; e podem ajudar a identificar as questões relacionadas à saúde dos envolvidos no processo produtivo e à sustentabilidade ambiental.

6. Conclusões

As questões vinculadas ao território e sua perspectiva de desenvolvimento a partir da definição de Haesbaert, como mencionamos acima, podem ser analisadas desde as visões política, econômica e cultural. Podemos utilizar diversas noções dessas três perspectivas, no que diz respeito à noção de território, que ajudam a caracterizá-los. Na dimensão política, podemos destacar contiguidade, limite, controle, coesão, proximidade, coletividade e governança. Na dimensão econômica, produção coletiva, normas e acordos tácitos, cooperação e competição. Na dimensão cultural/simbólica, identidade, pertencimento, confiança, trocas materiais e imateriais, aprendizado coletivo e solidariedade.

Por outro lado, a discussão da propriedade intelectual não pertence somente aos grandes conglomerados empresariais, as classes abastadas, mas precisa ser apropriada e desfrutada por todos, ou seja, devem ser popularizados os seus conteúdos. O campo da propriedade intelectual é amplo desde as marcas, as indicações geográficas, as patentes, a concorrência desleal, o direito de autor, os programas de computador, o conhecimento tradicional etc.

Dessa forma, entendemos que o aprendizado da propriedade intelectual deve não somente atingir as universidades e os institutos tecnológicos, mas, sobretudo, torna-se urgente o seu ensino e o aprendizado nas escolas do ensino fundamental, da educação básica à profissional, para que o Brasil possa superar, efetivamente, o seu déficit em ciência, tecnologia e inovação, o que, consequentemente, contribuirá para a melhoria de vida de sua população.

Referências:

BARRAL, W.; PIMENTEL, L. O. **Propriedade Intelectual de Desenvolvimento**. São Paulo: Boiteux, 2007.

Brasil. Instituto Nacional da Propriedade Industrial. **Portaria n. 04, de 12 de janeiro de 2022**. INPI, 2022.

CALDAS, A. S.; ARAUJO, C. C; CURY, R. L. M. **As indicações geográficas (IGs) como estratégia de desenvolvimento territorial: desafios e potencialidades no distrito de Maragogipinho, Aratuípe, Ba**. RDE. Revista de Desenvolvimento Econômico, v. 3, p. 81-108, 2017.

CALDAS, A. S.; CERQUEIRA, P. S; OLIVERIA FILHO, J. E; PERIN, T. F. **A importância da denominação de origem para o desenvolvimento regional e inclusão social: o caso do território da cachaça de Abaíra-Ba**. Revista Desenbahia, Salvador, v. 2, n.3, p. 181-199, 2005.

CASTRIOTA, Leonardo Barci. **A questão da tradição: Algumas considerações preliminares para se investigar o saber-fazer tradicional**. Fórum Patrimônio: ambiente Construído e Patrimônio Sustentável, Belo Horizonte, 2014;

CERDAN, Claire; BRUCH, Kelly Lissandra (Org.). SILVA, A. L. (Org.). **Curso de propriedade intelectual & inovação no agronegócio: Módulo II, indicação geográfica** / Ministério da Agricultura, Pecuária e Abastecimento. 2. ed. Florianópolis: SEaD/UFSC/FAPEU, 2010. v. 1. 376p;

DALLABRIDA, Valdir R.; SIEDENBERG, Dieter; FERNANDEZ, Víctor R. **Desenvolvimento a partir da perspectiva territorial**. *Desenvolvimento em questão*, Unijuí, ano 2, n. 4, jul./dez. 2004.

FAO. **Uniendo personas, territorios y productos: Guía para fomentar la calidad vinculada al origen y las indicaciones geográficas sostenible**. FAO, Itália, 2010.

HAESBAERT, Rogério. **Regional-Global: dilemas da região e da regionalização na Geografia Contemporânea**. Bertrand Brasil, Rio de Janeiro, 2010;

HOBSBAWM, Eric & RANGER, Terence (org.). **A invenção das tradições**. Rio de Janeiro: Paz e Terra, 1984.

PECQUER, Bernard. **O desenvolvimento territorial: uma nova abordagem dos processos de desenvolvimento para as economias do Sul**. Revista Raízes, Vol. 24, Nºs 1 e 2, jan.–dez./2005. Campina Grande, 2005.

SANTOS, Milton. **A Natureza do Espaço: Técnica e Tempo, Razão e Emoção**. 4. ed. 2. reimpr. – São Paulo: Editora da Universidade de São Paulo, 2006;

SHILS, Edward. **Tradition**. Chicago: University of Chicago Press, 1981.

WIPO. **O que é propriedade intelectual**. Disponível em <https://www.wipo.int/publications/es/details.jsp?id=4528. Acesso em 26 de maio de 2022.

WTO. **Trade-Related Aspects of Intellectual Property Rights – TRIPS**. Disponível em <https://www.wto.org/english/tratop_e/trips_e/trips_e.htm>. Acesso em 17 de julho de 2019.

Conflitos socioambientais no território do Extremo-Sul da Bahia e a Escola Popular de Agroecologia e Agrofloresta Egídio Brunetto: a luta popular e as estratégias pedagógicas libertadoras na construção da agroecologia

Felipe Otávio Campelo e Silva
Fábio Frattini Marchetti
Meriely Oliveira de Jesus
Dionara Soares Ribeiro
Valdete Oliveira Santos

Resumo

O presente artigo sobre a luta popular e as estratégias pedagógicas libertadoras da Escola Popular de Agroecologia e Agrofloresta Egídio Brunetto (EPAAEB) apresenta uma análise da história dos conflitos socioambientais no território do Extremo-Sul da Bahia e de como o Movimento dos Trabalhadores Rurais Sem Terra (MST) construiu, na última década, as bases para a configuração de um dos maiores movimentos massivos de agroecologia no Brasil. Sua capacidade de articulação social permitiu estabelecer uma ação popular suficientemente forte para a conquista de mais de 30.000 hectares de terra e a consolidação do Projeto de Assentamentos Agroecológicos (PAA), em parceria com a Escola Superior de Agricultura Luiz de Queiroz (ESALQ/USP), por meio do Núcleo de Apoio à Cultura e Extensão em Educação e Conservação Ambiental (NACE-PTECA). Resgatamos, aqui, algumas ações educativas desenvolvidas pela EPAAEB, que desembocaram em diversas atividades para reverter o atual quadro regional de destruição do bioma Mata Atlântica, buscando romper a histórica e persistente dicotomia entre desenvolvimento social e preservação ambiental. Identificamos também o potencial de ferramentas pedagógicas, cujos resultados apontam para novas possibilidades na construção popular da agroecologia e na elaboração de parâmetros para a formulação de políticas públicas no campo do desenvolvimento rural sustentável.

1. Crise civilizatória, modelo agroexportador, covid-19 e agroecologia

Uma das consequências nefastas de um modelo de desenvolvimento genocida é a covid-19. No Brasil, foram mais de 660 mil mortes e impactou economicamente milhões de famílias. A sociedade percebe, estarrecida, quão estreita é a relação entre saúde, ecologia e economia.

Assim como observado por Giraldo (2014), percebemos que a crise ambiental em que estamos imersos representa uma crise da civilização ocidental moderna, da sua racionalidade e do pensamento dicotômico entre natureza e sociedade, entre indivíduo e comunidade, entre ser humano e ser objeto. Ainda segundo o autor, essa cisão, fruto da movimentação histórica da sociedade, trouxe consequências do olhar humano sobre a natureza, produção de ciência e tecnologia, coisificando-a, dominando-a e instrumentalizando-a para atender aos interesses econômicos em detrimento dos interesses sociais e ambientais.

Esse pensamento se materializou em nossa sociedade ao longo de séculos, e podemos percebê-lo ao analisar o fragmento do discurso de Descartes, produzido no século XVII, que aponta caminhos para entender as transformações filosóficas e, portanto, na ciência, ocorridas na sociedade no momento da transição do feudalismo para o capitalismo:

> ... se puede encontrar una filosofía eminentemente práctica, por medio de la cual, conociendo la fuerza y las acciones del fuego, del agua, del aire, de los astros, de los cielos y todo lo que nos rodea [...] aplicaríamos esos conocimientos a todos los usos adecuados y nos constituiríamos en amos y poseedores de la naturaleza (Descartes en su *Discurso del Método* (2008: 38) *apud* Giraldo 2014, p. 06).

Tal ideia se perpetua como a lógica de desenvolvimento da sociedade moderna e industrial, na qual a natureza, sendo finita, é explorada como se não fosse, num ciclo de exploração e degradação que tem nos transformado numa "sociedade genocida", ou, como nos alertou Vidal (2000) sobre o modelo de desenvolvimento do Brasil, uma "civilização suicida".

A secção entre o ser humano e a natureza pode ser identificada como o

> mayor problema ontológico de la cultura occidental, en la medida en que hemos olvidado que nuestro ser, solo es posible que sea, en una relación intercorporal con todo lo demás, es decir, en el vínculo con otros cuerpos plantas, otros cuerpos animales, otro cuerpo agua, e incluso, otros cuerpos como el carbón o el petróleo (GIRALDO, 2020 p. 10).

A visão reducionista e compartimentada dos elementos naturais nos impede de relacionar a complexidade dos fenômenos naturais e sociais. Além disso, imersos em uma grave crise civilizatória, as secas, as queimadas, a fome, a falta de trabalho, as pandemias, as contaminações por venenos agrícolas, as erosões, os massacres de povos tradicionais, os sem-terras, sem casas, os sem perspectivas, os assassinatos da juventude negra nas periferias, todos esses são fenômenos interligados, que mostram que não há saídas possíveis dentro do modelo capitalista.

Os caminhos da macroeconomia, das ciências e tecnologias produzidas não são possíveis de solucionar os graves dilemas ambientais, sociais, culturais e econômicos; ao contrário, têm fortalecido as desigualdades sociais e os desequilíbrios ecológicos.

Nos mesmos termos, Altieri (2020) nos alerta, a partir de uma análise crítica e sistêmica, que:

> La mayoría de nuestros problemas globales: escassez de energia y de agua, degradación ambiental, cambio climático, desigualdade económica, inseguridad alimentaria y otros, no pueden abordarse de forma aislada, ya que estos

problemas están interconectados y son interdependientes. Cuando uno de los problemas se agrava, los efectos se extienden por todo el sistema, exacerbando los otros problemas (ALTIERI, 2020).

O modelo da agricultura industrial destrói os mecanismos ecológicos que garantem o funcionamento dos biomas, substituindo a biodiversidade por monoculturas geneticamente homogêneas, cultivadas com uma multiplicidade de venenos para combater plantas espontâneas, insetos pragas e doenças agrícolas; e estimulando uma pressão genética com potencial para selecionar novas, mais agressivas e mais resistentes espécies e variedades, com maior potencial de prejuízos ao próprio sistema de produção convencional.

As pandemias, por sua vez, mais do que consequências naturais, são igualmente produtos sociais, fruto da lógica de exploração da natureza, da forma desgarrada e prepotente do olhar do ser humano sobre a natureza. É resultado de um modelo de desenvolvimento que tem trazido riscos iminentes da própria existência humana, um modelo genocida e suicida (BUTLER, 2020).

Em um cenário de crise civilizatória, a agroecologia se apresenta como uma alternativa crível e emancipatória para nossa humanidade, pois traz, na sua gênese, os elementos necessários para superar a crise, colocando os elementos da luta, da práxis e da ciência como norteadores desse novo caminhar (ALTIERI; NICHOLLS, 2020).

Não é possível mudar as causas suicidas de nossa sociedade, como as brutais desigualdades socioeconômicas, sem realizar uma reforma agrária massiva e abrangente, capaz de promover a partilha dos frutos colhidos pela laborosa história da humanidade. Há que se pensar numa nova racionalidade, em que o bem comum seja, de fato, percebido, respeitado e exercido. A natureza não pode ser apropriada por poucos, tampouco pode ser destruída por essa saga do capital. As grandes metrópoles, suas misérias e seus problemas sociais e ecológicos decorrentes são uma demonstração da falência e brutalidade desse modelo.

Os camponeses têm demonstrado, ao longo de milhares de anos, como construir territórios sociobiodiversos, garantindo a diversidade genética, alimentar, cultural e a estrutura de circuitos curtos de comercialização, que nos permitem ser mais sustentáveis ao fortalecer a resiliência necessária para a sustentação socioeconômica e ambiental do planeta.

Não há como construir novas referências da ciência sem romper com a forma dicotômica entre o ser humano e a natureza, sem entendermos que somos parte dessa e, com isso, compreender e apreender sobre a sua profunda complexidade de relações extremamente interdependentes. Dentro dessa perspectiva, a ciência, em especial a agroecologia enquanto ciência, coloca-se, então, como um poderoso instrumento para avançarmos no entendimento holístico sobre os fenômenos ecológicos e sociais, no respeito às diversidades culturais, climáticas e, portanto, ecológicas, como aponta Sevilla Guzmán e González de Molina (1996) *apud* Caporal (2004):

> a Agroecologia corresponde a um campo de estudos que pretende o manejo ecológico dos recursos naturais, para, a partir de uma ação social coletiva de caráter participativo, de um enfoque holístico e de uma estratégia sistêmica, reconduzir o curso alterado da coevolução social e ecológica, mediante um controle das forças produtivas que estanque seletivamente as formas degradantes e expoliadoras da natureza e da sociedade (CAPORAL, 2004).

A agroecologia se torna, então, uma importante ferramenta na reversão do atual modelo de desenvolvimento da nossa sociedade, sendo ciência, práxis e luta social, incorporando-se à pauta estratégica de diversos setores da sociedade civil organizada, em especial dos camponeses ao redor do mundo.

Entre essas iniciativas, encontra-se o projeto de assentamentos agroecológicos no Extremo-Sul da Bahia, construído a partir da luta social do Movimento dos Trabalhadores Rurais Sem Terra (MST) contra a expansão da monocultura do eucalipto e materializado pela parceria com o Núcleo de Apoio à Cultura e Extensão em Educação e Conservação Ambiental (NACE-PTECA/ESALQ/USP).

Nesse sentido, passamos a analisar o contexto local e histórico do território do Extremo-Sul da Bahia e, com isso, compreender as ações desenvolvidas pela Escola Popular de Agroecologia e Agrofloresta Egídio Brunetto (EPAAEB) na construção da agroecologia.

2. O território do Extremo-Sul da Bahia

O território do Extremo-Sul da Bahia é composto por 21 municípios, possui uma área de 30.520 km² delimitada, ao sul, pelo estado do Espírito Santo; a oeste, pelo estado de Minas Gerais; ao norte, pelo território litoral-sul baiano; e, a leste, pelo oceano Atlântico (IMA, 2008).

Seu processo de ocupação pode ser considerado tardio, tomando como base outras regiões do Brasil, na medida em que, do século XVI ao XVIII, sua população se restringia a pequenos povoados, que exerciam agricultura de subsistência e localizavam-se próximos aos rios e às faixas litorâneas (PERPÉTUA, 2016, p. 227).

No início do século XIX, formam-se, na região, as primeiras fazendas de café, localizadas onde hoje está o município de Nova Viçosa, que, baseando-se no trabalho escravo, chegaram a ter mais de 650.000 pés de café, com produção voltada à exportação. Esse cenário se altera com a proibição do tráfico negreiro, o que determina, entre outros motivos, a falência das lavouras de café (CARMO, 2010).

Segundo Pedreira (2008, p. 78), não possuindo grande atrativos econômicos até meados do século XX, o uso das terras se dava pelos negros (agora "libertos") e mestiços, que exerciam uma agricultura de subsistência de base familiar. Esse processo, somado aos milhares de indígenas da região, podemos chamar de formação do campesinato, no que viria a ser chamado de território do Extremo-Sul da Bahia:

> Nesse sentido, a existência de terras desocupadas e a ausência de coerção de força de trabalho, associadas ao papel marginal da região na economia estadual e nacional, permitiram a formação de uma sociedade baseada na pequena agricultura familiar, mantendo-se como fronteira de ocupação aberta, ao tempo em que retardou a emergência e a consolidação de uma elite local dominante (PEDREIRA, 2008).

Na transição da primeira para a segunda metade do século XX, a dinâmica econômica se altera na região, com a implantação das primeiras malhas viárias (BR 05 e BR 418), intensificação das madeireiras (rudimentares, no início, e mais equipadas a partir da década de 60, como a Bralanda e a Cia Itamarajú Agroindustrial), pecuária extensiva, ampliação de monoculturas de café e, mais recentemente, a expansão do eucalipto (AMORIM, 2006; IMA, 2008; PEDREIRA, 2008; NETO, 2012; SANTANA et al., 2017).

O monocultivo do eucalipto inicia-se na década de 1980 e, na década seguinte, intensifica sua expansão, principalmente com a construção de fábricas de papel e celulose em Mucuri e Eunápolis, tornando, então, a região responsável por 90% da produção de celulose do estado. A produção de madeira passou de 350.000 metros cúbicos, em 1991, para 5.038.564 de metros cúbicos em 2004, desconsiderando diversas legislações locais e, em muitos municípios, extrapolando a área total permitida para o plantio de eucalipto (IMA, 2008; NETO, 2012).

O avanço do plantio no território contou com recursos públicos (BNDES, isenções de prefeituras, crédito agrícola para fomentos) e ocasionou um aumento populacional significativo. O município de Mucuri, onde, em 1992, foi instalada a fábrica Susano Bahia Sul Papel e Celulose S.A., teve sua população aumentada de 4.810 habitantes, em 1991, para 22.305 habitantes em 2005 (IMA, 2008).

Paralelamente à expansão do eucalipto no Extremo-Sul da Bahia, segundo dados do Instituto do Meio Ambiente do estado da Bahia (IMA, 2008), os empregos permanentes no campo diminuíram 66% de 1985 para 1995, passando de 20.249 para 8.914, respectivamente e os empregos temporários tiveram uma redução de 90%, diminuindo de 23.111 para 2.398. O êxodo rural foi outro fenômeno largamente observado, quando a população rural passou de 77%, em 1980, para 22% em 2000. Os estabelecimentos rurais com menos de 50 hectares tiveram uma redução no total de área de 155.753 hectares para 66.595 hectares nesse mesmo período.

Para esse fenômeno, podemos utilizar a expressão "modernização conservadora" (GUIMARÃES, 1977; AZEVEDO, 1982), pois, mesmo sendo analisada sobre contextos diferenciados, no Extremo-Sul da Bahia, suas consequências se assemelham, na medida em que a modernização também trouxe impactos diretos nas formas de vida dos povos campesinos, no sentido dos recorrentes conflitos pela terra, pelas mudanças no trabalho, pelo inchaço populacional das cidades, pelo intenso êxodo rural e pelas mudanças na paisagem, que, concatenados, trouxeram também alterações significativas no pensar do camponês sobre seu território (IMA, 2008; NETO, 2012; PEDREIRA, 2008; SANTANA et al., 2017; TAVARES, 2005).

Diante das contradições acima descritas, o território se torna palco de diversos conflitos pela posse e pelo uso da terra. Quilombolas, ribeirinhos, pescadores, extrativistas, indígenas, sem-terras e agricultores familiares, organizados em diversos movimentos sociais, intensificaram suas formas de luta, o que culminou em pressões locais, nacional e mesmo internacional, as quais trouxeram os governos estadual e nacional para a mediação necessária.

O MST se fortalece no território, e sua estratégia de enfrentamento à expansão das empresas de papel e celulose desencadeou uma série de ocupações de terras, marchas e denúncias, que, sob mediação do governo federal e estadual, resultou na conquista de 17 assentamentos, beneficiando aproximadamente 1.650 famílias, em nove municípios do Extremo-Sul da Bahia, em terras que seriam ou eram, então, destinadas ao plantio de eucalipto (EPAAEB, 2018).

Para esses novos assentamentos, pensou-se na construção de territórios livres do analfabetismo, da monocultura e dos agrotóxicos, um espaço de construção de tecnologias adaptadas à realidade camponesa, que se baseia nos princípios da agroecologia e da educação do campo, considerando, entre outras ações, a organização da produção e a recuperação do bioma da Mata Atlântica, e entendendo que a *"luta pela terra é a luta por um tipo de território: o território campesino"* (FERNANDES, 2018, p.274).

E é nesse contexto de conquista de terras que se materializa, em 2013, a EPAAEB, um espaço de organização das diversas estratégias, colocadas no escopo do Projeto Assentamentos Agroecológicos (PAA/MST/

ESALQ/USP), para a consolidação da agroecologia em âmbito territorial, com os 17 assentamentos conquistados, somando mais de 28.000 hectares de terra na região.

3. Escola Popular de Agroecologia e Agrofloresta Egídio Brunetto (EPAAEB) e suas práticas pedagógicas no Extremo-Sul da Bahia.

A constituição da EPAAEB foi fruto de muitas mãos, muitas reflexões e um processo intenso de análise sobre a questão agrária colocada para o território do Extremo-Sul da Bahia. Sua força motriz foi a consolidação de um conjunto de ações articuladas que visaram ao fortalecimento da reforma agrária popular e agroecológica.

Pensou-se, primeiramente, no caráter da EPAAEB como um espaço de reflexão da questão agrária no território, para, a partir de uma leitura histórica e crítica da realidade, estabelecer caminhos para a construção de um outro projeto de desenvolvimento para nossa região, diferente daquele estabelecido pelo agronegócio e pela monocultura. Foi nesse sentido que se estruturaram as ações que permitiram uma construção coletiva desse caminhar, envolvendo os povos tradicionais da região, movimentos sociais do campo e da cidade, universidades e institutos de pesquisa, bem como outras instituições com diretrizes vinculadas à produção agroecológica, conservação dos recursos naturais e reforma agrária popular.

Havia a necessidade de uma organicidade que desse conta do enorme desafio de construção da agroecologia e da recuperação do bioma da Mata Atlântica nos assentamentos agroecológicos da região, e, para isso, a estratégia do MST foi estruturar frentes de atuação, que elencamos a partir dos seguintes eixos:

a) Diagnóstico socioambiental

Uma das primeiras ações foi estruturar um coletivo que pudesse iniciar o processo de pensar a distribuição social das famílias, a partir de uma leitura das características ambientais que cada área apresentava.

Para isso, foram realizados um diagnóstico socioeconômico, com todas as famílias acampadas, e um levantamento das características estruturais (bióticas e abióticas).

Criou-se também uma base de dados que permitiu a elaboração de mapas que apontavam para as potencialidades e fragilidades ambientais, como a situação das reservas legais, a área de preservação permanente, o uso dos solos, as áreas de uso restrito, as estradas, áreas sociais, entre outras.

Como aspecto fundamental para essa ação citamos que todas as etapas foram construídas de forma participativa com as famílias, desde o planejamento, a leitura da realidade ambiental com as caminhadas transversais, as coletas de solos, as análises de regiões críticas, a montagem do mapa falante, entre outras atividades. Essa leitura coletiva permitiu o ato de prospecção e de reflexão e, com isso, a formulação de proposições para usos racionais de cada espaço.

Outro elemento importante no diagnóstico foi o levantamento dos sonhos produtivos das famílias, os quais foram construídos e apresentados como desenhos dos futuros lotes para as demais famílias em cada Núcleo de Base (NB), que é composto por 10 famílias. Esse método participativo se mostrou um importante instrumento analítico, pois, a partir das informações qualitativas e sistematizadas, consolidaram-se os futuros NBs ou núcleos de famílias, famílias essas que foram agrupadas no assentamento de acordo com os sonhos individuais comuns. A atividade se revelou uma potente ferramenta pedagógica, permitindo visualizar, coletivamente, os futuros arranjos produtivos de cada lote e do conjunto dos 10 lotes que compõem um NB, identificando, portanto, o grau de diversificação ou homogeneização ambiental e produtiva em cada assentamento.

b) Formação em agroecologia e implantação de unidades experimentais

Podemos destacar o segundo bloco de atuação como o processo de formação técnica em agroecologia, que contemplou cursos, oficinas, seminários e viagens de intercâmbio, com o objetivo de despertar a consciência coletiva acerca dos diferentes temas em agroecologia e consciência de classe.

Essas formações resultaram na constituição dos promotores agroecológicos, compostos por representantes das áreas, com a função de promover o intercâmbio de saberes entre os camponeses e estimular a reflexão coletiva sobre cada área e a importância da construção da agroecologia em escala local, no assentamento, e regional, no território.

Com isso, definiu-se a criação de um espaço em cada pré-assentamento que serviria como um laboratório da consolidação de práticas agroecológicas, onde as famílias pudessem exercitar a prática do planejamento coletivo, a distribuição das tarefas, a análise de resultados e proposições de novas ações. Assim, podemos dizer, aqui, que exercemos coletivamente uma práxis agroecológica.

Denominamos esses espaços de unidades experimentais, com o tamanho variando em um hectare/pré-assentamento. Nelas, foram inseridas práticas como produção de adubos e compostos orgânicos e arranjos produtivos com hortas, adubos verdes, frutíferas, árvores nativas e culturas perenes. Além disso, as famílias desenvolveram ações de implantação, manejo e avaliação de arranjos produtivos biodiversos, levando seus resultados a reuniões com os demais promotores, para reflexão coletiva, na sede da EPAAEB.

Tais atividades formativas se mostraram ricos momentos de intercâmbio entre o conhecimento popular e o científico e entre os diversos saberes da equipe técnica e os camponeses, servindo para apresentar os avanços e os limites e pensar coletivamente as ações capazes de potencializar as unidades experimentais.

Os debates travados nas formações e nas reflexões versaram, principalmente, sobre as dificuldades e as estratégias para potencializar a ação coletiva, como os problemas técnicos nos arranjos produtivos, as análises de adubos verdes, a diversificação florística e o uso de caldas ecológicas.

c) Redes produtivas

Diante dos desafios que as reflexões, colocadas pelo conjunto das famílias, trouxeram, em especial sobre comercialização e baixa fertilidade dos solos nas áreas, foram criadas diferentes frentes de estudo para estruturar e planejar redes produtivas específicas. A seguir, elencaremos, brevemente, três dessas, a título ilustrativo.

Frente da Comercialização

A frente de comercialização teve início a partir de um estudo de mercados locais e regionais, especialmente as feiras livres, mostrando a origem e a oferta de produtos agrícolas para a região do Extremo-Sul da Bahia. Trata-se de um importante estudo que mostrou as potencialidades e os limites do mercado agropecuário da região, conduzido por um coletivo do Projeto Assentamentos Agroecológicos (PAA), a partir de entrevistas com 105 feirantes nos municípios de Itabela, Porto Seguro, Santa Cruz Cabrália e Eunápolis, por meio de questionário semiestruturado (CRESPI, 2013). Os dados apontaram que 50% das frutas e hortaliças das feiras de Porto Seguro são oriundas de outros municípios do estado ou, ainda, do estado do Espírito Santo.

A rede de comercialização se estruturou como um coletivo regional que tem avançado no diagnóstico produtivo e na proposição de projetos de acesso a políticas públicas, como o Programa Nacional de Alimentação Escolar (PNAE), de organização de cestas agroecológicas, de acesso às feiras livres e de acesso aos mercados formais, além de, mais recentemente, ter colaborado para a estruturação de cinco grupos de certificação participativa com a rede de certificação de povos da mata agroecológico.

Frente da Mandiocultura

A frente da mandiocultura e derivados também se iniciou a partir de um importante diagnóstico sobre a cadeia produtiva da mandioca na Regional MST Extremo-Sul da Bahia, por meio de um levantamento das áreas de produção, localização, situação e capacidade produtiva das casas de farinhas nos assentamentos e acampamentos vinculados ao MST, bem como sobre os destinos de comercialização e identificação das diferentes qualidades e variedades regionais de mandioca e de farinha (MST, 2019).

Esse estudo foi parte de uma tese de doutorado na ESALQ (MARCHETTI, 2018) e culminou na devolutiva dos resultados em um seminário, que contou com toda a direção política da Regional MST Extremo-Sul da Bahia, proprietários das farinheiras, agricultores, representantes do setor de produção, pesquisadores e equipes técnicas dos assentamentos agroecológicos e da frente de comercialização.

Nesse seminário, foram percebidas diversas potencialidades, como o volume de produção de farinhas, a diversidade de variedades crioulas de mandiocas e os tipos diferentes de farinhas e outros derivados, bem como o número excepcional de casas de farinha e de pessoas que trabalham na atividade. Também foram apontados limites, como a necessidade de adequação ambiental de algumas farinheiras, a baixa produtividade das roças e o baixo preço de comercialização por conta da atuação dos atravessadores, além da flutuação de preços no mercado da farinha.

A partir disso, organizou-se um novo coletivo, que está trabalhando na fase final da produção da marca da farinha dos assentamentos da reforma agrária do Extremo-Sul da Bahia, fortalecida pela construção de duas farinheiras agroecológicas nos assentamentos Margarida Alves e Gildásio Sales, em moldes produtivos e ambientalmente adequados, além da consolidação do logotipo, registro, selos e embalagens.

Frente de Bioinsumos

A rede dos bioinsumos surgiu pela avaliação coletiva do MST de que havia um passivo produtivo-ambiental nos solos dessas áreas, com problemas no aspectos físico, químico e biológico, além da baixa fertilidade. Constituiu-se, portanto, um coletivo específico, que elaborou um projeto de agroindústria para a produção de adubos orgânicos farelados em diferentes formulações, contribuindo para estimular as potencialidades produtivas dos assentamentos e mitigar a baixa fertilidade das áreas.

Esse projeto foi apresentado e aprovado com a rede Bahia produtiva, do governo do estado da Bahia, para captação de recursos no primeiro semestre de 2022, mas, até o momento de finalização dessa publicação, ainda não havia sido liberado.

Tal coletivo participa da rede de bioinsumos nacional do MST e vem desenvolvendo articulações com entidades de pesquisa do Brasil e de outros países, realizando encontros formativos e seminários nacionais e internacionais. O coletivo também tem desenvolvido diversas experiências na sede da EPAEEB em análises dos efeitos de diferentes dosagens e formulações de adubos e compostos orgânicos, a partir dos programas de estágio desenvolvidos por estudantes do curso técnico em Agroecologia da EPAAEB.

d) Quintais produtivos

Um eixo que assumiu um papel estratégico na consolidação dos objetivos do Projeto Assentamentos Agroecológicos (PAA) foi o de quintais produtivos, organizados a partir de princípios da agroecologia e apoiados em três pilares centrais: a) construção coletiva e horizontal do conhecimento; b) promoção do aumento da biodiversidade; e c) promoção da soberania alimentar. É importante salientar que os quintais foram construídos nos lotes de cada família e somam mais de 836 quintais de um hectare cada, contabilizados até o primeiro semestre de 2022.

O tamanho de um hectare foi definido a partir da ideia de que é possível aliar os elementos anteriores com a proposta de geração de renda a curto e médio prazos, para sobrevivência das famílias, até a estruturação econômica dentro do lote. Ou seja, a concepção do quintal em torno da casa se mantém ao longo do desenvolvimento dos lotes, ampliando-se as ações produtivas ao seu redor. Foram organizadas diversas formações para elaboração participativa dos croquis dos quintais produtivos, que priorizaram o diálogo e os conhecimentos locais.

Vale salientar que, em média, transcorreram três anos após o diagnóstico ambiental para a implementação dos quintais produtivos. Nesse período, ocorreu um intenso processo de formação e reflexão dos assentados sobre a situação socioambiental local. Com isso, construiu-se, com o conjunto das famílias, a proposta de se pensar uma ação que pudesse aliar a produção de alimentos a curto e médio prazos à regeneração ambiental dos assentamentos.

A primeira fase ocorreu em um processo organizativo, ainda durante a alocação das famílias nos lotes, o que permitiu uma leitura coletiva da qualidade dos solos ao redor das casas e suas demandas prioritárias, como gessagem, calagem e fosfatagem. De forma coletiva, o grupo deu início à elaboração dos arranjos produtivos e realizou uma série de estudos com as famílias, resgatando seus sonhos produtivos (agora, com as famílias já agrupadas em NB) e como se organizavam, a partir da realidade dos lotes em que se encontravam.

Foi importante, então, a constituição do segundo aspecto dos quintais: o aumento da biodiversidade, haja vista que, em muitos dos lotes, a vegetação era predominantemente de capim *Brachiaria decumbens* e *Brachiaria humidicola*. Como pensar a consolidação da estratégia econômica e alimentar a partir de um cenário intenso de degradação ambiental? Essa pergunta norteou os debates e resultou no entendimento que somente o aumento da agrobiodiversidade e o manejo agroecológico poderiam permitir a recuperação e a sustentabilidade de um espaço que é fundamental para a manutenção das famílias.

Planejou-se, então, a formação do microclima, com a inserção inicial, por família, de 48 mudas arbóreas nativas, de 23 espécies diferentes, e 30 mudas de bananas, de diferentes variedades, com o objetivo de propiciar a introdução do componente arbóreo nos sistemas produtivos. Com isso, articulou-se o terceiro elemento dos quintais produtivos: fortalecer a soberania alimentar, a partir da estratégia de, junto com as mudas nativas e frutíferas, inserir as culturas anuais e hortaliças e, em um segundo momento, já com um microclima mais propício, incluir mais de 30 mudas frutíferas de variadas espécies.

A partir dos quintais produtivos, um complexo sistema agroalimentar se estruturou, com a criação de pequenos animais, a interação energética entre os diversos subsistemas, a aceleração da produção de biomassa, o sinergismo entre fauna e flora, o aumento do grau de resiliência do sistema ecológico e econômico, a inserção de plantas medicinais e a criação de ambientes de transcendência, de lazer e de melhoria da qualidade de vida.

e) Unidade produtiva da EPAEEB

Como vimos, no desdobrar da luta pela reforma agrária popular que o MST desencadeou nos últimos 35 anos no Extremo-Sul da Bahia, um momento dessa história foi o enfrentamento às empresas de papel e celulose e a consequente conquista de áreas, que foram denominadas de assentamentos agroecológicos. A EPAAEB foi forjada, então, para ser a ferramenta pedagógica que pudesse articular a reflexão coletiva, a construção de processos socioecológicos de recomposição florística e de manutenção da agrobiodiversidade, o fortalecimento da soberania alimentar, o aumento da geração de renda, o fortalecimento das relações institucionais no território e o debate da educação do campo como elementos importantes para a consolidação da agroecologia em escala regional.

Com o tamanho dessa tarefa, foi concebido que, para além dos processos de educação formal[1] e informal, seriam implementadas unidades produtivas que refletissem os anseios que apareceram nos sonhos das famílias durante o diagnóstico socioambiental, um espaço de planejamento coletivo de arranjos produtivos, de produção de pesquisa e experimentação e, ao mesmo tempo, um espaço pedagógico de formação e intercâmbio produtivo.

Até o primeiro semestre de 2022, foram estruturadas unidades produtivas com 2,2 hectares de café conillon em sistema agroflorestal, 0,76 hectare de café arábica, 1,86 hectare de sistemas agroflorestais com cacau, 1,84 hectare de sistema agroflorestal com frutíferas diversas, 0,55

---

1 Por educação formal, concebemos os cursos que são reconhecidos oficialmente, como o curso profissionalizante pós-sub em Agroecologia, em parceria com o governo do Estado da Bahia; a especialização em Educação e Agroecologia, em parceria com a escola politécnica Joaquim Venâncio/Fiocruz; a especialização em Educação do campo e Agroecologia, em parceria com o UNEB, campus X, e UFSB, campus Paulo Freire. Já os cursos informais são as formações organizadas internamente pela escola.

hectare de área de produção de pimenta com tutor vivo de gliricídia e moringa, 0,16 hectare de horta ecológica e 0,35 hectare de piquetes para a criação de galinha caipira.

Todas as unidades produtivas têm, como elementos essenciais, as espécies nativas e são espaços onde são desenvolvidas experimentações didáticas e pesquisas científicas por estudantes da EPAAEB e instituições de ensino da Bahia e de outros estados. Parte dessas experimentações foi apresentada em congressos e seminários estaduais, nacionais e internacionais.

Também são espaços que recebem visita de pesquisadores de diversos países, povos tradicionais do território do Extremo-Sul da Bahia, como indígenas e populações das reservas extrativistas, dos quilombos e de estudantes e professores das universidades da região e de outras localidades.

Para atender aos tratos culturais e necessidades nutricionais das diversas espécies vegetais inseridas nas unidades produtivas, além do manejo de poda das plantas, também foi construída uma unidade específica de produção de bioinsumos, a qual gera caldas ecológicas e biofertilizantes, que têm a função de melhorar a biodiversidade da microbiota dos ambientes, diminuir a incidência de pragas e doenças e melhorar a qualidade nutricional e sanidade das plantas e do agroecossistema como um todo.

Para isso, conta com técnicos e pesquisadores populares, que têm avançado na formulação de adubos líquidos e sólidos, calibrados a partir das necessidades das plantas e das condições edafoclimáticas de cada momento.

f) Plano Nacional "Plantar Árvores, Produzir Alimentos Saudáveis"

O MST, em âmbito nacional, debateu que uma das tarefas fundamentais para o atual momento, de um total desgoverno (2019-2022) em relação às pautas ambientais, era a recuperação da biodiversidade dos diversos biomas no Brasil. Para isso, estabeleceu uma meta de plantio de 100 milhões de árvores nos próximos 10 anos, sendo que a Bahia ficou com a tarefa de plantar 10 milhões e a regional do Extremo-Sul, dois milhões de árvores.

A EPAAEB se incorpora nesse meio e tem contribuído para a construção de processos educativos, formativos e de articulação do coletivo do Plano Nacional, em âmbito regional, estadual e de Nordeste. Com a experiência técnica e pedagógica acumulada, a **Escola Popular de Agroecologia e Agrofloresta Egídio Brunetto** tem ajudado na coordenação política e pedagógica de cursos nas esferas nacional, estadual e de Nordeste.

Entre as ações desenvolvidas, destacam-se as formações e a doação de mudas nas escolas dos assentamentos rurais e a produção de mudas em 18 viveiros espalhados pela regional, alguns mais rústicos, outros mais estuturados, uns coletivos, outros individuais, que, somados, têm capacidade para produzir mais de 370 mil mudas por ano.

Ações coletivas importantes foram executadas, como a recuperação de áreas degradadas, o plantio em áreas de preservação permanente e reserva legal, o enriquecimento de quintais produtivos, as doações de mudas nas rodovias federais e estaduais para outros movimento sociais e as formações, palestras e articulações com diversos setores da sociedade. Como saldo, tivemos o plantio, em 2020 e 2021, de mais de 342 mil mudas, o que, certamente, é um valor subestimado, já que há dificuldade em contabilizar o plantio de todas as árvores pelas 4.200 famílias assentadas no Extremo-Sul da Bahia.

4. Conclusão

A EPAAEB tem se mostrado uma potente ferramenta para a mudança no contexto territorial histórico no Extremo-Sul da Bahia. O pensamento hegemônico, que estabeleceu a dicotomia entre biodiversidade e desenvolvimento econômico, encontra-se em cheque diante do projeto construído pelo conjunto das famílias do MST acampadas e assentadas na região, que, no seu fazer diário, vêm construindo novas referências de produção e relação com a natureza.

Podemos concluir que há uma ação contundente para a soberania alimentar do território, pois foram implantadas centenas de sistemas produtivos diversificados e ecológicos, que propiciam não apenas a melhoria da alimentação das comunidades locais, mas, também, a estruturação dos circuitos curtos de comercialização, responsáveis pela ditribuição de alimentos saudáveis para uma ampla gama da população nos municípios onde se encontram tais assentamentos e acampamentos. Além disso, é perceptível a restauração ecológica promovida pelos coletivos dos assentamentos, intensificada a partir do Plano Nacional do Plantio de Árvores, dos quintais produtivos e das unidades produtivas agroecológicas da EPAAEB, ações que se somam ao esforço de restauração ambiental dos assentamentos de todo o território.

Outra conquista importante, em escala regional, é que as ações desenvolvidas no âmbito dos assentamentos agroecológicos ajudam a preservar e a enriquecer polos de irradiação da agrobiodiversidade, de produção de ciência e conhecimentos e de tecnologias adaptadas às necessidades camponesas do território, as quais amplificam a produção e comercialização de alimentos inseridos nos sistemas agroalimentares e culturais da região, contribuindo, ainda, para a conscientização ambiental, social e política da população, tanto do campo quanto da cidade.

Por fim, salientamos que a continuidade dessas ações se articula com mais densidade em uma rede agroecológica com diversos atores sociais do território. Tais ações buscam, entre seus objetivos, potencializar a construção coletiva de políticas públicas que visem ao desenvolvimento de trabalhos no âmbito da agroecologia, da reforma agrária popular e da agricultura familiar e seu papel no combate à fome e à conservação dos recursos naturais, bem como na recuperação do bioma da Mata Atlântica.

5. Referências bibliográficas:

ALTIERI, M. A.; CELIA, C. I. N. **A agroecologia em tempos del COVID-19**. Centro latinamericana de investigaciones agroecológicas, 2020.

ALTIERI, M. A.; NICHOLLS, C.I. Agroecology and the emergence of a post COVID-19 agriculture. **Agriculture and Human Values**, n. 37, p. 525–526, 2020.

AZEVÊDO, F. A. **As ligas camponesas**. Rio de Janeiro: Paz e Terra, 1982.

BUTLER, C. D. Pandemics: the limits to growth and environmental health research. **Current Opinion in Environmental Sustainability**, v. 46, p. 3-5, 2020.

CAPORAL, F. R.; COSTABEBER, J. A. **Agroecologia e extensão rural: contribuições para a promoção do desenvolvimento rural sustentável**. Porto Alegre / Brasília: MDA/SAF/DATER-IICA, 2004.

CARMO, A. F. **Colonização e escravidão na Bahia: a Colônia Leopoldina, 1850- 1888**. Salvador, 2010. Dissertação (Mestrado em História Social). UFBA, Faculdade de Filosofia e Ciências Humanas, 2010.

CRESPI, D.; GALATA, R. F.; CASTRO, T. P.; NAREZI, G.; BISPO, L. D.; SOBRAL, J. P.; SANTOS, J. D.; KAGEYAMA, P. Y. As feiras livres e as cadeias de comercialização de produtos agrícolas na região do Extremo Sul da Bahia. **Resumos** do VIII Congresso Brasileiro de Agroecologia. Porto Alegre, 2013.

EPAAEB. Escola popular de agroecologia e agroflorestal Egídio Bruneto. **Documento interno**, 2018.

GIRALDO, O. F. **Utopias em la era de la supervivência. Uma interpretación del Buen Vivir**. México/ Itaca, 2014, 33 p.

GUIMARÃES, A. P. O complexo agroindustrial. **Revista Reforma Agrária**, ano 7, n. 6, nov./dez. 1977.

INSTITUTO DO MEIO AMBIENTE. **Silvicultura de eucalipto no sul e extremo sul da Bahia: situação atual e perspectivas ambientais**. Salvador, 2008.

MARCHETTI, F. F. **Manejo de variedades de mandioca em áreas de reforma agrária: manutenção ou perda de agrobiodiversidade?** Piracicaba, 2018. Tese (Doutorado em Ecologia Aplicada). Universidade de São Paulo, Escola Superior de Agricultura "Luiz de Queiroz", 2018.

MST, Movimento dos Trabalhadores Rurais Sem-Terra. 2019. **Agrobiodiversidade associada à mandioca e à produção de farinha em áreas de reforma agrária do Extremo Sul da Bahia: contribuições para o fortalecimento dos arranjos produtivos locais**. Relatório Técnico. Piracicaba: IPEF/USP/ NACE-PTECA.

NETO, S. P. G. C. Três décadas de eucalipto no Extremo Sul da Bahia. **Espaço e Tempo**, São Paulo, n. 31, p. 55-68, 2012.

SANTANA, C. S.; RIBEIRO, D. S.; SILVA, F. O. C.; ROSSI, L. A. B.; GIL, M. L.; NASCIMENTO, M. H. J. Educação em Agroecologia: percurso da construção de uma proposta pedagógica para as Escolas do Campo do Extremo Sul da Bahia. In: CALDART, R. S. (Org). **Caminhos para transformação da escola: trabalho, agroecologia e estudos nas escolas do campo**. 1 ed. São Paulo, SP: Expressão Popular, 2017, p. 37-55.

PEDREIRA, M. S. **O complexo florestal e o Extremo Sul da Bahia: inserção competitiva e transformações socioeconômicas na região**. Rio de Janeiro, 2008. Tese (Doutorado em Desenvolvimento, Agricultura e Sociedade). CPDA, Universidade Federal Rural do Rio de Janeiro, 2008.

PERPÉTUA, G. M.; JUNIOR, A. T. Revisitando o conceito de acumulação do capital: a pilhagem territorial promovida pela Veracel Celulose no Extremo Sul da Bahia. **Campo-Território: revista de geografia agrária**. Edição especial, p. 225-256, jun., 2016.

A falta de densa regulamentação jurídica sobre efluentes industriais no Polo Industrial de Camaçari (BA): impactos sobre a Educação Ambiental

Aline Alves Bandeira
Maria Cecília de Paula Silva

Resumo

A lacuna legal quanto ao tratamento e à destinação final de efluentes industriais no Brasil promove insegurança jurídica, tendo como estudo de caso o Polo Industrial de Camaçari (BA). O governo não se estruturou para garantir a proteção ambiental. O atual ordenamento jurídico e as políticas públicas devem garantir a proteção dos corpos hídricos e o tratamento eficaz dos efluentes industriais. Inclusive, a educação ambiental da população brasileira é uma importante ferramenta para que os atores sociais possam defender o ecossistema contra abusos perpetrados pelas autoridades e por populares. Isso porque a proteção do meio ambiente e a educação ambiental são indissociáveis.

Palavras-chave: educação ambiental, gestão ambiental, efluentes industriais.

Abstract: *The existing legal gap regarding the treatment and final destination of industrial effluents in Brazil causes legal uncertainty, taking the Industrial Pole of Camaçari (state of Bahia) as a case study. The government has not structured itself to guarantee environmental protection. The current legal system and public policies must guarantee the protection of water bodies and the effective treatment of industrial effluents. Furthermore, the environmental education of the Brazilian population is an important tool for social actors to be able to defend the ecosystem against abuses perpetrated by the authorities and by popular. This is because the protection of the environment and environmental education are insepa-rable.*

Keywords: *environmental education, environmental management, in-dustrial effluents.*

1. Introdução

O objetivo deste breve artigo é fazer uma análise da situação atual da política ambiental brasileira quanto ao tratamento e à destinação final de efluentes industriais, no que tange ao Polo Industrial de Camaçari (BA). Essa pesquisa gerou a publicação de artigo em inglês, intitulado "The Absence of a National Industrial Effluent Policy: Imminent Risk to the Brazilian Bodies of Water", no Journal World Academy of Science, Engineering and Technology International Journal of Law and Political Sciences (vol14, nº 6), no ano de 2020.

O Polo Industrial de Camaçari teve investimentos globais de mais de 16 bilhões de dólares. Possui capacidade instalada de mais de 12 milhões de toneladas por ano de produtos químicos básicos e intermediários e petroquímicos; de 240 mil toneladas/ano de cobre eletrolítico no segmento metalúrgico; e de 250 a 300 mil veículos/ano no segmento automotivo. As exportações representam 30% do total exportado pelo estado da Bahia e são destinadas a praticamente todo o mundo. Esse polo industrial contribui, anualmente, com mais de 90% da arrecadação de impostos para os cofres públicos do município de Camaçari, além de empregar 15 mil pessoas diretamente e 30 mil pessoas por meio de empresas contratadas [1].

É importante ressaltar que os efluentes industriais carecem de ampla regulamentação legal no Brasil, sendo, ainda, uma questão jurídica embrionária, incapaz de proteger os corpos hídricos.

O estudo dos efluentes industriais está intrinsecamente ligado à condição dos corpos hídricos, incluindo tratamento e qualidade da água, Política Nacional de Recursos Hídricos, proteção do meio ambiente e impactos ambientais.

Um fato grave no marco regulatório ambiental brasileiro é a ausência de uma Política Nacional de Efluentes Industriais. Para que o Brasil tenha uma política administrativa de governo, com poderes legais, uma lei que estabeleça essa política de governo deve ser promulgada. Dessa forma, o Congresso Nacional, representado pela Câmara dos Deputados e pelo Senado, deverá votar uma lei federal, que precisará, então, ser sancionada pelo presidente da República.

Essa lacuna legislativa, a falta de uma Política Nacional de Efluentes, não condiz com as disposições gerais relativas à preservação do meio ambiente. Hoje, não se pode falar em desenvolvimento industrial sem abordar a gestão do tratamento de efluentes gerados por petroquímicas e indústrias em geral. Cabe, aos órgãos públicos, interagir entre si, a fim de criar normas nacionais uniformes.

No que diz respeito ao inter-relacionamento entre os entes federados, em defesa do meio ambiente, existe a Lei Complementar nº 140, de 8 de dezembro de 2011. O artigo 6º da referida lei estabelece que a União, os estados, o Distrito Federal e os municípios devem interagir para cumprir os objetivos legais e garantir o desenvolvimento sustentável, harmonizando e integrando todas as medidas de gestão governamental [2].

O primeiro passo para a criação de uma Política Nacional de Efluentes Industriais é o projeto de um sistema de informação em âmbito nacional. O Brasil já possui o Sistema Nacional de Informações sobre Meio Ambiente (Sinima)[3], um dos instrumentos incluídos na Política Nacional do Meio Ambiente, prevista no inciso VII do art. 9º da Lei 6.938/81 [4]. Para que essa política nacional seja consolidada, as informações sobre o meio ambiente brasileiro devem ser compartilhadas, na esfera federal, pelo Sisnama, que tem como órgão consultivo e deliberativo o Conselho Nacional do Meio Ambiente.

O Sinima é o órgão que gerencia as informações e dados do Sisnama, orquestrando essa agregação de dados e de informações sobre as indústrias produtoras de efluentes industriais e criando indicadores ambientais, com o escopo de implementar o princípio do monitoramento do estado da qualidade ambiental, que é um dos princípios do Conama, regulamentados no art. 2º, inciso VII, da Lei 6.938/81.

2. A educação ambiental como ferramenta de proteção do meio ambiente

A educação ambiental desponta como potencialidade no espaço formal, não formal e informal, numa ambiência de integralização de gestão entre o conhecimento e o trabalho com o meio ambiente, numa perspectiva interdisciplinar, transdisciplinar e de totalidade. Esse é um dos principais desafios do tempo presente, ao se perspectivar a mudança estrutural no que diz respeito ao meio ambiente, à proteção ambiental e, em especial, à educação e à educação ambiental. De acordo com Brito, Silva e Pinho (2016, p. 423)

> Não é de hoje que a educação é vista como uma poderosa arma para conquistar o saber social e despertar o desenvolvimento de potencialidades. Na questão ambiental, essa relação está sendo colocada como fator importante de ação política. ( ) Diversos e diferenciados campos de estudos dentro da ciência entregam-se a um diálogo profícuo, interdisciplinar, a uma perspectiva transdisciplinar, buscando a superação das barreiras que os separam. Nessa ação, determinados conhecimentos e conceitos, anteriormente desconsiderados no campo acadêmico e da educação[6].

A educação ambiental otimiza a implantação da proteção do ecossistema, oriunda da própria população, a qual, sabedora dos seus direitos, exigirá a implementação de políticas públicas aptas a efetivar a melhora da qualidade de vida e a proteção dos corpos de água.

Uma população informada, com preceitos da educação ambiental de qualidade, tem condições factíveis de melhor proteger o meio ambiente. Dessa forma, a presente pesquisa analisou como se apresenta a relação da educação ambiental e da proteção dos corpos de água de Camaçari (BA); e como se perfaz a regulamentação ambiental brasileira no que concerne aos efluentes industriais.

Trata-se do exame da influência da educação ambiental como fator de exercício de cidadania e de cumprimento de normas ambientais. É um tema pouco discutido, mas que tem relevância para a comunidade científica, inclusive, como forma de dar um retorno à sociedade, no sentido de se estudar a relação da educação ambiental com a efetiva proteção do ecossistema local, em se tratando do maior polo industrial integrado da América Latina, que se localiza no município de Camaçari (BA).

As autoridades dos Poderes Legislativos federal, estadual e municipal devem empreender a educação ambiental mediante a implementação de leis e de políticas públicas. Sob este viés de sensibilização das autoridades competentes, cumpre destacar que o Programa Nacional de Educação Ambiental (ProNEA) foi instituído pela Lei Federal nº 9.795, de 27 de abril de 1999 [5], que regulamentou a educação ambiental e instituiu a Política Nacional de Educação Ambiental.

Inexoravelmente, a educação ambiental é um componente essencial e permanente da educação nacional, devendo estar presente, de forma articulada, em todos os níveis e modalidades do processo educativo.

> Os representantes dos Poderes Legislativos são o reflexo do seu público leitor. Não se pode esperar agentes políticos com consciência ambiental se os seus eleitores não a possuem. Consequentemente, a qualidade da Educação Ambiental formal e não formal recebida pode proporcionar uma mentalidade transformadora e um posicionamento proativo dos atores sociais, caso contrário, ocorrerão impactos ambientais negativos[7].

A baixa qualidade dos serviços públicos oferecidos à coletividade tende a gerar impactos ambientais negativos, haja vista que os cidadãos passam a não se importar com os gravames ambientais, deixando de se preocupar com o fato de que todos os indivíduos são responsáveis pela preservação dos recursos naturais, bens de uso comum do povo. Consequentemente, a população deve proteger o meio ambiente para as presentes e futuras gerações.

> A reflexão sobre as práticas sociais, em um contexto marcado pela degradação permanente do meio ambiente e do seu ecossistema, envolve uma necessária articulação com

a produção de sentidos sobre a educação ambiental. A dimensão ambiental configura-se, crescentemente, como uma questão que envolve um conjunto de atores do universo educativo, potencializando o engajamento dos diversos sistemas de conhecimento, a capacitação de profissionais e a comunidade universitária numa perspectiva interdisciplinar. Nesse sentido, a produção de conhecimento deve, necessariamente, contemplar as inter-relações do meio natural com o social, incluindo a análise dos determinantes do processo, o papel dos diversos atores envolvidos e as formas de organização social que aumentam o poder das ações alternativas de um novo desenvolvimento, numa perspectiva que priorize novo perfil de desenvolvimento, com ênfase na sustentabilidade socioambiental[8].

Outro ponto a ser observado é que não se trata de mero alvedrio das autoridades públicas em implementarem a educação ambiental nas escolas, desde tenra idade; em verdade, trata-se de obrigação legal.

Para que haja essa mudança de rumos, deverá ser traçada uma estratégia para o pleno desenvolvimento humano e da natureza, assim, será necessária a implementação de programas capazes de promover a importância da educação ambiental, a importância da adoção de práticas que visem à sustentabilidade e à diminuição de qualquer impacto que nossas atividades venham a ter no ecossistema que nos cerca e nos mantém. Por intermédio de um debate amplo e profundo de nossas necessidades e um correto entendimento de que a forma como atuamos, hoje, só nos levará para a destruição e o aniquilamento, se terá uma mudança de paradigma e, com isso, a introdução de um desenvolvimento sustentável em todas as esferas: política, econômica, social e principalmente ambiental[9].

Essa mudança de rumos engloba a inter-relação entre os poderes públicos instituídos e a postura proativa da população; esta deve exigir a implementação de medidas administrativas que visem ao fomento da educação ambiental. Isto porque também cabe aos poderes públicos competentes fiscalizarem, na prática, se há implementação da educação ambiental nos currículos.

De fato, um povo consciente dos seus direitos pratica a democracia no dia a dia da sociedade, mediante o processo de convivência entre a administração pública e os administrados. Se a ciência jurídica consigna que o poder emana do povo, esse poder há de ser exercido cotidianamente, seja direta ou indiretamente pelo povo e em proveito do povo. Acreditamos que a educação ambiental tende a ser uma importante ferramenta de democratização do conhecimento e de empoderamento social.

3. Conclusão

O artigo em tela buscou sinalizar uma das questões significativas, no que se refere aos temas candentes no tempo presente, sobre educação ambiental. Tratou da situação da legislação brasileira e da lacuna em relação à perspectiva de responsabilização e densa regulamentação jurídica sobre efluentes industriais no Brasil e a repercussão dessa falta na educação. Em especial, destacou a relevância da educação ambiental no sentido de garantir a proteção dos corpos de água, tomando por referência a realidade do Polo Industrial do município de Camaçari, no interior da Bahia, Brasil.

A partir desse lócus, procedemos uma perspectiva analítica em relação à situação atual da política ambiental brasileira quanto ao tratamento e à destinação final de efluentes industriais. No processo investigado, identificamos que são múltiplos os desafios vivenciados a partir do Polo Industrial de Camaçari, tais como a falta de uma estruturação governamental que garanta a proteção ambiental; uma lacuna no ordenamento jurídico em relação ao tema em tela; políticas públicas que possibilitem e garantam a proteção ambiental; a ação efetiva da educação ambiental no espaço formal da educação, na educação infantil, na educação básica, bem como no ensino superior. E, também, para além dessa educação formal.

Ressalta-se, nesse percurso, a relevância da educação ambiental no processo de conscientização, manifestação, defesa e elaboração de propostas que se efetivem em políticas públicas. Evidencia-se o esforço em aprendizagens significativas, desde a educação infantil e básica, quanto à necessidade da universidade como agência de concepção de agentes formadores, para orientar, produzir e socializar o conhecimento acadêmico e formular políticas públicas para diversos setores e segmentos relacionados à política ambiental nacional e, no caso, uma Política Nacional de Efluentes Industriais.

Das conclusões possíveis, em face do atual ordenamento jurídico, são necessárias políticas públicas que protejam, efetivamente, os corpos hídricos e que, de fato, implementem o tratamento eficaz dos efluentes industriais. E, para tal, alguns apontamentos se tornam prementes, como os abaixo destacados.

Para que haja uma Política Nacional de Efluentes Industriais, deve-se consolidar uma gestão coesa das informações em âmbito nacional. O Sinima poderia organizar as informações referentes às corporações geradoras de efluentes industriais, coletando, de cada uma delas, dados concernentes à área de engenharia industrial; ao setor industrial em que atuam; à localidade; aos produtos químicos catalogados em seus efluentes; à entidade responsável para tratamento de efluentes; aos procedimentos técnicos utilizados no tratamento; às formas de acondicionamento de efluentes industriais; às vias de transporte de efluentes industriais; e ao modo de transporte a ser empregado.

O Brasil possui muitas ferramentas legais que são subutilizadas; essa veiculação de informação ambiental, em especial do estado dos corpos de água, otimiza a implementação prática da sadia qualidade de vida da população. A veiculação dessas informações, quando disponibilizadas em conjunto com a educação ambiental, instrumentalizará o público-destinatário para atuar em prol da defesa dos recursos naturais em geral, como também para a implementação fática da proteção dos corpos de água, especialmente frente ao alto potencial lesivo que os efluentes industriais apresentam.

A partir da disponibilização de preceitos atinentes à educação ambiental para a população em geral, teremos uma maior qualidade de vida das pessoas, as quais passarão a agir como atores sociais, exigindo a execução de políticas públicas que garantam a proteção do ecossistema local.

Torna-se infrutífera a hodierna posição legal brasileira que obriga as instituições de ensino a implementarem a educação ambiental se, na prática, as autoridades públicas competentes deixarem de fiscalizar o cumprimento da norma ou descumprirem os ditames legalísticos.

Em um país como o Brasil, a educação ambiental deve ser disponibilizada em caráter formal e não formal. Um povo educado se instrumentaliza para a defesa dos interesses individuais e coletivos.

É sempre profícua a discussão atinente à relação da ciência jurídica com a educação ambiental, haja vista que a normatização gerará potencial segurança de que a população terá maior possibilidade de agregar valores sociais, conhecimentos e habilidades direcionadas para a proteção do meio ambiente, o fomento da sustentabilidade e a manutenção da qualidade de vida.

4. Referências

[1] COFIC, (2018). **"http://www.coficpolo.com.br"** (On-line). Disponível: http://www.coficpolo.com.br/2009/ssma.php?cod=95&pagina=2.

[2] BRASIL, (2011). **Lei Complementar Nº 140**, de 8 de dezembro de 2011 "Planalto.gov" (On-line). Disponível: http://www.planalto.gov.br/ccivil_03/LEIS/LCP/Lcp140.htm.

[3] SINIMA, (2020) **Ministério do Meio Ambiente** (On-line). Disponível: https://www.mma.gov.br/informma/item/8215-sistema-nacional-de. Acesso em 07 maio de 2023.

[4] BRASIL, (1981) **"planalto.gov"** (On-line). Disponível: http://www.planalto.gov.br/ccivil_03/LEIS/L6938compilada.htm. Acesso em 07 maio de 2023.

[5] BRASIL, 1999. **Lei No 9.795, de 27 de abril de 1999.** Disponível em: http://www.planalto.gov.br/ccivil_03/leis/l9795.htm#:~:text=L9795&-text=LEI%20No%209.795%2C%20DE%2027%20DE%20ABRIL%20 DE%201999.&text=Disp%C3%B5e%20sobre%20a%20educa%C3%A7%-C3%A3o%20ambiental,Ambiental%20e%20d%C3%A1%20outras%20 provid%C3%AAncias. Acesso em 07 maio de 2023.

[6] BRITO, D. A. d., SILVA, M. C. d. P., PINHO, M. J. S. **Para além da educação ambiental: aproximando comunidade, escola e meio ambiente.** 2016. IN: CARDEL et al. Estudos socioambientais e saberes tradicionais no Litoral Norte da Bahia: diálogos interdisciplinares. Salvador: EDUFBA, e Universidade de Estrasburgo. Conscientização Ambiental: da Educação Formal a Não Formal. Revista Fluminense de Extensão Universitária, jan/jun, 2(1), pp. p. 47-60.

[7] REIS, L. C. L. d., Semêdo, L. T. d. A. S. & Gomes, R. C., 2012. **Conscientização Ambiental: da Educação Formal a Não Formal.** Revista Fluminense de Extensão Universitária, jan/jun, 2(1), pp. p. 47-60.

[8] JACOBI, Pedro. **Educação ambiental, cidadania e sustentabilidade.** Revista Scielo, 2002. Disponível em: https://www.scielo.br/j/cp/a/kJbkFbyJt-mCrfTmfHxktgnt/. Acesso em 07 maio 2023.

[9] ROOS, Alana e Becker, Elsbeth Leia Spode. **Educação Ambiental e sustentabilidade.** Revista Eletrônica em Gestão, Educação e Tecnologia Ambiental REGET/UFSM (e-ISSN: 2236-1170). p. 857 – 866, 2012.

Corpo brincante em comunidades invisíveis: a cultura das crianças de Santo Antônio (BA) no tempo presente[1]

Maria Cecilia de Paula Silva

1. De um grão de areia às tintas no papel...

Este artigo pretende apresentar algumas reflexes derivadas da análise, no tempo presente, entre as categorias corpo, cultura, ambiente e brincadeiras, o corpo brincante e os grupos de crianças entre um e 10 anos de idade, aproximadamente, da comunidade de Santo Antônio, município de Mata de São João, localizada no litoral norte da Bahia/Brasil. Adotamos essa faixa de idade como recorte de nossa investigação, considerando, principalmente, a referência ao grupo investigado em nossa pesquisa, sem desconsiderar as demais idades, mas privilegiando o brincar dessa idade e conscientes da importante contribuição delas para a compreensão do mundo infantil e da história e cultura do lugar.

Neste estudo exploratório, de caráter qualitativo, utilizamos observação participante; entrevistas realizadas com crianças e adultos da comunidade; conversas em grupos de crianças e de adultos; e gravações (vídeos e áudios) e fotos, solicitadas e aprovadas pela comunidade.[2] Embora possamos comentar sobre conceitos advindos dessas áreas, preferimos enfatizar, nesse estudo, o diálogo entre o território ambiental, corporal e cultural das crianças, destacando o repertório de brincadeiras e jogos dessas crianças no tempo presente, oportunizadas pelo lugar e pelas formas de vida

---

[1] Texto inicialmente publicado no livro "Estudos socioambientais e saberes tradicionais do Litoral Norte da Bahia: diálogos interdisciplinares", organizado por CARDEL, L.M.P.S. et al. Pela EDUFBA, Salvador, 2016 e atualizado.

[2] Nesse registro, escolhemos alterar os nomes dos informantes para preservá-los.

ali apresentadas. Isso significa que, por princípio, tomamos partido: o de que o conhecimento é situado e derivado das relações entre os seres humanos, com os elementos do ambiente natural e cultural presentes no seu tempo histórico.

Dessa forma, não serão detalhados os conceitos a partir da pedagogia ou psicologia, embora estejam presentes na construção do texto e nas reflexões e nos comentários aqui tratados. Estaremos considerando, para essa reflexão, a criança e sua inserção no território e formas de vida, especialmente no que se refere ao brincar. Avaliamos que a brincadeira guarda momentos de aprendizagem significativos para se pensar a realidade social, histórica e cultural no tempo presente e, em decorrência, possibilidades que possam nos ajudar a pensar e transformar a educação formal atual, que pouco considera o lugar, o corpoe as relações estabelecidas em todos os momentos e idades da vida. E o lugar, nessa perspectiva, refere-se a uma pequena comunidade pesqueira localizada no litoral norte da Bahia, pertencente ao município de Mata de São João, denominada Vila de Santo Antônio, e aos modos de viver e brincar das crianças que ali habitam, no tempo presente.

Ao se pensar no lugar, estamos nos referindo a um lugar situado, considerado com sua carga simbólica e cultural, expressando a relação do ser humano entre si e com a natureza, sempre dinâmicos, em movimento. Essa comunidade litorânea e rural é vizinha de um grande complexo hoteleiro, Costa do Sauipe, que provocou, no lugar, uma alteração da vida e das relações de trabalho e lazer dessa população. E que pode motivar, igualmente, um movimento de resistência e de valorização de formas culturais tradicionais. Essas interações culturais e corporais se incorporam no cotidiano de toda a comunidade.

Santo Antônio é uma pequena vila de menos de 300 habitantes e que se encontra quase encrustada entre as águas do mar Atlântico e as do rio Imbassaí, separados, do primeiro, por um importante banco de areia em discreto, mas permanente, movimento – as dunas. Até muito pouco tempo atrás, a única forma de ligar essa vila a outro lugar era por meio de uma outra vila, Diogo. De Diogo a Santo Antônio, a ligação era pelas dunas, após atravessar a ponte de Diogo, ou seja, a pé. A vila é formada, basicamente, por integrantes de duas famílias que chegaram ao lugar em fins do século XIX e início do século XX, advindos, segundo relatos de moradores, da região norte da Bahia. Fugidos, talvez, da Guerra de Canudos ou das secas do sertão. Talvez, expulsos do lugar que trabalharam durante muito tempo, em função de um projeto de abolição que desconsiderou uma parte fundamental da população brasileira – todos os que foram abolidos e ou que lutaram e resistiram ao processo de escravatura.

Nessa região, comenta Francisco, morador do lugar, seu avô encontrou alguns pequenos povoados, com pessoas que os acolheram inicialmente e por um tempo até encontrarem um lugar para morar e viver. Modo de vida principal à época era a pesca, a atividade principal desenvolvida por essa comunidade. Além da pesca, havia uma grande habilidade para o artesanato, e as artes do fazer manual continuaram a ser desenvolvidas na comunidade por todo o século XX, seja fazendo chapéus, esteiras, colares de coco de licuri, entre outros, seja fazendo cestas usadas para pescar.

Moradores do lugar sugerem que as suas raízes estariam, principalmente, entre os povos indígenas e os povos advindos da Diáspora Africana. E, assim, essas famílias, inicialmente habitantes do lugar, foram ampliando os laços,por meio de relações de vizinhança ou afetivas, entre si e entre as populações das vilas vizinhas. A relação com o ambiente natural ao redor era, também, muito importante, e foi desenvolvida uma tecnologia própria para colher e trabalhar o material utilizado para a produção artesanal, ou seja, as palhas de piaçava.

O complexo hoteleiro da Costa de Sauipe, construído no fim do século XX, entre 1996 e 2000, provocou impactos importantes em todo o ambiente natural, social e cultural no entorno desse empreendimento. Populações inteiras foram atingidas, de forma brutal, como relata um morador de Santo Antônio,

> [...] antes, as casas ficavam sempre abertas, nem nos lembrávamos de fechar as portas, as que a tinham. E chegou a construção... Era tanta diferença. Tanta cerca foi aparecendo. Tanta árvore caindo... Tudo mudou muito rápido. E não

foi só nóis que sentimos isso. Quando a gente ia dormir, era imensa a quantidade de bichos escondidos dentro de nossa casa, até embaixo das camas, como de sapos, tatus, aranhas, entre outras até cobras. Eles, como nós, estávamos sendo atacados. (Carlos, 2013)

Em pouco tempo, tudo se alterou no lugar; as formas de trabalho, de lazer, de vida, a compreensão do espaço da comunidade, os vizinhos, as brincadeiras. As casas ganharam portas e chaves, as areias foram remexidas, populações inteiras foram expulsas de seu *habitat*, caminhos se cruzaram, culturas e vidas se transformaram, como o ambiente. E, nesse contexto, a vida mudou.

A comunidade de Santo Antônio foi impactada por uma enxurrada de modernidade em pouco tempo. Pessoas transformaram as formas de se relacionar com o trabalho, e, não só ele; o brincar também se alterou. Vigotsky (1996) apresenta o brincar como uma forma significativa de se relacionar com a vida social e de aprender o socialmente e culturalmente construído. Nessa perspectiva, qual seria o brincar dessa comunidade no tempo atual? Quais seriam os sentidos/significados que podemos destacar nesse brincar?

Consideramos que alguns valores e costumes e algumas crenças podem resistir ou alterar em função dos impactos promovidos pela instalação do complexo hoteleiro, que, de certa forma, traz novidades, transmite outra forma de vida, apresenta uma nova comunidade, mesmo que seja considerado um entre-lugar, conforme definição de Marc Augè, além da alteração da paisagem, alteração na vida e nas formas e opções de trabalho e lazer da própria comunidade. Nessa possibilidade, focamos o olhar e trabalhamos nossa reflexão.

Como resultado, encontramos uma cultura infantil que apresenta aprendizagens, produção e reprodução de valores determinados pela alteração da forma de vida e dos impactos provenientes da construção e funcionamento do complexo hoteleiro, bem como as relações com o ambiente e a cultura do local, reafirmando o corpo e a cultura de comunidades tradicionais e socialmente invisibilizadas. O brincar possibilita aprendizagens da vida, que se alteram na dinâmica da vida e nas relações com o ambiente, com o trabalho e o lazer, construindo novas experiências e ampliando a cultura do corpo nesse lugar.

2. O mundo global e a vila de Santo Antônio: brincando de pique-esconde

Essas famílias, que se instalam no local no fim do século XIX e início do século XX, em função do ciclo migratório decorrente da Lei Áurea (1889), a seguir fortalecidos pelos trágicos resultados da Guerra de Canudos (1896-1897), formadas por agricultores e pescadores, descem e sobem as terras baianas; alguns param no litoral norte da Bahia, nos arredores das terras de São Salvador, permanecendo pouco tempo; outros conseguem pequenas porções de terra. Foi assim que surgiu a comunidade de Santo Antônio, segundo relatos de um dos netos, e que, graças a esse documento, eles ainda permanecem nessa pequena porção de terra até hoje.

Se, em cerca de um século, a comunidade de Santo Antônio viveu no ritmo que a natureza determinava, numa relação tranquila, muito próxima e harmoniosa entre o mar e as marés, em poucos anos, tudo se transformou. E não foi no início dos anos 2000, com a chegada do complexo hoteleiro, mas antes, ainda nos anos de 1980. Pedro nos conta que a alteração foi iniciada pelo mar e pelo vizinho, um fazendeiro que, de uma ora para outra, era proprietário de grande parte daquele território, até então sem dono, e que começou a cercar o lugar.

A cada dia, as cercas se aproximam mais do terreno da comunidade. A cada dia que passava, o espaço em que viviam foi sendo reduzido, e as cercas, a cada dia, vão sendo fortalecidas. Nesse ritmo, as terras, que serviam para o plantio da comida para a sobrevivência sustentável da comunidade, foram sendo também reduzidas; a plantação foi ficando impossibilitada, pois os lugares, antes usados para as plantações, agora estavam cercados e com a placa de que eram área de proteção ambiental. A cada dia, o espaço – território – que a comunidade ocupava foi sendo reduzido, e as cercas vão sendo fortalecidas. A vila de Santo Antônio, se pudéssemos utilizar uma metáfora, hoje é uma ilha. Uma ilha seca e cercada.

A comunidade, que tinha uma forma de vida pacata e tranquila, com a base da refeição vinda das plantações de mandioca, "na terra que nem era muito boa, porque próxima ao mar, mas que produzia o que precisávamos para viver" (Pedro), e com os produtos derivados da pesca, como peixes e tartarugas, teve que ir se adaptando às alterações derivadas dessa primeira limitação.

> *E isso não só com a mandioca. O material que as mulheres usavam para o artesanato, a piaçava, ficava em toda essa área que estava sendo cercada e que não podíamos mais entrar para pegá-las. Cada dia, vamos mais longe para poder pegar a piaçava do artesanato.* (Pedro)

E complementa "elas estão aqui, em nosso quintal, e não podemos tocá-las".

Mas não é só isso. Pelo mar, a comunidade também teve seus limites controlados, quase tomados. Embora invisíveis, esses limites se tornam, a cada dia, mais difíceis de serem transpostos. O antes abundante mar, que os presenteava com muitos peixes, deixou de fazer isso. Para Carlos, cada dia está mais difícil conseguir um peixe: "cada dia temos que navegar para mais longe para tentar conseguir pescar, e isso não é de agora. Agora, está quase impossível conseguir peixe bom e farto, mas essa dificuldade já vem de algum tempo". Em continuada conversa com os pescadores, alguns apontam que essa dificuldade foi percebida com o início do Projeto Tamar, em meados dos anos 1980.

> *Desde essa época, a realidade da comunidade mudou; o que era fácil de encontrar foi ficando difícil. Porque o povo de lá, que era envolvido com o Tamar, veio aqui e pediu para que não mexêssemos mais com as tartarugas, elas estavam acabando. Fizemos isso. Para nós, foi fácil, entendemos o que falavam. Respeitamos, nem os ovos eram mais mexidos, porque, antes, antes comíamos também os ovos que encontrávamos, eu mesmo fiz muito isso antes. Agora, trabalho vigiando esses ovos. E o trabalho é fácil, porque o povo todo aqui entendeu e respeita. Aqui, elas vivem.* (Carlos, 2013)

Entretanto, se, para as tartarugas, a vida foi ficando melhor, para as comunidades pesqueiras do litoral norte da Bahia, a vida foi ficando cada dia mais difícil desde que o Projeto Tamar, criado em 1982, em parceria com uma base de pesquisa na Praia do Forte, ocupou 10 mil metros quadrados de território, cedidos pela Marinha do Brasil (2° Distrito Naval, no entorno do Farol Garcia D'Ávila). Na página de apresentação do Projeto Tamar, há um registro importante sobre essa região e as pretensões do Poder Público para a ela: o turismo nacional e internacional.

> A biodiversidade, a beleza natural e a riqueza histórica e cultural desta região turística fazem do Centro de Visitantes um dos mais frequentados do Brasil, atendendo a cerca de 600 mil pessoas/ano, entre membros da comunidade, estudantes, pesquisadores e turistas brasileiros e estrangeiros.[3] (PRAIA..., 2013)

A vida em Santo Antônio foi ficando difícil, e muitos dos seus poucos habitantes iniciaram outro ciclo migratório, ou para regiões bem próximas, para os povoados vizinhos, ou para terras distantes, alentando o sonho de que, no Sul, a vida seria melhor. Assim, de certa forma, as poucas famílias que habitavam Santo Antônio e que não tinham registro das terras foram sendo colocadas para fora. O movimento foi como se a pequena vila se alastrasse para outros povoados. Hoje, podemos dizer que, na região do litoral norte da Bahia, há uma grande família, todos são parentes, seja pelos laços de amizade e conhecimento, em função da proximidade do lugar e das difíceis condições de vida, que produziram relações de solidariedade entre esses grupos, seja pelos laços de consanguinidade entre as pessoas de Santo Antônio e das comunidades vizinhas, como Diogo, Areal, Curralinho, Porto de Sauipe, entre outros.

Nessa singularidade do lugar, duas famílias fincaram suas raízes e fizeram sua pequena comunidade, com posseiros, assentados, expulsados; nesse lugar fecundo de história e memórias e que acontece, a todo o

---

3   Mais informações disponíveis em: <http://www.tamar.org.br/centros_visitantes.php?cod=1>. Acesso em: 21 fev. 2013.

momento, o conflito de terras, tão presente no território brasileiro. Nessas terras, pescadores, agricultores e artesões, entre negros e indígenas, carregaram e passaram sua cultura, conhecimento da terra e das águas, aprendizagens de vida e lugar de brincadeiras muito singulares e diferenciadas: Maria, uma moradora do lugar, conta que elas brincavam nas areias das dunas e, nas brincadeiras, seus pais e mães a ensinavam a ler o escrito que as pessoas deixavam por onde passavam.

Como aprendemos a ler, nos papéis e quadros, as letras, a população de Santo Antônio aprendia a ler, na areia, as pegadas das pessoas, sua identidade. Sobre esse fato, Jacinto (2013) nos conta que "eles sabiam quando tinha algum estrangeiro[4] no lugar. A gente sabia ler os rastros das pessoas. Sabia até de qual família eram aquelas pegadas. A gente lia nos grãos de areia. Isso é fácil, até hoje fazemos isso e ensinamos os filhos". Mas, de acordo com ele, hoje, isso é muito mais difícil, pois as pegadas são muitas, de gente muito diferente, e ficam quase nos mesmos lugares, já que as cercas impedem de andar por todo o espaço.

Como os traços no papel, que formam letras e ficam visíveis e legíveis aos olhos da comunidade que fala a mesma língua, traços na areia, marcas que o corpo deixa na areia, formam traços de identidade, que são reconhecidos e lidos pela comunidade. Jacinto continua "[...] porque as marcas ficam, cada corpo faz uma marca, e essas marcas são também marcas de família. É muito bom, é como uma brincadeira. Até hoje, a gente faz. As crianças adoram, mas, hoje, é muito difícil descobrir tudo. Antes, era fácil" (2013). Cultura que pode virar resquício? Ou formas de culturas que se modificam.

Em 2011, ao chegar à comunidade e por lá permanecer alguns dias, em muitos deles, deparávamo-nos com um grupo de crianças, todas as tardes, trocando papeizinhos, como trocávamos figurinhas quando tínhamos a idade delas. Figurinhas, bem entendido, compradas em bancas e, geralmente, tendo como marca jogadores de futebol ou os ídolos, as crianças e adolescentes do momento, ou ainda alguns conhecimentos –

---

4   Como denominam os forasteiros, os de fora.

animais, detalhes de determinado local, sítios históricos, bandeiras dos estados do Brasil ou dos países do mundo, entre outros.

Todas as tardes, essas crianças estavam ali, trocando papeizinhos, como figurinhas. Papéis pequenos, cortados de forma apressada, e rabiscados, alguns com cores, outros em preto e branco. Os mais novinhos ficavam em volta, com gravetos, e rabiscavam a areia (as "ruas" do lugar). Observamos, por dias, o movimento e a brincadeira calorosa dessas crianças, em sua maioria entre quatro e 10 anos, aproximadamente, que, durante horas, ficavam lá, ora rabiscando, ora desenhando, conversando sobre os desenhos, trocando-os entre si. Todas empolgadas, sentadas à frente de um pequeno mercadinho do local, em uma espécie de calçada de madeira. Todas com pedaços de papéis, marcas coloridas. Brincando...

Quando questionados sobre o que aquilo representava, logo responderam: "Brincadeira, ora! Quer brincar também?" Já me sentido parte do "grupo", continuei a indagação: Mas o que era aquilo, afinal? E, imediatamente, falaram: "São cartas, registros nossos". Para quem? Retorqui. "Para quem, para as pessoas, para ler". [...] e todas falando, cada uma sobre o que acreditavam ser os registros, as marcas nos papéis, apontando para respostas como esta, da mais afoita por responder prontamente, de oito anos: "Ora, são marcas, você não está vendo? Marcas nossas, que dão recados". "Estas".

E me mostravam os papeizinhos que, para elas, estavam cheios de sentidos, plenos de significados. Mostraram algumas folhas soltas e pintadas de vermelho; umas rabiscadas, outras pintadas, outras, ainda, com algum desenho – de corações, lágrimas, flores, animais, rostos, bonequinhos, folhas, arvores, caixas, riscos, enfim, de coisas, rabiscos cheios de vida. Mas o melhor foi a continuação da narrativa "[...] São cartas de amor. É nosso registro; é para a gente mesmo, mas pode ser pra você também... Podemos vender..." (grupos de crianças, 2011). Essa era uma brincadeira da comunidade, uma marca identitária do lugar. Fazer e ler marcas, ora na areia, ora nos papéis soltos em meio às areias e ao passeio de madeira.

Walter Benjamin (1984), com a perspectiva de valorizar a infância e os valores da infância e da juventude, trava uma luta consciente contra todos os que pretendiam alinhar, desde a mais tenra idade, as crianças a um mundo de adultos enrijecidos, no tempo em que o autor considerava o estado fascista como um prolongamento de certa pedagogia burguesa do século XIX. Benjamin (1984) mergulha na memória de sua própria infância, recuperando o mundo da cultura de seu tempo histórico, recuperando, em certo sentido, o modo de ver da criança, a sensibilidade e os valores infantis. Seus escritos recuperam um lugar envolvido pela luta político-ideológica de sua época e apontam a possibilidade de uma educação ideológica proletária, pelo fato de garantir às crianças a plenitude da sua infância. Essa compreensão está explicitada em seus textos sobre o brinquedo, o brincar, o jogar, por meio do acompanhamento da história cultural do brinquedo e da argumentação crítica do autor à substituição paulatina do brinquedo artesanal para os brinquedos fabricados industrialmente.

Para Benjamin (1984), os brinquedos, os jogos e as brincadeiras documentam, de forma geral, como o adulto se coloca com relação ao mundo da criança. Analisa os brinquedos que possuíram uma dimensão sagrada em determinados períodos históricos, provavelmente derivados de cultos, como a pipa, a roda e a bola, e que, dessacralizados, deram margem para o desenvolvimento da fantasia das crianças. Benjamin chega a afirmar que as crianças fazem história a partir do lixo da história.

E, em Santo Antônio, a brincadeira importa. As crianças brincam com os brinquedos existentes e criam outros, constantemente criam. As crianças desse lugar, no momento de brincar, exploravam o lugar, já exaustivamente explorado e conhecido deles, já que viviam lá e, todos os dias, estavam naqueles mesmos espaços. O mais incrível é como eles conseguiam transformar o lugar, criar coisas novas e diferentes com pedras, pedaços de madeira, restos de construção, a própria areia. Os brinquedos, nesse lugar, ainda eram construídos na relação da criança com a natureza, a natural e a construída, e isso em 2011, já com a televisão, a internet e os brinquedos industrializados no lugar e na escola também. Eles experimentavam, repetiam, reexperimentavam, reproduziam, criavam.

Para Walter Benjamin, a atividade criadora está ligada à vida, à cultura, ao corpo e às imagens. Imagens, imaginações. Em seus escritos, Benjamin (2002) destaca que as brincadeiras, os brinquedos e as memórias do brincar criativo nos possibilitam irmos além da reprodução imposta por uma cultura massificada. Para além da sua crítica aos brinquedos industrializados e às brincadeiras padronizados de brinquedos com o advento da modernidade, Benjamin (2002, p. 3), chama-nos a atenção para a necessidade do brincar e a importância das repetição desse brincar: "sabemos que, para a criança, ela é a alma do jogo; nada a torna mais feliz do que o 'mais uma vez'".

As atividades propostas no universo da comunidade de Santo Antônio designam pontos de interseção entre o real e o imaginário, entre aprendizagens e repetições. Movimentos que oportunizam a aprendizagem, a repetição e também a criação e, de certa forma, apresentam às crianças formas possíveis de estar, envolver-se e compreender o mundo. Se nos entregarmos ao universo da brincadeira, somos introduzidos aos mistérios do mundo, seja do mundo lúdico, seja do mundo real, e conseguimos elaborar modos de ultrapassar obstáculos e problemas que ocorrem nesse brincar. Em decorrência, há a possibilidade de aprender a se mover no mundo e a seus problemas reais.

Vygotsky (1996, p. 12) se debruça, também, sobre as questões do brinquedo, da brincadeira e do jogo no desenvolvimento e as relações com as aprendizagens sociais, históricas e culturais. Para ele, ao brincar, aprende-se a agir no mundo social, que ainda não compreende em sua totalidade, oportunizando a sua "[...] transformação criadora das impressões para a formação de uma nova realidade que responda às exigências e inclinações da própria criança".

De forma imaginativa e real, ao mesmo tempo, mergulhamos no universo criador, que é também o universo transformador. E, nesse universo, a cultura nos absorve e, também, nos transforma. Esse processo provoca a saciedade de necessidades do ser criança e também pode provocar o surgimento de outras questões, que podem ser mais ou menos complexas e que vão sendo envolvidas no processo do brincar e também da vida real, interagindo, intervindo e podendo transformá-la.

Não somente a leitura das marcas do corpo e de sua extensão nos papéis. Marcas de todos, da vida, da natureza, das pessoas, dos animais. Registros corporais que se reproduzem em outros lugares. E continua Pedro, ao ser perguntado sobre essa leitura de marcas corporais, comentando sobre sua infância, a infância de seus pais, a infância de seus filhos, uma infância marcada de marcas corporais. Pedro registra, em sua narrativa, a necessidade dessas marcas para a comunidade, no passado e no presente, e de como ela se modifica em função do movimento maior da comunidade pelos turistas, os de fora:

> [...] a gente lê também as marcas dos bichos. Assim a gente faz para caçar, ver o rastro que eles deixam e, pelo rastro, já sabemos tudo do bicho: qual é, peso, se está sozinho, se é rápido ou lento... e tudo o mais. Assim também fazemos com as tartarugas, sabemos onde estão escondidos os ovos (onde são os ninhos), se a tartaruga é grande, o peso e até o tipo dela. Uso esse conhecimento no trabalho que tenho agora. Trabalho no Tamar, vigio os ninhos, aviso quando foram feitos e quando os filhotes foram para o mar. Vigio todo o processo, do início ao fim, sei até quantas tartaruguinhas nasceram, mesmo que não as veja, mas, *pelas marcas que ficam na areia, erro pouco. De manhã, quando saio, tento levar meus filhos, eles brincam fazendo isso, aprendem a ler desde cedo. Isso é muito importante para viver aqui. Mesmo que cada dia isso tá mais difícil.* (Pedro, 2014)

Culturas que se transformam. Traços que alcançam outros espaços, que passam da areia ao papel, mas que continuam traços de cultura, identitários, territoriais. O corpo é lugar privilegiado dessas marcas. Ao perguntar sobre outras brincadeiras, as crianças nos contam a brincadeira no mar, mas "tem que ir com alguém da família, sempre". Ao perguntar o motivo, as crianças respondem:

> *Por causa dos monstros que aparecem! Tem um monte, tem um que nem cabeça tem e que fica no mar. Se a gente vai sozinho, ele pode chegar nos levar... Ah, tem o cuidador*

d'agua, que toma conta dos peixes também, esse gosta da gente, traz peixinhos pra gente ver passar, a gente tenta pegar com as mãos, mas é difícil. (Grupo de crianças de Santo Antônio, 2011).

E continuam: "a gente brinca de surfe também. A gente queria ir pescar, mas falam que é perigoso, então a gente brinca de pescar na praia... E de surfe, de pegar onda." E outro comenta: "Tem escola, minha irmã faz. É legal, quero entrar também." E, ao indagar o motivo de não estar na "escola do surfe", Davi, de quatro anos, responde "daqui a pouco entro, tenho que fazer sete anos". Nesses exemplos, presenciamos traços e resquícios das culturas no corpo.

E das aprendizagens da vida: sentados entre um grupo de mulheres que teciam bolsas, estavam meninos, meninas, adolescentes, ajudando-as no trançar das piaçavas. Faziam com vontade, como um brincar, um brincar pensante. Um brincar que exigia alguma reflexão, mas que, logo, tornava-se automatizado, e a velocidade desse brincar era acelerada. Enquanto as mulheres conversavam da vida, do que aconteceu com algum conhecido ou mesmo do que passou naquela atração televisiva, e teciam as bolsas com maestria, as crianças, maestras também nesse saber fazer, faziam-no com alegria, como uma brincadeira gostosa, como a dizer que sabiam fazer mais rápido que elas, as mulheres, suas mestras.

Brandão (1981), ao escrever sobre o que seria a educação, apresenta-nos um quadro importante e que, no entanto, até hoje, é desprezado no meio educacional formal. Nesse estudo, Brandão descreve a educação como presente em todos os lugares e espaços, no cotidiano da vida. E afirma que ela ocorre de várias formas, como na casa, na rua, na igreja.

Ao afirmar essa ampliação do *locus* de produção e de reprodução, o autor amplia a reflexão para outros tipos de sociedade, como as tribais, caçadoras, pastoras, comunidades nômades, países desenvolvidos. E a educação, como parte da construção, continuidade e legitimidade dessas sociedades, está presente em momentos em que há a marca da continuidade de costumes, tradições e crenças, marcas identitárias. Para ele, a educação ganha força por manter e ampliar costumes de grupos determinados. E acrescentamos que essa, talvez, seja uma das questões fulcrais da perspectiva de uma educação ambiental que se envolve com as questões de alteração da lógica mundial de destruição da vida e do meio ambiente.

Como se o aprendiz ultrapassasse seu mestre. Brincando. As adolescentes já expressavam outros signos em seus corpos; corpos inquietos, que não cabiam no lugar, um lugar imaginado, certamente; tentavam absorver a forma tranquila das mulheres adultas e das mais velhas também, entretanto, a velocidade do saber fazer continuava. E, por fim, a inquietude da idade permitia pouca concentração. Era um tempo raro para elas, pois tinham que se preocupar com outras coisas, mais ligadas à estética e ao ambiente, aos visitantes e moradores de Santo Antônio, de idade próxima a delas. Corpos adolescentes.

Estes, os adolescentes, passavam bastante tempo em casa, acessando redes sociais para jogar e navegar em outros mares, em sua maioria. Ou, ainda, atraídos pelos iluminados e acelerados jogos de videogame, ou jogos de futebol ou jogos de azar, isso no fim da tarde. De manhã ou início da tarde (de acordo com outros afazeres que tinham na escola e na comunidade), sempre reverenciavam o mar. O surfe acontecia se conseguissem uma prancha, mas, caso não tivessem, o corpo virava a prancha em segundos, e lá estavam pegando ou quebrando ondas. Poucas meninas brincavam, mas brincavam. Movimentos da cultura. Encruzilhadas de culturas? Ao pensar nessa questão, surge outra, necessária. O que estamos considerando quando falamos de cultura?

Na perspectiva histórico-cultural, cultura abarca uma riqueza de coisas, consideradas como obras humanas e, portanto, carregadas de significação, reveladas pelo caráter duplamente instrumental da atividade humana: o técnico e o simbólico – trabalho social de Marx e Engels. A constituição dos seres humanos é, dessa forma, de natureza cultural e, por isso, de origem social e não genética. A cultura é de natureza simbólica; embora sua base seja material ou se funda em certas formas de materialidade, como as produções técnicas, materiais, são obras culturais, porque veiculam uma significação, enquanto as produções filosóficas ou matemáticas, fundamentalmente simbólicas, são obras culturais, porque se concretizam com certa materialidade, que é suporte da linguagem e dos signos em geral. (PINO, 2005, p. 20)

Assim, o fenômeno cultural é definido pela sua significação, pelo que constitui um ser biológico em um ser cultural e, conforme apontado por Vygotsky, pela conversão das significações culturais que definem a sociedade humana em significações pessoais, definidoras da subjetividade e da identidade pessoal de cada um. Dessa forma, os processos educacionais são de natureza cultural e de origem social. A escola, nesse modelo histórico-cultural, tem um papel insubstituível e singular na apropriação das experiências culturalmente acumuladas. E os traços de cada ser humano se relacionam intimamente ao aprendizado, à apropriação do legado de seu grupo cultural – sistemas de representação, formas de agir e de pensar, entre outros –, dependentes das experiências e da história educativa, sempre relacionada às características da época e do grupo social que vive.

Os processos educacionais são mecanismos culturais de desenvolvimento que vão introduzindo novas funções progressivamente e, com isso, alteram o curso dos processos naturais. Para Vygotsky, a cultura seria, assim, simultaneamente, o produto da vida social e da atividade social dos seres humanos, ou seja, a cultura passa a ser compreendida como sendo uma produção humana com duas fontes simultâneas de produção: a vida e a atividade social.

Nessa perspectiva, todas as atividades humanas importam e nos constituem. Do trabalho às festas. Festas essas que causam alegria e contagiam as crianças, principalmente, mas não somente elas. Ao questionar sobre as festas na comunidade, as crianças logo falaram da festa de Santo Antônio, a que mais gostam, a que elas se identificam, porque, nela, tem tudo, ou quase tudo que desejam, "porque tem bala, bola, brinquedo, música, dança... e, e... e tudo o mais", comenta um menino de sete anos. Porque "é a festa mais importante da comunidade, a única que parece todos participarem", diz outro rapaz, de 11 anos. E outros destacam: "por muita coisa ou por tudo, sério", confirma uma de 10 anos. E outra, de 12 anos, ainda acrescenta: "por ser uma festa grande, aqui na praça, tem até autofalante. Vem gente cantar e tudo. […]. Tem comida também, tem jogo, brinquedo e futebol… […]. É muito bom, a gente brinca o dia todo de Santo Antônio. […]. É em junho…" (Grupo de crianças, 2011).

Se, para as crianças, o momento da festa de Santo Antônio é de comemoração e alegria, cheia de oportunidades de desenvolvimento e de formas de satisfação, para os adultos, ela está regada de marcas e memórias do lugar. Além de o Santo dar nome à vila, sua aparição no lugar segue algumas histórias parecidas de comunidades de pescadores no Brasil, guardando-se a diferença dos santos. Se, em muitas delas, quem aparece e é comemorada é uma santa, a Aparecida, e o dia de comemoração é em fevereiro, nesse lugar, o santo que aparece e que protege a população do lugar é o Santo Antônio.

> *porque esse santo tem uma ligação com este lugar, ele tem uma relação mesmo com aqui. – Foi assim: quando nossos avôs aqui chegaram, passou um pouco e encontraram uma imagem de Santo Antônio, bem ali, na praia. Sem nada falar, logo todos sabiam e queriam ver o Santo Antônio, as comunidades vizinhas falavam, vamos lá ver o santo Antônio, e logo ficou, vamos a Santo Antônio… E assim surgiu o nome do lugar.* (Carlos, 2013)

Mas não é só isso; a imagem era pesada, achavam que tinha ouro escondido dentro dela. Muitos queriam quebrá-la e, em algum dia, acabaram conseguindo. O Santo apareceu com a cabeça partida, sem cabeça, e sem coração, imaginário tesouro que ele guardava, dado o grande peso do Santo. Nada dentro. Ninguém sabe o que aconteceu, mu… Mas o mais incrível foi que, um tempo depois disso, a imagem apareceu com a cabeça novamente. Todos, atônitos com o acontecido, trataram de protegê-la, colocando-a em lugar seguro e aumentando a vigilância a ela. O corpo, que quebrado, reconstrói-se. Uma cultura que se refaz e, assim, o santo que nomeia a vila resistiu e se recompôs. A imagem transmitia a força da luta e a possiblidade de ir além das feridas e cicatrizes. Mesmo as que atingiram a cabeça e o coração.

Depois de um certo tempo, imagem recomposta, peso ganho, novamente ela foi roubada, quebrada, desintegrada. E, novamente, recompuseram-na, do pó a alguma imagem de santo, mesmo que imaginada, presente. Essa história permanece viva e forte no lugar, move festas e integra o povoado. O santo que alterou, nesse território, a lógica tradicional de se considerar Nossa Senhora Aparecida com a protetora da pesca, dos pescadores e de comunidades pesqueiras. História de pescador? Se for, espalhou-se.

Ao comentar sobre o assunto, Maria continua "[...] sabe, em alguns lugares se comemora o dia de Nossa Senhora Aparecida, em outros, a Iemanjá. Aqui, comemoramos o Santo Antônio" (2013). Ao tempo em que essas historias nos relatam a ligação das comunidades tradicionais com as questões religiosas, elas nos servem para demarcar territórios, caracterizar comunidades e distinguir vivências.

Se essa festa-homenagem é algo comum em todo o Brasil, em comunidades pesqueiras, como demonstram os estudos de Brandão (1995, 2000), entre outros estudiosos, podem caracterizar traços de aproximação cultural e também indicar a divulgação e alteração de culturas. O movimento da história, a afirmação da impossibilidade de um pensamento e história única. E mais: culturas que passam entre águas, terras, ar, que se cruzam e se entrecruzam.

Essa é dialeticidade da história. História que, para Benjamin, seguindo os apontamentos de Marx, é considerada uma construção permanente, portanto, como um livro aberto. Nesse processo, as relações entre amigos e com a família, o lugar, o território, as formas de comunicação e a determinações políticas e econômicas, as relações com o trabalho, o lazer e a vida de um grupo, uma comunidade expressam a cultura presente e as possibilidades de sua transformação. E a velocidade em que acontecem as alterações são, de fato, inimagináveis.

3. Corpos brincantes de crianças: o corpo cria culturas

O saber fazer dessa comunidade era passado de forma cotidiana, a cada momento, a cada fala ou movimento, nas marés, que, embora agora já não tivessem recheadas de peixe, promoviam a sabedoria do esperar e do criar. A criatividade estava presente em cada momento da vida naquela comunidade. Aprendizagens singulares de uma vida diferenciada. Corpos brincantes em rios, mares, areias e piaçavas pelos arredores de Santo Antônio.

Cabe o registro de que essa comunidade não tinha eletricidade até aproximadamente 2008 e ela ainda é precária, podendo faltar a qualquer momento. Assim também são as condições básicas para uma vida digna, como o saneamento básico, que, na comunidade, ainda é uma possibilidade distante. A água é um problema local, mesmo em uma área de água abundante, já que se localiza entre as águas do rio Imbassaí e do mar Atlântico. Mas, aqui, trata-se de falar de água potável, tratada, possível de ser ingerida sem causar problemas, e isso falta na comunidade, a água tratada. Esse é um problema imediato; o corpo sente e expressa em feridas esse mal tratar. Feridas expostas. Em tempos de chuva, a tranquilidade d a população é alterada radicalmente, e o corpo sente a intoxicação do ambiente.

Sobre aprendizagens, consideramos que, nessa comunidade, parece funcionar a relação do aprender fazendo, repetindo e fazendo novamente. De variadas formas. Algumas como antes, na época de seus pais e avós, e outras, porém, com novas e outras possibilidades. Entretanto, muito diferentes ainda da sociedade atual e das brincadeiras, brinquedos e jogos avançam feito avalanche nesse século XXI e se tornam, cada dia mais, fonte de inquietação e de reflexão de diversas áreas do conhecimento.

No entanto, é como seres de criação que nos tornamos e permanecemos humanos; como seres sociais, que nos fazemos; e é dessa forma que podemos nos refazer sempre, realizando e criando cultura. Nessa perspectiva, ganha-se uma dimensão que ainda precisa ser compreendida e respeitada. Corpo e cultura expressam histórias definidas, mas a redefinem também, redimensionam-na. Essa relação precisa ser compreendida para ser restabelecida e ganhar, na atualidade, a dimensão vital, a lógica da possibilidade de transformação e de alteração do que está posto como imposição permanente, em um ilusionismo de falta de possibilidades de ser e fazer diferente.

As areias, que marcam os passos de corpos e que nos contam sobre a cultura e a história de cada um, também mudam. O vento as remexe sempre e, conforme a ventania, elas ficam ilegíveis. Por um tempo. Mas outras marcas são feitas e outras leituras são possíveis. Talvez o sentido esteja em como fazê-las ou em sempre fazê-las de forma diferente, mesmo que repetindo ou sendo repetitiva. Carlos, ao contar das transformações acontecidas no ambiente logo que o complexo hoteleiro se instalou na vizinhança, narra o espanto e os impactos causados: "até onça apareceu! Nos assustamos. Mas vimos que ela tinha mais medo que nós todos. O bicho que punha medo era o mesmo que pedia socorro, tinha o medo estampado por todo o corpo... Esse tal bicho progresso assusta até onça!".

Nesses percursos pelo território corporal, cultural e ambiental de Santo Antônio, aprendemos. Formas de vida singulares, brincadeiras imponderáveis, aprendizagens significativas e repletas de marcas, do corpo, da cultura. Características essas que, certamente, definem-nos como seres humanos. Aprendemos também a experimentar. Experimentar o diferente, estar aberto ao novo, experimentar brincar e aprender brincando. Esse talvez tenha sido o sentido principal que as crianças de ontem e de hoje, no tempo presente, porém, ensinam-nos. E como agentes dessa cultura tão singular e plural, como artesãs e artesões de uma vida plena de sentido, que sofrem e são atropelados pela mesma lógica arrasadora da sociedade do capital, mas que também resistem, e de forma bastante criativa.

Mais que agentes da cultura, eles produzem cultura e fazem história. Do questionamento inicial, quais os sentidos das brincadeiras e jogos das crianças da comunidade de Santo Antônio resistem à lógica do capital? E, como um artesão, tece sua história, transmitindo e criando em comunidade, com convergências e com divergências de saberes, sabores, rastros e marcas corporais, provocam alterações e criações de outras possibilidades de vida, para que seja digna, mesmo sendo severina.

Os sentidos e significados presentes nas brincadeiras de crianças expressam, de forma imediata, mediante e histórica, a resistência dessa população. Assim, a cultura e as expressões corporais como linguagem perspectivam transformações culturais, muitas impostas, outras criadas, como as belas e coloridas bolsas de piaçava que enfeitam as casas da vila e ficam expostas, ávidas por um comprador. Nesse colorido presente nas bolsas, nos rabiscos coloridos dos papéis, nas leituras das marcas corporais deixadas pelos rastros do caminhar e nos milagres de se refazer corporalmente, anunciado, em mais de uma vez, pelas memórias da imagem encontrada nesse lugar, a comunidade da vila de Santo Antônio anuncia, talvez pelo desejo expresso no mundo da criança e do lugar, no corpo e na cultura.

Assim, os conhecimentos da comunidade de Santo Antônio continuam vivos e presentes nas marcas do corpo e da cultura presentes nas brincadeiras das crianças, reafirmados nas escolhas dos brinquedos, nas brincadeiras e nos jogos que, mesmo ganhando contornos e formas novas e diferenciadas, são ressignificados e continuam a trazer, nas marcas expressas no corpo e na cultura, a forma de viver e se relacionar com o ambiente natural e o ambiente construído, reconstruído e destruído pelos seres humanos. Corpos e culturas que resistem e coexistem num território ambiental que nos convida a sonhar, tamanha a veemência da beleza do lugar que guarda areias brancas, um mar azul, o verde das matas rasteiras, dos coqueiros e das palmeiras e, o mais precioso, esses seres humanos que acreditam que a vida pode ser diferente do que o imposto pela sociedade do capital.

Em Santo Antônio, a criança aprende esse conhecimento e o transmite socialmente pelos jogos e brincadeiras; pelo brincar, aprendem o mundo e o transformam, mas falta muito. Na comunidade, falta o essencial para uma vida digna, se pensarmos na sociedade global e no desenvolvimento anunciado pelo complexo hoteleiro, vizinho da comunidade. Essa contradição estampa a desigualdade presente no mundo e a necessidade imediata de transformá-lo. E, pela brincadeira, ou por sua falta, em época de chuvas, as crianças podem aprender sobre a necessidade de lutar para que alterações aconteçam.

Referências

AUGÈ, Marc. *Não lugares*: **introdução a uma antropologia da supermodernidade.** 9ed. Campinas: Papirus, 2012.

BENJAMIN, W. *Magia e técnica, arte e política.* 2. ed. São Paulo: Brasiliense, 1986. (Obras escolhidas, I)

BENJAMIN, W. *Reflexões: a criança, o brinquedo e a educação.* São Paulo: Summus, 1984.

BENJAMIN, W. *Rua de mão única*: **obras escolhidas.** 2. ed. São Paulo: Brasiliense, 1993.

BRANDÃO, C. R. *O que é educação.* São Paulo: Brasiliense, 1981.

BRANDÃO, C. R. *Educação popular na escola cidadã.* Petrópolis, Rio de Janeiro. Vozes, 2000.

BRANDÃO, C. R. *A partilha da vida.* São Paulo: Cabral Editora, 1995.

PINO, A. *As marcas do humano*: **às origens da constituição cultural da criança na perspectiva de Lev S.** Vygotski. São Paulo: Cortez, 2005.

PRAIA do forte- Ba. *Projeto Tamar 35 anos,* [S.l.], 2013. Disponível em: http://www.tamar.org.br/centros_visitantes.php?cod=1., Acesso em: 21 fev. 2013.

VIGOTSKY, L. *A formação social da mente: o desenvolvimento dos processos psicológicos superiores.* 5. ed. Rio de Janeiro: Martins Fontes, 1996.

Pensando sobre nossas relações com a natureza e aprendendo com o pensamento ameríndio[1]

Charbel N. El-Hani
(Instituto de Biologia, Universidade Federal da Bahia. Instituto
Nacional de Ciência e Tecnologia em Estudos Interdisciplinares
e Transdisciplinares em Ecologia e Evolução (INCT IN-TREE)

1. Valores intrínsecos, instrumentais e relacionais na conservação

Um dos aspectos centrais nas reflexões sobre práticas e políticas de conservação da natureza diz respeito aos nossos valores e às nossas atitudes diante delas. A partir dos anos 1980, na esteira do crescimento dos movimentos ambientalistas, tal reflexão foi, na maior parte do tempo, estruturada em torno da dicotomia entre valor intrínseco e valor instrumental. A biologia da conservação teve origem naquela década, sendo, inicialmente, concebida como uma ciência orientada para uma missão (Soulé, 1985). Os biólogos da conservação sustentavam, em sua maioria, que a natureza e os seres vivos deveriam ser conservados por seu valor intrínseco, ou seja, pelo valor que têm simplesmente porque são o que são, porque são, intrinsecamente, valiosos, e não apenas porque têm valor como meio para que se faça alguma outra coisa.

Naquela mesma década, contudo, a pauta ambientalista foi sendo absorvida pelo sistema capitalista de produção e consumo, que buscou uma conciliação entre seu *modus operandi* e as demandas de con-

---

[1] Adaptado a partir de texto originalmente publicado no Blog Darwinianas, vinculado ao INCT IN-TREE, disponível em: https://darwinianas.com/2023/01/26/pensando-sobre-nossas-relacoes-com-a-natureza-e-aprendendo-com-o-pensamento-amerindio/

O texto publicado em Darwinianas foi, por sua vez, produzido a partir de texto elaborado para oficina de imersão na natureza do projeto educacional Macaw Experiências de Natureza, na Reserva Legal Camurujipe, em 05/01/2023.

servação, por meio de fóruns internacionais de tomada de decisão, capitaneados pela Organização das Nações Unidas (ONU). Uma das decorrências desse processo foi a criação do conceito de desenvolvimento sustentável (Redclift, 2006). Esse conceito, que, desde então, rendeu bem mais desenvolvimento do que conservação (Adelman, 2018), foi introduzido no relatório Brundtland (Our World Commission on Environment and Development, 1987) e consolidado a partir da Rio 1992. O processo resultou no reforço do valor instrumental da natureza e dos seres vivos e não vivos, que, no fundo, acompanha o projeto da modernidade desde sua origem – e, inclusive, remonta a tempos mais antigos, como podemos ver em várias religiões ocidentais, que também atribuem valor à natureza e aos demais seres, principal ou exclusivamente, devido aos benefícios que trazem a nós, humanos. Com a expansão do neoliberalismo, os valores instrumentais ganharam peso cada vez maior, dominando o cenário político e o cenário científico, a partir de noções como as de desenvolvimento sustentável e de serviços ecossistêmicos (Washington et al., 2021). Se ainda persistiu um debate acadêmico em torno da dicotomia valor intrínseco-valor instrumental, nos mais variados meios sociopolíticos, o valor instrumental predominou vigorosamente.

No entanto, surgiu recentemente, no campo da conservação, uma tendência conceitual que busca superar a dicotomia intrínseco-instrumental a partir da ideia de valores relacionais (Chan, Gould & Pascual, 2018), que não operam isolados como valores, mas são elementos de modos de relação humano-natureza. Valores relacionais podem ser instrumentais ou não instrumentais (Himes & Muraca, 2018), o que ajuda a superar a dicotomia, ao incorporar a ideia de contribuição para os humanos como um elemento apenas dos valores relacionais, que ganha maior ou menor saliência a depender do modo de relação humano-natureza.

2. Modos de relação humano-natureza

A ideia de valores relacionais levou à construção de tipologias de modos de relação humano-natureza. Não descreverei, aqui, diferentes tipologias com os modos de relação que identificam, mas apenas enfocarei alguns modos abordados por Muradian e Pascual (2018).

Dois modos de relação identificados por esses autores são bem característicos do mundo europeu e do mundo colonizado, que resultou de sua expansão. Um deles é o modelo de dominação, no qual há uma distinção clara entre mundo social e mundo natural e, logo, entre humano e natureza, e a natureza é tratada como subordinada aos humanos. Essa é uma visão que atravessa das religiões dominantes no mundo europeu até o sistema político e de produção e consumo capitalista, que se afirmou desde a modernidade. A partir desse modelo, a natureza é entendida como uma ameaça e deve ser colocada sob controle, para servir aos humanos.

Outro modelo é o de isolamento, que mantém a distinção entre mundo social e natural, mas, para além disso, com a crescente urbanização, desacopla de tal maneira os humanos da natureza, que esta última termina por tornar-se invisível. Há uma indiferença em relação à natureza e um entendimento de que ela não seria importante, malgrado nossa completa dependência dela. Mas há tantas mediações intervindo nessa dependência, que a natureza se torna, para muitos habitantes dos meios urbanos, praticamente inexistente. Esse é um modo de relação que tem sido favorecido pela ausência de experiências de natureza (Rosa & Collado, 2019), especialmente entre moradores de centros urbanos.

Os dois modelos se contrapõem a outros que me interessam, particularmente, nesse capítulo, porque diluem a distinção entre mundo social e natural, como os modelos de devoção e de troca ritualizada. No modelo de devoção, característico de culturas e religiões orientais, a natureza é entendida como uma divindade e colocada em posição hierarquicamente superior aos humanos, com uma percepção da natureza como sagrada e como meio para uma transcendência que pode unificar-nos a ela. O modelo de troca ritualizada, por sua vez, é característico do pensamento ameríndio, que, apesar de sua diversidade, exibe também uma unidade nos diferentes povos originários das Américas, em virtude de sua origem comum (em sua maioria).

3. Modelo de troca ritualizada e pensamento ameríndio

No modelo de troca ritualizada, todos os seres da natureza são tratados como iguais, sem excetuar os humanos. Todos são tratados como capazes de agência, de interagirem uns com os outros nos mesmos termos, como diferentes gentes. Em vez de uma visão uninaturalista e multiculturalista, dominante na modernidade ocidental e herdada por nós, podemos interpretar a visão dos ameríndios como uniculturalista e multinaturalista (Viveiros de Castro, 2004). Todos os seres são gentes e têm suas linguagens, mas todas as linguagens usam as mesmas palavras, embora estas se refiram, de maneira diferente, às coisas no mundo. A mesma palavra que, para nós, significa sangue, para a onça significa cauim (bebida alcoólica tradicional dos povos ameríndios, feita a partir da fermentação alcoólica da mandioca ou do milho). É por isso que, onde vemos lama, a anta vê sua maloca cerimonial, onde dança em seus rituais.

Muitas vezes, as pessoas pensam na visão de natureza dos ameríndios como se fosse a de um mundo em harmonia. Mas harmonia é um conceito nosso por demais. O mundo que os ameríndios percebem e experienciam parece bem mais complicado do que isso, porque, se todos os seres são gentes, toda relação, no mundo natural, é uma relação social, com toda a complexidade que uma sociedade traz, ainda mais povoada por gentes tantas e tão diversas. Ali, as relações devem ser cuidadosas, e é desse cuidado que segue o que nós, mais uma vez usando categorias que são nossas, chamamos, por vezes, de sustentabilidade da vida dos povos ameríndios. As trocas ritualizadas têm um papel central em seu modo de relação com a natureza, exatamente porque elas medeiam, de maneira fundamental, todo o cuidado que é preciso ter em todas essas relações. Ao nos referirmos a trocas ritualizadas, estamos tratando de situações nas quais humanos atribuem capacidade de agência a entidades naturais e, a partir disso, envolvem-se em relações com elas que são regidas por códigos ritualizados de igualdade, equilíbrio e reciprocidade.

Considerem, por exemplo, os Runa, povo ameríndio da Amazônia equatoriana, com quem o antropólogo Eduardo Kohn trabalhou, como descreve em seu livro "Como pensam as florestas" (2013). Nas trocas ritualizadas desse povo ameríndio com a natureza em que vivem, eles entendem as florestas como seres pensantes. Em princípio, temos, aí, uma alteridade radical, como chamam os antropólogos as diferenças tão radicais na percepção e no entendimento do mundo, ou o que os filósofos chamam de ontologia, que se torna difícil traduzir de uma visão a outra. Para a modernidade ocidental, nós e possivelmente alguns outros poucos animais somos seres pensantes. Uma floresta, jamais!

4. Aprendendo a partir da diferença radical

Eu tenho trabalhado com um arcabouço teórico acerca das relações entre formas de conhecimento, que tem como um de seus elementos perguntar como podemos aprender a partir de situações de diferença, de alteridade radical (El-Hani, 2022). E a resposta que tenho encontrado é que aprendemos quando essas diferenças radicais desafiam nossos modos de percepção e entendimento; desafiam de tal modo, com tal intensidade, que inauguram visões que, se impossíveis antes, agora são por nós ao menos contempláveis, dignas de atenção.

Isso foi exatamente o que aconteceu comigo quando me deparei com a ideia das florestas pensantes. Pus-me a pensar sobre como o próprio modo como entendemos a nós mesmos e ao nosso pensamento é marcado pelos modelos de relação humano-natureza ocidentais modernos. Descartes propôs, no nascimento do racionalismo moderno, que o ponto primeiro de toda a compreensão residia na afirmação "Penso, Logo Existo". Mas, ora, isso sugere o contrário da ideia de que todos os seres da natureza devem ser tratados como iguais, sem excetuar os humanos. O pensamento seria a marca de nossa existência e, somente isso, a mente – atributo da alma –,tornaria-nos humanos. No mais, seríamos uma máquina, e todos os seres vivos, não tendo almas e mentes, não seriam iguais, mas inferiores, máquinas somente. Estamos, aí, muito longe da ideia de um mundo povoado por gentes tantas e tão diversas, marca central do pensamento ameríndio. Aliás, estamos longe, também, de outras ideias que informam outros modos de viver, como a ideia de Ubuntu (Ramose, 2005; Dju & Muraro, 2022), central em grande parte do pensamento africano: "Eu sou, porque nós somos". Não, eu não sou porque nós somos, diria o moderno, eu sou porque eu penso. Mas, ora, isso é tão próprio de como nós, ocidentais modernos, pensamos o mundo todo a partir de nosso próprio umbigo, afirmando-se o homem, desde a Renascença, como centro do mundo, dentro de um contexto de crescente individualismo.

Ao longo da modernidade, tipicamente entendemos dessa maneira o pensamento e a cognição. Inclusive, nós os entendemos também muito sob a influência de Descartes. Pensamento e cognição teriam o cérebro como sua sede e, a partir do cérebro, nós perceberíamos nosso corpo e o ambiente ao redor, criando representações deles no interior do cérebro. É bem assim que entendemos a nós mesmos, filhos e filhas que somos da modernidade ocidental.

No entanto, vejam bem, eu me ponho a pensar, provocado pelo pensamento ameríndio, e aí, ao me ver desafiado a considerar as florestas pensantes, encontro-me comigo mesmo, no sentido de que me vejo, de repente, numa posição que tem sido minha, dado que, há muito, rejeito o entendimento do pensamento e da cognição como se estivessem limitadas ao cérebro. Mas não me encontro idêntico ao pensamento ameríndio. Não! Ele me desafia a dar um passo a mais, antes, para mim, impensável. E é aí mesmo que está o aprendizado!

Entendo a cognição e o pensamento nos termos de uma corrente das ciências cognitivas que é chamada de "cognição situada" (Robbins & Aydede, 2008; Roth & Jornet, 2013). A partir dessa perspectiva, não é o cérebro apenas, ou mesmo em si, que é a sede do pensamento e da cognição. Pensamento e cognição são, fundamentalmente, *incorporados*, o que significa que pensamos e conhecemos não apenas com o cérebro, mas com todo o corpo. Ter uma mente não é, nesses termos, como ter um nariz, mas é como andar. Assim como andar, ter uma mente é relacionar-se com o mundo de certa maneira. E essa relação não é do cérebro com o mundo; é do corpo todo com o mundo. São os nossos sentidos, são os nossos movimentos, é a nossa pele, é o corpo todo.

Mas é mais do que isso. Pensamento e cognição são, também, *embebidos* no mundo. Quando pensamos e conhecemos, exteriorizamos parte de nosso trabalho cognitivo no mundo. Nós ordenamos o mundo ao nosso redor para que possamos pensar e conhecer mais e melhor. Organizamos nossas gavetas para facilitar a escolha das roupas, exteriorizamos nossa memória em anotações espalhadas pelas casas, rotulamos o mundo com nossas palavras para facilitar saber o que é comida e o que é veneno, o que é predador e o que é presa.... Levamos isso aos últimos extremos, com megaordenações do mundo que exteriorizamos como se fossem representações, criando sistemas inteiros de pensamento, religiosos, científicos e outros.

Porém, muitas vezes, acabamos perdendo de vista que não se trata somente de perceber e representar o mundo; trata-se de um conjunto de ações, de práticas, nas quais, incorporados e embebidos no mundo, pensamento e cognição emergem como modos de relação. Não se trata, então, de representar o mundo, mas de agir de certa maneira para produzir pensamento e cognição, relacionar-se de forma tão recorrente com o mundo em que exercemos nossas práticas de significação, que até parece que estamos, continuamente, mobilizando mapas de nosso cérebro para entendê-lo. Entretanto, não temos esses mapas como algo fixado em nossos cérebros. Vamos, a todo momento, mapeando o mundo enquanto andamos ou enquanto navegamos por ele.

Esse modo de entender o pensamento e a cognição é dito antirrepresentacionalista, porque dá sempre prioridade à ação e à prática situadas no mundo, que sempre são um navegar de nosso corpo embebido nas coisas. É que, como somos seres que aprendemos, a gente tende a navegar de modo recorrente, tão recorrente que até imaginamos que vivemos dentro de nosso cérebro, como um homúnculo cartesiano. Mas não é ali que vivemos. É no corpo embebido no mundo que vivemos.

Se seguirmos por esse caminho e prestarmos bem atenção ao lugar para onde estamos indo, nós nos descobriremos já não tão distantes dos ameríndios! Estamos diluindo as fronteiras humano-natureza, humano-mundo! Com muita dificuldade, é verdade, não com a naturalidade dos ameríndios. Isso é porque somos ocidentais modernos, e desafiar essa visão da gente como um ser que vive, individual e isoladamente, dentro de nossa própria cachola é desafiar tudo que nós somos. Não é fácil. Porém, é exatamente um passo que somos instigados a dar quando levamos realmente a sério o pensamento ameríndio, por mais hesitante que esse passo ainda seja.

Queria dar, ainda, uma palavra final, que é sobre construção de conhecimento. Quem constrói o conhecimento? Na visão ocidental moderna, a resposta é que, em princípio, nós construímos. Mas não apenas isso, porque há também, entre os modernos, os empiristas ingênuos, que consideram que o mundo está, de alguma forma, pré-rotulado, pré-conhecido, e o que nos cabe é descobrir os conhecimentos que lá estão. Afinal, é o conhecimento uma construção social e apenas isso? Ou é o conhecimento algo que descobrimos no mundo? O que penso é que essas não são perguntas a serem respondidas. Elas são perguntas a serem dissolvidas, porque se baseiam numa dicotomia a ser superada.

Se mudamos para uma visão de nosso ser, com seu pensamento e sua cognição, como sempre incorporado e embebido no mundo, podemos chegar à conclusão de que a construção do conhecimento se dá de todos os lados da relação. O conhecimento é coconstruído por nós, humanos, com nossos corpos inteiros, e esse mundo que nos embebe. Assim como nós, ativamente, executamos práticas que produzem significados sobre o mundo, o mundo não se apresenta a nós como uma tela branca, em que podemos pintar o que quisermos. Não, o mundo é prenhe de significados. Dessa forma, ele também é agente construtor do nosso próprio conhecimento sobre ele. Afinal, não haveria de ser diferente se nosso pensamento e nossa cognição estão embebidos no mundo! Eles são modos de relação por meio dos quais nós e o mundo construímos um modo de perceber e entender as coisas.

Não há dúvida de que eu começo sempre longe dos Runa e dos demais ameríndios, ocidental moderno que sou. No entanto, levando-os realmente a sério, eis que me encontro comigo mesmo no caminho, mas transformado pela aprendizagem que decorreu de considerar a diferença radical não como fonte de rejeição, e sim como fonte de ideias novas, tão novas para mim que, há algum tempo atrás, poderiam até parecer impensáveis.

Referências

Adelman, S. (2018). The sustainable development goals, anthropocentrism and neoliberalism. In: French, D. & Kotzé, L. (Eds.) *Sustainable Development Goals: Law, Theory and Implementation* (pp. 15-40). Cheltenham and Northampton, MA: Edward Elgar.

Chan, K. M. A., Gould, R. K. & Pascual, U. (2018). Editorial overview: Relational values: what are they, and what's the fuss about? *Current Opinion in Environmental Sustainability* 35: A1-A7.

Dju, A. O. & Muraro, D. N. (2022). Ubuntu como modo de vida: contribuição da filosofia africana para pensar a democracia. *Trans/Form/Ação* 45: 239-264.

El-Hani, C. N. (2022). Bases teórico-filosóficas para o design de educação intercultural como diálogo de saberes. *Investigações em Ensino de Ciências* 27(1): 1-38.

Himes, A. & Muraca, B. (2018). Relational values: the key to pluralistic valuation of ecosystem services. *Current Opinion in Environmental Sustainability* 35: 1-7.

Kohn, E. (2013). *How Forests Think: Toward an Anthropology Beyond the Human*. Berkeley, CA: University of California Press.

Muradian, R. & Pascual, U. (2018). A typology of elementary forms of human-nature relations: a contribution to the valuation debate. *Current Opinion in Environmental Sustainability* 35: 8-14.

Our World Commission on Environment and Development, United Nations. (1987). *Our Common Future*. Oxford: Oxford University Press.

Ramose, M. B. (2005). *African Philosophy through Ubuntu*. Harare: Mond Books Publishers.

Redclift, M. R. (2006). Sustainable development (1987-2005) – An oxymoron comes of age. *Horizontes antropológicos* 25: 65-84.

Robbins, P. & Aydede, M. (2008). *The Cambridge Handbook of Situated Cognition*. Cambridge: Cambridge University Press.

Rosa, C. D. & Collado, S. (2019). Experiences in nature and environmental attitudes and behaviors: setting the ground for future research. *Frontiers in Psychology* 10: 763.

Roth, W.-M. & Jornet, A. (2013). Situated cognition. WIREs Cognitive Science 4: 463-478.

Soulé, M. E. (1985). What is conservation biology? *BioScience* 35(11): 727-734.

Viveiros de Castro, E. (2004). Perspectival anthropology and the method of controlled equivocation. *Tipití: Journal of the Society for the Anthropology of Lowland South America* 2(1): 3-22.

Washington, H., Piccolo, J., Gomez-Baggethun, E., Kopnin, H. & Alberro, H. (2021). The trouble with anthropocentric hubris, with examples from conservation. Conservation 1(4): 285-298.

Posfácio

CIDADÃS E CIDADÃOS DO POVO DA TERRA: VAMOS CRIAR NOSSO PRÓPRIO PODER!

Carlos Rodrigues Brandão

1.

O povo da terra somos nós.
Somos as pessoas como você e eu,
mais os gestos solidários que nos tornam um entre nós.
E também é um agricultor do Nordeste do Brasil,
um indígena da Amazônia ou dos Andes,
ou algum menino no Tibete, que nunca vimos ou veremos.
*E são o **povo da terra** todos os seres vivos*
que vivem nela como nós vivemos,
cada um a seu modo, segundo a vocação de sua espécie,
e que compartem conosco o milagre da vida.
Nós, que sendo entre os humanos uma só espécie,
somos diferentes povos, etnias, comunidades e culturas.

2.

Eu nasci no Brasil,
mas minha pátria é o planeta.
A minha nação é a Terra,
e o meu lar é o universo.
De nada somos senhores,
nem donos de coisa alguma.
Somos seres que chegam e partem e somos eternos
porque somos
apenas elos da teia da vida.
Somos a rede, a teia, a raiz,
*E, antes de sermos **senhores do mundo**,*
*somos **irmãs e irmãos do universo**.*

3.

Chegamos a um novo milênio,
mas chegamos a bem mais do que isso.
A Nave-Terra em que viajamos
atingiu o rumo de um momento
de uma **grande transição**
Mas ela é, também, um imenso dilema.
A nave em que navegamos há milhões de anos
pode seguir sua viagem pelo mar do Cosmos
com a gente ou sem ninguém de nós.
E, como foi no começo de tudo,
pode navegar com a vida ou também sem ela.
E o destino da nossa Nave-Terra,
e o destino da vida que há nela,
mais do que nunca antes,
dependem de nós, os humanos.

4.

Depois de anos e anos de espera,
sabemos que, dos senhores do poder,
muito pouco podemos esperar.
De um lado e do outro do mundo,
e também entre as sociedades e culturas da Terra,
eles estão bem mais preocupados
com os ilusórios ganhos de agora
do que com a felicidade da vida... agora e sempre.
E vemos que os que "podem", podem pouco,
quando é preciso não só "criar o sustentável",
entre cálculos, teorias e técnicas,
mas sustentar um outro **modo de vida.**
Uma vida fundada na consciência
e no sentimento compartido
de que, para que venha a **grande transição,**
é preciso brotar, dentro de nós,
entre nós e através de nós,
uma **grande transformação.**

5.

Nós, cidadãs e cidadãos do mundo,
somos a mais legítima fonte de poder na Terra,
porque aspiramos ser a mais sensível fonte de amor.
E também porque sabemos que somos, juntos,
a fonte de consciência crítica e criativa do que há
e do que precisa ser transformado,
para que o que existe ainda exista,
mais vivo, mais verde, mais fecundo e feliz!
Somos os povos originários de todo o mundo,
entre florestas, savanas, desertos, mares e montanhas,
e mais as mulheres e os homens do campo e das cidades,
artistas, professoras, cientistas, mães e marinheiros,
pessoas de pensamento, sentimento e ação,
de princípios e práticas, poesias e preces.

6.

Somos nós, os humanos
E são os seres da vida
aqueles a quem as ações dos poderes
deveriam ser dirigidas,
e não ao ganho, à posse e à reprodução do poder.
Empodeirados pelos nossos conhecimentos e culturas,
Sabemos hoje que, a despeito de nossas críticas
e de nossas previsões e pedidos,
tudo o que entre os senhores do poder e do capital
tem sido decidido, decretado e realizado
é menos do que uma pequena parte
de tudo o que, por todo o mundo,
deveria estar sendo pensado, planejado e realizado.

7.

Os mares e as geleiras, as florestas e as savanas
os rios, os lagos, a terra em que se planta,
a vida, enfim, que dá vida à vida da Terra
não podem mais esperar que, dos senhores do poder,
venha a surgir qualquer passo rumo a uma outra opção.
Toda a força e a energia que poderiam
estar sendo dirigidas a tornar mais viva a vida,
estão, por toda a parte, sendo empregadas
para transformar a Terra e a vida
em mercadorias ou em suportes de mercadorias.

8.

É tempo de aprendermos a buscar em nós,
na unidade de cada pessoa
e na pluralidade diferenciada de todas e todos nós,
*a **comunidade planetária** daqueles/as*
que se dispõem a tomar, em suas mãos,
a bússola e o leme, a vela e o remo,
para desviarem, para sempre, a nossa Nave-Casa
do rumo da grande predação da natureza
para o rumo da grande transição
da humanidade e da vida.

9.

Pensemos em nós e na vida de que somos parte e partilha.
Pensemos nas pessoas de agora e do futuro.
Lembremos que vivemos em um planeta
que bem poderia abrigar
e alimentar todas as pessoas que aqui vivem,
sem degradar a natureza e sem privar de pão e alegria
a imensa maioria dos que vivem "à margem".
Sem deixar de estarmos atentos ao que pensam e fazem
os senhores do poder, da empresa e do capital,
saibamos nos unir, cada pessoa, cada par,

cada pequeno grupo, cada fração de uma rede,
cada comunidade, cada povo da Terra,
para criarmos as redes de "nós mesmos" e para construirmos uma ação
coletiva, local e global
capaz de ressentir e repensar a vida da terra,
enquanto outros pensam no lucro da terra.
Sejamos capazes de lutar pelo dom da vida
quando outros fazem dela uma fonte de ganhos.
Sejamos capazes de trabalhar em nome dos que virão,
quando alguns fazem os outros trabalharem
para gerarem, no imediato do agora, os seus ganhos.

10.

Se somarmos o que até aqui fizeram
todas as pessoas ativas de todos os povos da Terra,
veremos que muito foi feito de tudo o que falta.
E o que resta, agora, talvez, seja o passo mais essencial!
Eis que é chegada a hora de darmos, juntas e juntos,
mais um passo, na capacidade de nossa família humana,
para garantir o seu destino comum,
iniciando nossas ações por nos contrapormos
a todas as ações que ameaçam tudo e todos no Planeta,
*que destroem a **Mãe Natureza,** que nutre a vida.*
Chegou a hora de pensarmos em instaurar
*um **processo constituinte.***
Um documento criado e assinado por nós,
comprometendo cidadãs e cidadãos do mundo,
todas as pessoas que se reconhecem
corresponsáveis pelo destino da Terra
e da vida na Terra.
Um documento que vá além
da Declaração Universal dos Direitos Humanos
e estenda estes direitos à natureza
e a tudo o que nela é vivo e realiza a própria vida.

11.

É chegado o momento de reconhecermos e assumirmos
que os direitos e deveres de uma **cidadania planetária**
não podem mais ser a iniciativa e o poder
de estados, de governos e de empresas,
cujo interesse primordial é a competição,
o interesse, o lucro e a acumulação do capital.

12.

Saibamos tomar nas mãos o leme da Nave
E construir, enfim, um **poder cidadão**
Que, em nosso nome e em nome da vida,
traga, para o domínio da sociedade civil,
de todos os povos da terra,
o que, até aqui, esteve atrelado ao poder
dos interesses do mundo dos negócios.
Saibamos recolocar o equilíbrio das relações
no seu lugar certo e justo.
Que a base da vida social sejamos nós,
as pessoas, as comunidades, os povos e a vida ,
a quem todo o poder de estado deve servir,
a quem, mais ainda, devem servir todas as empresas
que se apossam dos saberes das ciências
e dos poderes da tecnologia para gerarem
mais lucro e mais ganhos em troca de mais desertos e menos vida.

13.

Em nome da Mãe Terra, em nome da vida
e em nosso próprio nome,
ousemos nos comprometer a buscarmos, juntos e juntas,
todas as formas de organização e expressão
de um novo **poder cidadão.**
Nos grandes fóruns internacionais,
assim como nos mais variados locais,
ousemos fazer ser ouvida a nossa própria voz.

Estejamos presentes e, mais ainda,
ativos, ativistas, militantes, críticos, criativos.

14.

Em nome dessa urgência e do valor dessa proposta,
nós nos comprometemos, juntos, a pôr em prática
este juramento solene:

"Dedicaremos todas as nossas capacidades, toda a nossa criatividade,
a nossa experiência intelectual, emocional, artística, material e imaterial
à aceleração imediata da grande transição, em todas as escalas: para
energia renovável e limpa; abandono de combustíveis fósseis e padrões
destrutivos de produção e consumo para os seres humanos e o planeta;
nossas famílias, nossas aldeias e nossas cidades; nossas regiões e nações;
para uma nova economia baseada na igualdade e na solidariedade,
respeitosa da vida, da saúde, do bem-estar humano, bem como da
biodiversidade e do equilíbrio de todos os ecossistemas terrestres e
submarinos dos quais depende
a sobrevivência da humanidade".

15.

Esse propósito, decidido e assinado
pelas pessoas que se reuniram em Paris,
implica o projeto de perseverarmos
no que aqui se propõe:
manter unida, ativa e crescente
uma rede mundial de homens e mulheres,
de todos os povos da Terra;
fortalecer todas as raízes,
redes e teias de pensamento, ação e intercomunicação;
estar sempre presentes
quando, em algum lugar, algo essencial
esteja sendo posto em questão;
pressionar, como cidadãos e cidadãs livres e conscientes,
todos os poderes em qualquer um de seus níveis;

fortalecer os laços de companheirismo,
de generosa solidariedade
e de um crescente compromisso
*em nome de uma **cidadania mundial**,*
*em direção a uma **grande transformação** nossa*
e daquelas e daqueles que aderirem a esses propósitos,
*em nome da realização da **grande transição**,*
que não apenas nos espera adiante
mas que nós, cidadãs e cidadãos do mundo,
devemos tomar nas mãos e realizar.

16.

E nos comprometemos a tornar tudo isso real,
expandindo a rede global de cidadãs e cidadãos da Terra empenhados,
de corpo e alma, nessa missão,
atores da emergência de uma sociedade cívica mundial,
portadores de um novo
***contrato social e ecológico planetário**,*
garantidores desse juramento e desse compromisso,
em nosso nome e para a proteção das gerações vindouras.
*Todos e cada um dos cidadãos do **povo da Terra**,*
aqui em Paris e em todo o mundo,
confirmarão, por sua assinatura, essa inabalável resolução.

Pensado e criado em Paris no dia 12 de dezembro de 2015
Redesenhado, com esta forma poética, no dia de Natal em 2015

MINIBIOGRAFIAS DOS AUTORES

Alcides dos Santos Caldas

Graduado em Geografia (1986), mestre em Arquitetura e Urbanismo (1995), ambos pela Universidade Federal da Bahia (UFBA), e doutor em Geografia pela Universidade de Santiago de Compostela (2001). Realizou estudos de pós-doutorado no CIRAD – La Recherche Agronomique pour le Développement, em Montpellier, na França, e na Università degli Studi di Firenze, na Itália. Tem experiência na área de Geografia, com ênfase em Análise e no Desenvolvimento Regional e Urbano. Atualmente, é professor associado III do Departamento de Geografia e do Programa de Pós-graduação em Geografia do Instituto de Geociências da Universidade Federal da Bahia. Integra o corpo docente do Programa de Pós-graduação em Propriedade Intelectual e Transferência de Tecnologia para Inovação.

Aline Alves Bandeira

Advogada e consultora empresarial. Mestre pelo Instituto de Ciência da Informação (ICI), doutora pelo Programa de Engenharia Industrial (PEI) e pós-doutora em Educação Ambiental pelo Programa de Pós-Graduação em Educação, Faculdade de Educação, todos da Universidade Federal da Bahia (UFBA). Ex-delegada de polícia. Docente em Faculdades de Direito. Pesquisadora do Grupo de Pesquisa História da Cultura Corporal, Educação, Esporte, Lazer, meio-ambiente e Sociedade (HCEL/UFBA/CNPq). Atual vice-presidente da Comissão de Estágio e de Exame de Ordem (CEEO) da Ordem dos Advogados do Brasil do estado da Bahia (OAB/BA).
E-mail: alinealvesbandeira@gmail.com

Amanda de Almeida Parra

Licenciada em Ciências Biológicas pela Universidade Federal da Grande Dourados (UFGD). Professora de Ciências e Biologia na rede estadual de ensino do Mato Grosso do Sul.

Dália Melissa Conrado

Bióloga. Licenciada em Biologia e mestre em Ecologia e Biomonitoramento (2006). Doutora em Ensino, Filosofia e História das Ciências (2017) e em Ecologia (2013). Professora visitante do Programa de Pós-Graduação em Ensino de Ciências e Matemática e professora colaboradora do Programa de Pós-Graduação em Educação, ambos da Universidade Federal da Grande Dourados (UFGD). Pesquisadora do LEFHBIO e do INCT IN-TREE da Universidade Federal da Bahia (UFBA).

Ana Carolina Queique

Economista (ESALQ/USP), ativista socioambiental, membro do Coletivo Frente Socioambiental de Piatã.

Bete Wagner

Experiência na formulação e execução de políticas públicas, especialmente em meio ambiente e educação, tendo atuado como vereadora, vice-prefeita e secretária de Educação do município de Salvador (BA) e como diretora-geral do Instituto do Meio Ambiente da Bahia. Atualmente, é assessora especial de Meio Ambiente da Presidência da Assembleia Legislativa da Bahia.

Blandina Felipe Viana

Bióloga e Engenheira Agrônoma pela Universidade de Brasília (UnB) e doutora em Ecologia pela Universidade de São Paulo (USP). Professora titular no Instituto de Biologia da Universidade Federal da Bahia (UFBA), com 30 anos de experiência em pesquisa, ensino e extensão nas áreas de Ecologia e Biodiversidade. Na UFBA, exerceu as funções de coordenadora do Programa de Pós-graduação em Ecologia e de coordenadora e pró-reitora da Pró-Reitoria de Extensão. Foi coordenadora de autores principais para avaliação temática sobre polinizadores, polinização e produção de alimentos da Plataforma Intergovernamental sobre Biodiversidade e Serviços Ecossistêmicos (IPBES) das Nações Unidas. Suas pesquisas visam identificar soluções que permitam conciliar agricultura e conservação à biodiversidade e desenvolver iniciativas e estratégias que aproximam a ciência da sociedade, como a ciência cidadã. Atualmente, é coordenadora de autores principais do Relatório de Agricultura da Plataforma Brasileira de Biodiversidade e Serviços Ecossistêmicos (BPBES) e membro do Comitê Gestor da Rede Brasileira de Ciência Cidadã.

Carlos Rodrigues Brandão

Graduado em Psicologia pela Pontifícia Universidade Católica do Rio de Janeiro (1965), mestre em Antropologia pela Universidade de Brasília (1974) e doutor em Ciências Sociais pela Universidade de São Paulo (1980). Tem experiência na área de Antropologia, com ênfase em Antropologia Rural, atuando, principalmente, nos temas cultura, educação popular, campo religioso, religião e educação. Atualmente, é professor colaborador do Programa de Pós-Graduação em Antropologia da Universidade Estadual de Campinas (Unicamp), professor visitante sênior da Universidade Federal de Uberlândia (UFU) e coordena dois projetos de pesquisa nos sertões do Norte de Minas. É Comendador do Mérito Científico pelo Ministério da Ciência e Tecnologia (MCT), doutor honoris causa pela Universidade Federal de Goiás e professor emérito da Universidade Federal de Uberlândia. Para dados sobre livros e artigos, consultar LIVRO LIVRE, em A Partilha da Vida.

Charbel El-Hani
Biólogo pela Universidade Federal da Bahia (1992). Mestre em Educação pela Universidade Federal da Bahia (1996). Doutor em Educação pela Universidade de São Paulo (2000). Professor titular do Instituto de Biologia (UFBA). Coordenador do Laboratório de Ensino, Filosofia e História da Biologia (LEFHBio) e do INCT em Estudos Interdisciplinares e Transdisciplinares em Ecologia e Evolução (INCT IN-TREE). Atua nas áreas de pesquisa em educação científica, filosofia da biologia, ecologia e etnobiologia.

Dionara Soares Ribeiro
Licenciatura em Educação do Campo pela Universidade de Brasília (2011), especialização em Trabalho, Educação e Movimentos Sociais pela Escola Politécnica de Saúde Joaquim Venâncio (EPSJV/Fiocruz) (2015) e mestrado em Educação do Campo pela Universidade Federal do Recôncavo da Bahia (2021). Militante do Movimento dos Trabalhadores Rurais Sem Terra (MST), assentada da Reforma Agrária, educadora da Escola Popular de Agroecologia e Agrofloresta Egídio Brunetto e integrante do Coletivo Nacional de Educação do MST. Atua na área de formação de professores em Agroecologia e Educação do campo e em processos de transição agroecológica de assentamentos de Reforma Agrária.

E-mail: dieduc2006@yahoo.com.br

Eda Tassara
Professora emérita e titular do Departamento de Psicologia Social e do Trabalho do Instituto de Psicologia da Universidade de São Paulo. Foi professora visitante do Departamento de Física da Universidade de Pisa, na Itália (Fapesp,

USP e Istituto Nazionale di Fisica Nucleare-INFN); do Laboratoire de Psychologie Environnamentale- LPE da Universidade de Paris V (Fapesp, Acordo USP-COFECUB e CNRS); do Centre de Recherches Historiques da Ecole des Hautes Etudes en Sciences Sociales- EHESS -Paris (EHESS e CNRS;) e da Universidad Popular Autónoma del Estado de Puebla- UPAEP-México (FAPESP, CNPq, UPAEP e CONACYT), nos quais conduziu, como representante brasileira, investigações em cooperação internacional. É membro do Conselho da Fundo Brasileiro de Educação Ambiental (Funbea), propositora e coordenadora do Grupo de Estudos em Política Ambiental do Instituto de Estudos Avançados da Universidade de São Paulo (USP) e do Laboratório de Psicologia Socioambiental e Intervenção-LAPSI (PST/IPUSP). Suas publicações versam sobre as temáticas de Psicologia Social, Teoria Crítica, Psicologia Política, Política Ambiental, Epistemologia e Metodologia da Ciência.

Fábio Frattini Marchetti

Biólogo. Mestre em Biologia Vegetal pela Universidade Estadual Paulista Júlio de Mesquita Filho e doutor em Ecologia Aplicada pela Escola Superior de Agricultura Luiz de Queiroz da Universidade de São Paulo (ESALQ/USP). Atua como pesquisador de pós-doutorado na ESALQ/USP, pesquisador colaborador do Núcleo de Apoio à Cultura e Extensão em Educação e Conservação Ambiental (NACE-PTECA), Grupo de Gestão do Projeto Assentamentos Agroecológicos (PAA)e Grupo de Pesquisas em Agriculturas Emergentes e Alternativas (AGREMAL) e coordena o Grupo de Extensão Universitária Territorialidade Rural e Reforma Agrária (TERRA). Desenvolve trabalhos de ensino, pesquisa e extensão nas áreas de Agroecologia, Ecologia Humana e Etnobotânica, com ênfase em sistemas agrícolas tradicionais; agricultura familiar, manejo e conservação de recursos naturais; sistemas agroflorestais; e agrobiodiversidade.

E-mail: fabio.marchetti@usp.br

Felipe Otávio Campelo e Silva

Engenheiro agrônomo pela Universidade Federal de Viçosa (2001), mestre em Ciências Sociais pela Universidade Federal de Campina Grande (2008), doutorando do PPGBiossistemas da Universidade Federal do Sul da Bahia (UFSB). É assentado da reforma agrária, membro da direção estadual do MST e da Escola Popular de Agroecologia e Agrofloresta Egídio Brunetto (EPAAEB). Desde 2019, atua como professor e membro do conselho colegiado do curso de especialização em Educação e Agroecologia, coordenado pela UFSB, Universidade do Estado da Bahia (Uneb), Instituto Federal Baiano e Escola Popular de Agroecologia e Agrofloresta Egídio Brunetto (EPAAEB). Foi professor do curso de especialização em Educação e Agroecologia articulado pela Escola Joaquim Venâncio/Fiocruz e EPAAAEB em 2019/2020.

E-mail: campelo.felipe@hotmail.com

João Pedro Mesquita

Biólogo e mestrando em Ecologia no Instituto de Biociências da Universidade de São Paulo, onde conduz pesquisa dedicada a compreender e organizar, a partir de uma ampla revisão sistematizada, as diferentes perspectivas que disputam os rumos – objetivos, motivações e estratégias – da ciência da conservação.

Lela Queiróz

Educadora somática, practicioner e especialista IDME-BMC® & Yoga Sivananda Internacional, Md. Doutora PPG Comunicação e Semiótica pela Pontifícia Universidade Católica de São Paulo (PUC/SP). Professora doutora PPGDC UFBA/UNEB/ IFBA/ UEFS/ UEMG/ SENAI SEMANTEC/ LCCC, Pósdoc UFRGS/2008 e UNIFESP/2017. Artista da dança, performer ativista ambiental, ações e intervenções públicas. Prêmios Dança SESC (1989/1993) e SMCSP (2003/2004). Educação Gaia em Sustentabilidade e Fluxonomia 4D em Gestão, Residências em Agricultura Sintrópica, Agrofloresteira. Líder GPDC3 CNPq, Escola de Dança UFBA, com experiência em estudos sobre consciência-cognição-corporalização. Coordenadora Ação Extensionista Interação Cognitiva BMC® Dança; pesquisadora associada ANDA, ISMETA, BMCA, Rede Nacional e Estadual pela Primeira Infância, Red Sulamericana Polilógica, Rede Universitária em Educação Ambiental da Bahia.

E-mail: lela@ufba.br

Marcello Tassara (1933-2020)

Graduado em Física pela Universidade de São Paulo (USP) e em Publicidade pela Escola Superior de Propaganda e Marketing (ESPM). Foi professor cofundador do curso de Cinema da Escola de Comunicações e Artes da Universidade de São Paulo (ECA-USP), tendo introduzido a área de Cinema de Animação nos estudos acadêmicos universitários no Brasil. Defendeu, por notoriedade, tese de doutoramento em Artes/Cinema na USP. Foi professor visitante na Università degli Studi di Pisa (Itália), Universitat Autònoma de Barcelona (Espanha), Universidade Livre de Berlim e Ecole de Hautes Etudes en Sciences Sociales (EHESS) de Paris. Pesquisador em instituições acadêmico-científicas na França, na Itália e no Reino Unido. Como cineasta (diretor e roteirista), desenvolveu filmografia composta de cerca de 70 filmes de curta, média e longa-metragem, tendo recebido prêmios no Brasil e no exterior. Como pesquisador, atuou no campo da inovação em Linguagem Cinematográfica (com bolsa de pesquisador nível 1 do CNPq durante vários anos), aplicando-a em narrativas documentais, experimentais, científicas e educativas. Foi correspondável pela proposição de um Laboratório de Mídias Digitais na ECA/USP (Fapesp), membro da Diretoria da Fundação Cinemateca Brasileira, da Fundação Padre Anchieta Rádio e TV Educativa e de várias organizações de classe (ADUSP, APACI, ABD) e membro da Comissão Estadual de Cinema de São Paulo e de outras instituições acadêmicas e governamentais.

Marcos Sorrentino

Professor visitante no Programa de Pós Graduação em Educação na Faculdade de Educação da Universidade Federal da Bahia (2021/2023). Professor sênior no Departamento de Ciências Florestais da Escola Superior de Agricultura Luiz de Queiróz da Universidade de São Paulo (2019/2023), na qual foi docente efetivo em dedicação integral de 1988 a 2019, sendo fundador e coordenador do Laboratório de Educação e Política Ambiental (Oca/ESALQ/USP). Foi diretor de Educação Ambiental do Ministério do Meio Ambiente da República Federativa do Brasil (2003/2008)

Margareth Peixoto Maia

Possui graduação em Ciências Biológicas pela Universidade Federal da Bahia (UFBA), mestrado em Desenvolvimento Sustentável pela Universidade de Brasília (UnB) e doutorado e pós-doutorado em Ecologia – Teoria, Aplicação e Valores pela UFBA. Foi servidora do Instituto do Meio Ambiente e Recursos Hídricos da Bahia (Inema) por 17 anos. Foi coordenadora técnica da Avaliação Ambiental Estratégica dos Planos de Expansão da Silvicultura de Eucalipto e Biocombustíveis no Extremo Sul da Bahia (COPPE, 2010) e do Diagnóstico da Silvicultura de Eucalipto no Extremo-Sul da Bahia (IMA, atual Inema, 2008). Foi responsável pela Coordenação de Informações Ambientais do Inema por 10 anos, quando coordenou o desenvolvimento do Sistema Georreferenciado de Gestão Ambiental da Bahia (Geobahia). Atualmente, é professora do mestrado profissional de Ecologia Aplicada à Gestão Ambiental do Programa de

Pós-graduação em Ecologia da UFBA e diretora executiva da ONG Instituto Mãos da Terra (Imaterra).

Maria Cecilia de Paula Silva

Professora titular da Universidade Federal da Bahia. Pesquisadora da Université de Strasbourg, na França, Laboratoire Dynamiques Européennes. Pós-doutora em Sociologia e Antropologia pela Université de Strasbourg, Fr. em 2016 (bolsa CAPES), pós-doutora em Sociologia e Educação, Cooperação Internacional CAPES/COFECUB, Université de Strasbourg, Fr em 2012 (bolsa CAPES). Missão de Pesquisa na Université de Strasbourg e Universidade de Coimbra em 2019 (pesquisadora CAPES Print UFBA). Missão de Pesquisa na Université de Satrasbourg, Fr em 2022. Coordenadora do Programa de Pós-Graduação em Educação da UFBA (mestrado e doutorado) de 2017 a 2021 e vice-coordenadora de 2009 a 2011. Editora associada da Rev. Entreideias: educação, cultura e sociedade (2005-2010 e 2017-2022). (HCEL/UFBA/CNPq). Pesquisadora líder do Grupo de Pesquisa História da cultura corporal, educação, esporte, lazer, meio-ambiente e sociedade (HCEL/UFBA/CNPq). Associada à ANPEd, ABPN, CBCE e CORPS Internacional e Laboratoire Dynamiques Européennes (Dynames). Áreas de humanidades, tecnologias e inovação, ciências da saúde, com os temas sociologia e antropologia do corpo, política ambiental, arte, lazer, processo civilizatório, direitos humanos, educação decolonial e intercultural. Escritora e poeta.

ORCID: https://orcid.org/0000-0002-3506-8510.

E-mail: ceciliadepaula.ufba@gmail.com; mcecili@ufba; cecilipaula@pq.cnpq.br.

Maria Salete Souza de Amorim

Mestre em Ciências Sociais (Sociologia Política) pela Pontifícia Universidade Católica de São Paulo (PUC/SP, 1998). Doutora em Ciência Política pela Universidade Federal do Rio Grande do Sul (UFRGS, 2006). Realizou pós-doutorado no PPGCP/UFPE em 2018. É professora do Departamento de Ciência Política e do Programa de Pós-Graduação em Ciência Política da Universidade Federal da Bahia (UFBA). Membro do Grupo de Pesquisa Methodos, do Núcleo de Estudos Ambientais e Rurais (NUCLEAR/UFBA) e do INCT em Estudos Interdisciplinares e Transdisciplinares em Ecologia e Evolução (IN-TREE/CNPq). Realiza pesquisas com ênfase nos temas da democracia, políticas públicas ambientais, metodologia em Ciência Política e metodologias participativas.

Meriely Oliveira de Jesus

Técnica em Agropecuária pela Escola Família Agrícola de Vinhático (EFAV), graduada em Engenharia Florestal pela Faculdade Pitágoras, especialista em Agroecologia e Educação do campo pela Universidade Federal do Sul da Bahia (UFSB) e mestranda em Agricultura Orgânica pela Universidade Federal Rural do Rio de Janeiro (UFRRJ),. Atuou como técnica extensionista no Projeto Assentamentos Agroecológicos (MST/ESALQ – USP) e Escola Popular de Agroecologia e Agrofloresta Egídio Brunetto (EPAAEB) no Extremo-Sul da Bahia. Atua pela EPAAEB no setor pedagógico como educadora popular, realizando formações em Agroecologia, na coordenação pedagógica do curso técnico subsequente em Agroecologia e coordena o Plano Nacional "Plantar Árvores, Produzir Alimentos Saudáveis" do MST no estado da Bahia.

E-mail: meirymoli@gmail.com

Nayra Rosa Coelho

Licenciada em Ciências Biológicas pela Universidade Federal dos Vales do Jequitinhonha e Mucuri (UFVJM), especialista em Análise Ambiental pela Universidade Federal de Juiz de Fora (UFJF), mestre e doutoranda em Desenvolvimento e Meio Ambiente pela Universidade Estadual de Santa Cruz (UESC). Trabalha, desde o mestrado, investigando assuntos relacionados à economia dos recursos naturais, políticas públicas e meio ambiente, mais especificamente o instrumento de Pagamento por Serviços Ambientais (PSA). Bolsista Fapesb.

Nei Nunes Neto

Biólogo. Mestre em Ensino, Filosofia e História das Ciências (2008). Doutor em Ecologia (2013). Professor colaborador do Programa de Pós-Graduação em Ensino, Filosofia e História das Ciências (UFBA/UEFS/BA). Professor permanente do Programa de Pós-Graduação em Educação Científica e Matemática (UEMS/MS). Professor adjunto da Faculdade de Ciências Biológicas e Ambientais da Universidade Federal da Grande Dourados (UFGD/MS). Pesquisador do INCT IN-TREE (UFBA).

Pedro Luís Bernardo da Rocha

Possui graduação em Ciências Biológicas pela Universidade de São Paulo (1987), mestrado em Ciências Biológicas (Zoologia) pela Universidade de São Paulo (1991) e doutorado em Ciências Biológicas (Zoologia) pela Universidade de São Paulo (1998). Professor titular do Instituto de Biologia da Universidade Federal da Bahia (UFBA) e pesquisador do Instituto Nacional de Ciência e Tecnologia em Estudos Inter- e Transdisciplinares em Ecologia e Evolução (INCT IN-TREE). Atua nos programas de pós-graduação (acadêmico e profissional) em Ecologia da mesma instituição. Atualmente, está envolvido com a investigação de processos de aproximação entre ciência e prática ambiental, com o desenvolvimento de estratégias de ensino para formação de mediadores da relação ciência-prática e com processos de aperfeiçoamento da gestão acadêmica institucional.

Rachel Andriollo Trovarelli

Pesquisadora e educadora ambiental. Gestora ambiental pela Universidade de São Paulo (USP), mestre e doutora em Ciências (USP). Atua como pesquisadora colaboradora do Laboratório de Educação e Política Ambiental, Oca, da Escola Superior de Agricultura Luiz de Queiroz (ESALQ/USP); na Articulação Nacional de Políticas Públicas de Educação Ambiental (ANPPEA); e como consultora pela Aiôn Socioambiental. Nos últimos anos, tem atuado, principalmente, com os seguintes temas: formação de educadores ambientais; transição para sociedades sustentáveis, políticas públicas, programas e projetos de educação ambiental, mobilização comunitária e educomunicação socioambiental.

Rafael de Araujo Arosa Monteiro

Mestre e doutorando em Ciências pela Universidade de São Paulo (USP). Treinador, palestrante e consultor sobre comunicação dialógica e relacionamentos interpessoais. Realiza pesquisas científicas sobre o diálogo, investigando métodos para aumentar a compreensão interpessoal, o engajamento e a colaboração.

Renata Pardini

Cientista da conservação e docente do Instituto de Biociências da Universidade de São Paulo (USP). Tem 25 anos de experiência em projetos multitaxonômicos, de grande escala, que abordam a estrutura de comunidades ecológicas em paisagens antropogênicas. Seu trabalho contribuiu para a identificação de limiares ecológicos da cobertura florestal para manter a biodiversidade nessas paisagens, uma diretriz fundamental para o desenho de políticas de conservação, bem como para o entendimento dos processos ecológicos por trás da (des) montagem dessas comunidades sob perturbações. Desde 2010, iniciou linhas de pesquisa inter e transdisciplinares com foco nas relações humano-natureza e como essas relações são afetadas pelas mudanças socioecológicas em curso, assim como nas formas de construir colaborações efetivas entre cientistas e tomadores de decisão.

Severino Soares Agra Filho

Doutor pela Universidade Estadual de Campinas (2002) em Desenvolvimento e Meio Ambiente e pós-doutor na Universidade Nova de Lisboa. Atualmente, é professor titular da Universidade Federal da Bahia (UFBA) no curso de Engenharia Ambiental, dos programas de pós-graduação Mestrado Saúde, Ambiente e Trabalho (SAT) do Departamento de Medicina Preventiva, Faculdade de Medicina, e do Programa de Mestrado em Meio ambiente, Águas e Saneamento (Maasa) da Escola Politécnica da UFBA. Como docente e pesquisador, tem atuado na área de planejamento e de aplicação dos instrumentos de gestão ambiental e outros temas relacionados, enfatizando, principalmente, os seguintes temas: gestão ambiental, indicadores de sustentabilidade ambiental, licenciamento ambiental, avaliação de impactos ambientais, avaliação ambiental estratégica e política ambiental. Experiência profissional também na direção de instituições de gestão ambiental em âmbito estadual e federal.

Valdeti Oliveira Santos

Possui graduação em Engenharia Agronômica pela Universidade do Estado da Bahia (2013). Especialista em Educação do Campo e Agroecologia na Agricultura Familiar e Camponesa pela Faculdade de Engenharia Agrícola da Universidade Estadual de Campinas – Feagri/Unicamp (2016). Mestranda em Educação do Campo pela Universidade Federal do Recôncavo da Bahia (UFRB). Tem experiência na área de Agronomia, com ênfase em agricultura familiar. É educadora do curso técnico em Agroecologia, na modalidade da pedagogia da alternância, vinculada ao Colégio Estadual do Campo Anderson França. Atua, desde 2013, no Movimento Social dos Trabalhadores Rurais Sem Terra, nos projetos educativos e agroecológicos da Escola Popular de Agroecologia e Agrofloresta Egídio Brunetto. É presidente da Cooperativa de Trabalho Agroecológico Popular (Cooptap), fundada em 2019.

E-mail: valdeteagro@outlook.com

CONHEÇA TAMBÉM

Design de Culturas Regenerativas
DANIEL C. WAHL

Por que a humanidade deve continuar a existir?

Esta é a principal pergunta que Daniel Wahl nos faz ao longo de todo este livro. Com mais de 250 perguntas-chave ele nos encaminha à mudança de percepção do mundo em que vivemos: do pensamento cartesiano à visão sistêmica, da entropia de uma casca de noz à interdependência do interser, da mediocridade à grandeza do ser humano que somos. *"Este livro é um tesouro para todos que estão procurando um guia para uma vida mais sustentável e um roteiro para redesenhar nossa sociedade, regenerando nossas comunidades e cidades em harmonia com os sistemas naturais de nosso planeta."* – Hazel Henderson

Formato 15x23cm – 376 páginas   – com gráficos, ilustrações e fotos

Pedagogia da Cooperação
FABIO BROTTO, CARLA ALBUQUERQUE E DANIELLA DOLME (ORG.)

A Pedagogia da Cooperação cria ambientes de conexão e promove relacionamentos colaborativos para solucionar problemas, transformar conflitos, alcançar metas e realizar objetivos, aliando produtividade e felicidade, em empresas, escolas, governos, ONGs, comunidades, em todos os lugares.

Este livro reúne textos de 27 especialistas e apresenta a abordagem completa da Pedagogia da Cooperação, desenvolvida há mais de 20 anos no Projeto Cooperação, recheada de experiências e seu enlace com diversas metodologias colaborativas.

Formato 17x24cm – 480 páginas   – com gráficos e ilustrações

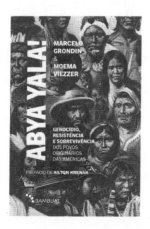

Abya Yala! Genocídio, Resistência e Sobrevivência dos Povos Originários
MOEMA VIEZZER E MARCELO GRONDIN

Neste livro os autores realizam um grande inventário da resistência e sobrevivência dos povos ancestrais das Américas, com base em pesquisadores de diferentes épocas e culturas.

Os autores escolheram 5 regiões do continente americano para descreverem como os Povos Originários resistiram e sobreviveram nos últimos 500 anos – Ilhas do Mar Caribe, México, Andes Centrais, Brasil e Estados Unidos.

Formato 15x23cm – 232 páginas

www.bambualeditora.com.br

CONHEÇA TAMBÉM

Amor Radical
SATISH KUMAR

Publicação em parceria com Escola Schumacher Brasil

O Amor é muito mais do que um sentimento: é uma escolha.

Em seu livro *Amor Radical*, Satish Kumar demonstra que a narrativa ingênua e romântica, muitas vezes vinculada ao Amor, está distante do que acontece quando essa escolha é feita como um conceito político, principalmente quando é realizada com clareza, propósito e organização.

Com pequenas histórias e inúmeros exemplos reais, o autor nos indica os passos possíveis e necessários que a humanidade precisa dar em direção do Amor como prática de transformação pessoal, econômica, social e ambiental.

Formato 15x23cm – 168 páginas

Esperança Ativa
JOANNA MACY E CHRIS JOHNSTONE

No coração desse livro está a ideia de que Esperança Ativa é algo que nós fazemos ao invés de algo que nós temos. É ter clareza sobre o que nós temos esperança que aconteça, então desempenharmos nosso papel no processo de fazer isso acontecer.

Quando nossas respostas são guiadas pela intenção de agir pela cura de nosso mundo, a confusão em que estamos não apenas se torna mais fácil de encarar, nossas vidas também se tornam mais significativas e satisfatórias.

Formato 15x23cm – 248 páginas – com gráficos e ilustrações

Pensamento Vivo - as plantas como mestras
CRAIG HOLDREGE

Publicação em parceria com Escola Schumacher Brasil

Este é muito mais do que um livro sobre plantas – embora ele também discorra sobre como podemos desenvolver a capacidade de apreciação mais profunda desses seres vivos.

Craig Holdrege tem como inspiração a fenomenologia goetheana e o trabalho de Rudolf Steiner. O autor parte do pensamento cartesiano e segue para além da visão sistêmica, desenvolvendo um conhecimento refinado que nos leva ao pensamento vivo. Este livro é, ao mesmo tempo, uma revisão da construção intelectual acerca do mundo natural e um chamado para uma nova relação com não-humanos, tão necessária. Eles estão somente nos esperando...

Formato 15x23cm – 224 páginas – com ilustrações e fotos coloridas

www.bambualeditora.com.br